I0041311

OBSERVATIONS
SUR
L'AGRICULTURE
ET
LE JARDINAGE,

Pour servir d'Instruction à ceux qui
desireront s'y rendre habiles.

Par M. ANGRAN DE RUENEUVE, *Conseiller*
du Roy en l'Election d'Orleans.

TOME SECOND.

A PARIS,

Chez CLAUDE PRUDHOMME, au Palais, au sixiéme
Pilier de la Grand' Salle, vis-à-vis l'Escalier de la
Cour des Aides, à la Bonne Foy couronnée.

M. DCCXII.

AVEC PRIVILEGE DU ROY.

TABLE
DES CHAPITRES
contenus en ce second Volume.

Table des Chapitres.

Fin de la Table des Chapitres.

OBSERVATIONS

OBSERVATIONS SUR L'AGRICULTURE ET LE JARDINAGE.

SECONDE PARTIE.

CHAPITRE PREMIER.

Des labours qu'il faut donner à toutes sortes d'Arbres fruitiers & non fruitiers, & des temps les plus propres, tant par rapport à la qualité des terroirs & des climats contraires les uns aux autres, qu'aux Arbres greffez sur differens sujets ; avec la maniere de faire tenir en tout temps les allées des Jardins fort propres, & sans qu'il y croisse aucunes herbes.

LA Nature fait tous les jours de merveilleux changemens ; sa puissance ne se fait jamais mieux voir que quand elle altere les Elemens & les Metaux, & qu'elle les dépoüille de

　　　　　A

leurs premieres qualitez pour leur en donner de plus excellentes & de plus nobles ; mais elle y conserve un ordre admirable qui merite bien d'être consideré; car encore bien qu'elle soit si puissante, & qu'elle puisse disposer comme elle veut des Elemens & des Metaux, elle n'use jamais de violence , & il semble qu'elle s'accommode plutôt à leurs interêts qu'à ses inclinations. Elle remarque leurs sympathies , & ne fait aucuns changemens qui ne leur soient agreables; aussi remarque-t-on qu'elle subtilise l'Air pour le mettre en feu, & qu'elle épaissit l'eau pour la convertir en terre : Et voit-on encore qu'elle épure l'argent pour luy donner la teinture de l'or, & qu'elle travaille des siecles entiers , pour achever cette utile metamorphose. Or comme la terre est une bonne mere qui imite tres-bien la Nature , & que ses principaux soins sont toûjours employez à convertir toutes sortes de grains en une plus grande quantité quand on les a déposez dans son sein, à changer les pepins, les noyaux & les graines, en toutes sortes d'Arbres,& de Plantes medecinales & legumineuses, & enfin à leur donner assez d'aliment pour les élever au point de perfection où on les voit : Nous de-

vons aider cette bonne mere par nos
foins & nos vigilances , & c'eſt en la
cultivant comme il faut , qu'elle nous
fera preſent de ſes plus precieux biens.

Il eſt certain que les terres n'ont pas à
preſent la même vigueur , que quand le
Monde étoit dans ſon enfance , & la
Nature encore jeune ; rien n'étoit alors
de plus admirable & de plus fort. Comme le temps uſe tout , il faut aujour-
d'huy que ces terres ſoient ſecouruës par
des amendemens qui conviennent à leur
qualité , & par des labours & des arroſemens faits à propos. Lorſque ces terres
étoient nouvelles , elles n'avoient pas
beſoin de ces ſecours , étant remplies de
beaucoup de ſels , Dieu n'ayant rien
creé qui ne fût parfait ; ce n'eſt pas que
par une ſageſſe infinie il ne veille toûjours à la conſervation & au progrez de
de ſes ouvrages ; il fait que les Aſtres
communiquent continuellement à la terre une matiere qui la rend feconde dans
ſes productions, par la mixtion qui s'en
fait ; de là nous avons l'experience que
la terre de deſſus vaut mieux que celle
de deſſous. C'eſt pourquoy j'eſtime qu'il
la faut tourner ſens deſſus deſſous au
moins quatre fois par an , afin de faire
venir celle de deſſous à la ſuperficie , &

4 OBSERVATIONS

qu'elle puiſſe à ſon tour recevoir les be-
nignes influences du Ciel, leſquelles
donnent à cette terre une ſubſtance qui
la fertiliſe, pendant que celle qui ſera
renverſée au-deſſous communiquera ſes
qualitez excellentes aux Plantes qui y
auront été dépoſées.

Comme ce ſont les labours qui donnent la fecondité aux Arbres, à cauſe
que la terre en eſt mieux échauffée &
humectée dans la ſuite, il faut donc de
temps à autre luy en donner, & ſur tout
quand ces Arbres ſont jeunes. Ces labours ſont comme de petits ſecours qui
font agir les ſels qui ſont dans cette terre, à cauſe du temperament chaud &
humide dont ils ſont compoſez, & ſans
leſquels labours, ces ſels ſeroient dans
l'inaction, & ne contribueroient en rien
à la production des Plantes.

Il eſt conſtant que ſi on ne labouroit
pas la terre où ſont plantez les Arbres,
elle ne pourroit produire que des fruits
âcres, petits & mépriſables. Par exemple, les Poires fondantes, comme les
Verte-longue, Beurrée, Doyenné, Ber-
gamote Suiſſe, Dauphine, Sucré-verd,
Marquiſe, Bezy de Chaſſery, Satin,
Saint-Germain, Colmart & Epine d'Hiver, deviendroient ſeches, & n'auroient

aucun relief. Ce feroit encore pire des Poires feches & caffantes, comme l'O-range rouge, le Bonchrétien d'Efpagne, l'Orange mufquée, le Bonchrétien d'Hiver, la Blanquette, le Meffire-Jean & le Martin-fec. Au lieu que fi on luy donnoit tous les labours qu'elle demande de nous, elle donneroit des Poires qui feroient groffes & excellentes.

LABOUR, terme d'Agriculture, eft un renverfement ou remuement de terre que l'on fait à deffein de la rendre fertile. Le labour fe fait avec la charruë, la bêche, la marre, la pioche & la ferfoüette. Ce mot de labour vient du Latin *aratio*, dit d'*Aratrum*, qui fignifie charruë, à caufe que les labours ont été donnez dans les premiers temps à la terre avec la charruë. Le labour des terres eft la plus utile & la plus innocente de toutes les occupations; elle a été feule commandée de Dieu à nos premiers Peres.

Pour labourer comme il faut une terre où font plantez les Arbres, il faut avoir une connoiffance parfaite de fa qualité, c'eft-à-dire, fi elle eft feche & fablonneufe, ou fi elle eft humide & graffe, car il faut travailler à la premiere par un temps humide & couvert, & à la derniere par un fec & hâleux; c'eft ce qui fera fuccintement ci-aprés expliqué.

Une terre feche & fablonneufe deman-

de, pour obliger un Arbre qui y eſt planté, à faire de belles productions, qu'on
la laboure trois fois par an au plus, par
un temps humide ou couvert. Si on luy
en donnoit quatre ou cinq, il eſt conſtant que le peu de ſels & de ſubſtance
qu'elle a, s'évaporeroit, & particulierement ſi l'on y travailloit par un temps
de chaleur. Et une terre humide & graſſe
demande au contraire qu'on la laboure
au moins quatre fois par an par un temps
chaud & ſec, pour la faire parfaitement
ameublir. Le premier devra être fait en
Mars, le ſecond en May, le troiſiéme
en Août, & le dernier à la fin d'Octobre.
Le premier & le dernier devront être
moins profonds que les deux autres. Si on
donnoit en Eté à une terre legere un labour profond par un temps de ſechereſſe,
la chaleur penetrant trop au dedans de cette terre, altereroit les racines des Arbres.

AMEUBLIR eſt un terme de Jardinage. Quand on
dit que l'on doit ameublir une terre, c'eſt-à-dire,
qu'il faut luy donner des labours ſi frequens & ſi
à propos, qu'elle devienne comme de la poudre :
ce qui aide aux Arbres à pouſſer de longues racines, & à recevoir conſequemment plus d'aliment
qu'ils ne feroient, ſi on laiſſoit endurcir la terre où
ils ſont plantez.

Dans une terre ſeche & ſablonneuſe on

ne devra donner que trois labours. Le premier au mois de Mars, le second à la fin de Juin, & le dernier au commencement de Novembre. Le premier doit se faire à la profondeur de neuf à dix poûces au moins, afin que cette terre reçoive plus aisément l'humidité dont elle a besoin ; la chaleur jointe à cette humidité, fait pousser aux Arbres de beaux jets, & fait acquerir aux fruits & aux legumes un fin relief. Le second doit être fait legerement, à cause, comme j'ay dit, que l'ardeur du Soleil étant dans sa force, penetreroit jusqu'aux racines des Arbres, & particulierement quand ils sont jeunes, ce qui les dessecheroit & feroit tomber leur fruit ; ainsi pour faire ce second labour dans les regles, il faut le donner peu de temps avant la pluye, ou immediatement aprés. Et le troisiéme doit absolument être fort profond, afin que cette terre reçoive aisément les pluyes dont elle a besoin, pour luy faire faire au Printemps de belles productions.

Dans une terre humide & grasse, le premier labour devra être fait à la profondeur de cinq à six poûces au plus, afin que la pluye ne penetre pas trop cette terre qui est naturellement humide. Le second doit être fait profond, pour dis-

poſer la terre à s'échauffer par la chaleur
du Soleil , & pour empêcher qu'elle ne
ſe fende dans la grande ſechereſſe. Le
troiſiéme doit être moins profond que le
ſecond, pour les raiſons que j'ay expliquées au precedent article , & pour faire non ſeulement perir les méchantes
herbes qui abſorbent la plus grande partie des ſels de la terre , mais encore pour
donner & la groſſeur & la qualité aux
fruits des Arbres qui y ſont plantez. Et
le dernier ſe donnera en faiſant une petite butte au pied de chacun de ces Arbres , afin que les pluyes & les neiges
ne puiſſent trop moüiller leurs racines
pendant l'Hiver.

Dans quelque terre que ce ſoit il ne
faut point labourer les Arbres la ſeconde
fois , que le fruit ne ſoit noüé & même
gros d'un poûce. Si on les labouroit dans
le temps qu'ils ſont en fleur , il eſt conſtant que la moindre gelée blanche ou la
pluye froide feroit couler le fruit , au lieu
de le faire noüer , d'autant plus qu'une
terre nouvellement remuée eſt beaucoup
plus ſuſceptible de fraîcheur que celle
qui l'a été il y a vingt jours.

Quand on labourera une terre où ſont
plantez de jeunes Arbres fruitiers , il ne
fraudra point la percer trop avant , &

fur tout quand on fera bien prés de leur tronc, parce que l'on pourroit bien couper quelques racines. Cet inconvenient n'arrive gueres aux anciens Arbres greffez fur franc, parce que leurs racines piquent fort avant dans la terre, ce que ne font point ceux greffez fur Coignaffier, & les Pommiers greffez fur Paradis. Pour faire faire à ces jeunes Fruitiers de belles productions, il faut tous les mois les ferfouïr depuis le 15. de Mars jufqu'au 20. de Septembre, c'eft-à-dire, que fi la terre eft legere, il faut que ce foit dans un temps pluvieux, & fi elle eft humide & pefante, dans un fec.

SERFOUIR, terme de Jardinage, fignifie donner un foible labour avec la ferfoüette du côté où il y a deux dents. Si on veut que de jeunes Arbres, du Mays, des Melons, Concombres, Haricots, Bette-raves, Chicorées, &c. faffent de belles productions, il faut abfolument les ferfouïr & arrofer de temps à autre. Ce mot de ferfouïr fe dit en Latin *leviter arare*.

Il ne faut pas gouverner de même les Figuiers comme on traite les autres Fruitiers, car ceux-ci veulent plufieurs labours pour qu'ils faffent de belles productions; tels labours leur étant tres-neceffaires, à caufe du paffage qu'ils donnent à l'eau des pluyes, qui venant à penetrer jusques aux racines, aide à conferver leur humeur radicale, qui eft le principe de leur vie. Les Figuiers au contraire ne demandent que deux labours au plus, dont le premier doit être donné, fuppofé qu'ils foient plantez dans une terre legere, à la profondeur de dix poûces, afin qu'elle reçoive plus facilement l'humidité dont elle a befoin ; & le fecond ne le doit être qu'à cinq à fix poûces au plus, afin que les racines de ces Arbres ne foient point alterées par l'ardeur du Soleil ; mais s'ils font plantez dans une terre humide & pefante, le premier labour doit être donné à la profondeur de cinq à fix poûces au plus, afin que l'eau des pluyes n'entre pas trop dans cette terre ; & le fecond doit l'être à celle de neuf à dix poûces dans un temps de chaleur, & jamais dans un de pluye, afin que cette chaleur par le moyen de ce labour, penetre à travers cette terre humide, & puiffe aller jufqu'aux racines de ces Figuiers pour les échauffer ; ce qui produit dans tout le refte du corps de ces Arbres, un effet admirable, quand le labour eft donné à propos. Le premier labour dans ces deux fortes de terres, doit être fait à la fin de Mars, &

le fecond au 15. ou 20. de Juin. Je confeille à ceux qui élevent des Figuiers, de
mettre au pied de ces Arbres de la char-
rée (cendre qui refte fur le cuvier après
que la leffive a été coulée) parce qu'elle échauffe doucement & imperceptiblement la terre, qu'elle fait perir les herbes qui y font cruës, & qu'elle fait beaucoup fructifier ces Arbres.

Outre les labours que l'on doit donner
à toutes fortes d'Arbres, je croy que l'on
ne fera pas mal fi l'on ratiffe trois fois par
an au moins, les plattes-bandes où font
plantez les Arbres nains en buiffon & en
efpalier. Outre que les ratiffages donnent
un air de propreté à un Jardin, & qu'ils
font perir les méchantes herbes, qui abforbent la plus grande partie des fels de
la terre, ils fervent encore à recevoir
les pluyes douces & les rofées de la nuit,
lefquelles maintiendront cette terre dans
fa fraîcheur, & donneront beaucoup de
vigueur aux Arbres; en forte que le fruit
qu'ils produiront fera plus gros & d'un
plus fin relief. Voila l'utilité & les avantages que l'on reçoit des ratiffages.

PLATTE-BANDE, terme de Jardinage, n'eft autre chofe qu'une planche de terre que l'on ménage
exprés pour y planter des Arbres nains, ou des

fleurs ou des plantes medecinales ; elle est quelquefois auprés des murs, ou à côté du parterre. On borde les Plattes-bandes avec du gazon, ou du Boüis, ou du Thim, au dedans desquelles on met aussi quelques Arbustes servant à l'ornement du Jardin.

THIM est une petite herbe odoriferante & un peu forte, que les Abeilles aiment beaucoup ; cette herbe produit plusieurs petites branches, étroites & menuës, à la cime desquelles il y a certains petits chapiteaux tous garnis de fleurs incarnates. Theophraste en fait deux especes, dont l'une est blanche & l'autre est noire. Le Thim ne fleurit qu'en Septembre. Sa graine est tellement mêlée parmi ses fleurs, qu'on ne la peut separer, & il faut semer la fleur au lieu de graine. On fait des bordures de Thim aux Parterres, qui sont aussi agreables que celles de Boüs. Le Thim se plante tous les ans en Septembre, & se multiplie de plant en racine ; il vient mieux en un terroir sec qu'en un humide. Le Thim fortifie le cerveau, attenuë & rarefie les humeurs visqueuses ; il est propre pour l'Asthme ; il excite l'appetit & aide à la digestion ; il chasse les vents & resiste au venin.

On a tous les jours le déplaisir de voir croître dans les Allées quantité d'herbes, lesquelles sont non seulement fort desagreables à la vûë, mais elles sont encore fort prejudiciables aux Arbres & aux Arbrisseaux qui sont plantez auprés de ces Allées. Voici un moyen sûr & experimenté pour avoir pendant toute l'année des Allées de Jardin toûjours propres, c'est-à-dire sans qu'il y puisse croître au-

cunes méchantes herbes, lequel eſt d'ô-
ter toute la terre de ces Allées à la profondeur de quatorze à quinze poûces
au plus, & de mettre à la place de cette
terre ôtée quelques démolitions de Bâtimens à la hauteur de neuf à dix poûces
ſeulement ; ſur leſquelles démolitions on
tranſportera du ſable qui ne ſoit point
trop gros ni trop fin. Cette operation
fera deux bons effets. Le premier eſt,
qu'aucunes méchantes herbes ne pourront plus y croître, étant une grande
ſujetion & une grande dépenſe, quand
il faut trois ou quatre fois l'année, ſi on
veut que les Allées ſoient propres, arracher ces herbes & ratiſſer proprement
ces Allées. Et le ſecond eſt, que cette
terre ôtée, s'il n'y a point eu de ſable
mêlé, étant d'ordinaire remplie de ſels
& de ſubſtance, ſervira d'un amendement propre à être mis au pied des Arbres voiſins, lequel leur fera faire de
plus belles productions qu'auparavant.
Les Curieux qui ont des Jardins peu
ſpacieux dans les grandes Villes ou auprés, où il n'eſt pas difficile d'avoir des
démolitions de Bâtimens, doivent faire
faire ce que je viens de dire. Voila ce
que j'ay pluſieurs fois vû pratiquer.

Ratisser eſt un terme de Jardinage, qui

signifie couper avec la Ratiſſoire toutes les méchantes herbes qui naiſſent dans une Allée de Jardin & qui la rendent mal propre. Ce mot de Ratiſſer ſe dit en Latin *glabrare*, qui veut dire peler,
pelant en effet les Allées quand on les ratiſſe, d'où
vient qu'on dit des Allées ratiſſées, *ambulationes
glabratæ*.

Il ne ſuffit pas de donner aux Arbres
fruitiers un peu âgez des labours & des
ratiſſages, il faut auſſi de temps en temps
arroſer les jeunes lors des groſſes chaleurs. Ces arroſemens, ainſi que ces labours & ces ratiſſages, ſervent à diſſou-
dre & faire agir les ſels de la terre, qui
ſans cela reſteroient en maſſe. Ils doivent être abondans & frequens ; car étant
foibles, ils ne ſervent qu'à alterer davantage la terre, ſur tout quand elle eſt
ſeche & ſablonneuſe, comme peut faire
une goutte d'eau jettée dans un grand
feu, qui en irrite encore la flamme.

Ceux qui deſireront avoir des Poires
d'Eté & d'Automne fort groſſes & d'un
fin relief, obſerveront ceci. Quand il
fera en Juillet & Août d'exceſſives chaleurs, on arroſera de temps à autre le
ſoir, tant les branches que le fruit des Poiriers nains reduits en eſpalier & en buiſſon, avec de l'eau tirée dés le matin du
puits & expoſée pendant le reſte du jour

au Soleil, afin que le foir elle puiffe être tiede. Celle des foffez & mares eft tres-excellente pour arrofer ; mais celle des fontaines n'y eft point du tout propre, à caufe qu'elle eft trop vive & trop froide. Il ne faudra jamais arrofer pendant le jour, lors des grandes chaleurs, les fruitiers nains, & particulierement ceux plantez en un terroir humide & pefant, car cet arrofement rendroit leur fruit fade & infipide ; au lieu que celuy que l'on fera au foir aux branches & aux fruits de ces Poiriers, répondant à la pluye du foir & à la rofée du matin, entretiendra de nourriture ces Arbres, & donnera aux Poires toutes les qualitez qu'on demande d'elles. Ainfi pour avoir d'excellent fruit, il faut non feulement arrofer l'Arbre qui le produit, dans le temps de chaleur, mais il faut encore le labourer quand il a befoin de l'être.

Ce n'eft pas affez qu'un Jardinier ait employé tout fon temps & mis toute fon application pour que le fruit de fes Arbres foit venu au point de perfection où il l'a fouhaité, & qu'il ait mis tout en ufage pour y réuffir, il faut encore qu'il fçache luy donner avant la maturité, le coloris qui luy eft fi neceffaire pour le faire eftimer, & qu'il foit bien inftruit

des temps propres & convenables pour
le cueïllir, & particulierement celuy
d'Automne & d'Hiver, afin qu'il puiſſe
plus aiſément ſe conſerver dans la Serre.
C'eſt cette matiere que je traiteray au
Chapitre ſuivant.

CHAPITRE II.

*Methode ſûre pour faire acquerir à
la plûpart des fruits une belle couleur, les cueïllir dans le temps qu'il
faut, & les conſerver pendant
l'Hiver dans la Serre.*

LA diverſe preparation des fruits & la
variété infinie de leur ſaveur, doivent faire regarder la terre comme une
table couveite de mille & mille ſortes
de mets. La difference des goûts dans
chaque eſpece d'Animal a rendu necef-
ſaire cette grande varieté de fruits qui
ſert à vaincre encore le goût de l'Homme, qui ſe laſſe bien-tôt de la même nourriture. En quoy on doit admirer la bonté
de Dieu, qui a bien voulu condeſcendre
à la foibleſſe de ſa Creature, en luy donnant comme des ragoûts pour réveiller
ſon

fon appetit. On doit auffi admirer la
magnificence de cet adorable Createur
dans cette grande varieté de mets. La
bonté des fruits eft donc un attrait qui
invite l'Homme à les manger ; mais parce
qu'elle ne luy étoit pas connuë avant
qu'il en eût goûté, le Tout-puiffant a jugé à propos de l'attirer par leur beauté ;
car il ne faut pas douter que nos premiers Parens ayant admiré la couleur
charmante de la plus grande partie des
fruits, ne fuffent invitez à les manger ;
fuivant aveuglément en cela le deffein
du Tres-haut, qui ne les prefentoit que
pour cette fin. Cet attrait ne les excufe
pas pourtant de la faute qu'ils firent en
mangeant du fruit défendu, puifqu'ils
n'en pouvoient pas ignorer la défenfe.
Dieu ne s'eft pas feulement fervi de la
couleur pour leur marquer la bonté des
fruits, mais encore pour leur en indi-
quer la maturité parfaite, parce que les
fruits qui n'avoient pas acquis tout-à-fait
ces deux qualitez effentielles, ayant leurs
parties fort groffieres, n'étoient pas propres à paffer par les conduits capilaires du
Corps de l'Homme. Outre que leurs efprits, leurs fels volatils & leurs foufres,
qui font le principal aliment, font fi en-
gagez dans la Tefte-morte ou dans le

phlegme, qu'il eſt impoſſible aux levains qui ſont dans le Corps de les en tirer.

Pour avoir de beau & excellent fruit, l'experience m'a appris qu'il faut le découvrir vingt à vingt-cinq jours avant la maturité, afin de luy faire acquerir une couleur rougeâtre laquelle eſt fort agreable à la vûë. Il eſt conſtant qu'un fruit qui aura été perfectionné par la chaleur, & qui n'aura pas toûjours été à l'ombre, ſera d'une couleur plus vive, & deviendra plus excellent que celuy qui n'aura pas été effeüillé dans le temps que je viens de dire, parce que ſon ſuc aura été mieux digeré, & que l'évaporation de ſon humidité ſuperfluë aura été plus aiſément faite.

Le temps, ſelon moy, le plus propre pour découvrir les Poires qui ſont aux Arbres, eſt dés les premiers jours de Juillet, ſi elles ſont d'Eté, & au 12. ou 15. d'Août, ſi elles ſont d'Automne; mais ſi elles ſont d'Hiver, il ne les faudra découvrir qu'au 8. ou 10. Septembre. On coupera d'abord avec des Ciſeaux quelques feüilles qui ſont ſur les Poires, & on continuëra de ſuite juſqu'à ce qu'on voye qu'elles ont acquis preſque toute leur groſſeur. Enſuite on ôtera la plus grande partie des feüilles qui ſont autour,

afin que les rayons du Soleil, la pluye, &
les rofées du matin & du foir, puiffent
plus aifément donner fur ces Poires. Pour
qu'un fruit, dit un Moderne, foit excellent & ait de l'odeur, il faut que le
Soleil ait cuit le fuc qui eft au dedans de
luy ; aprés quoy la chaleur en fait éva-
porer les parties, qui fe portant au nez,
font juger ce qu'ils font. Ainfi l'odeur
s'acquiert par la coction, afin que les
chofes que l'on fent s'évaporent, mais l'é-
vaporation fe fait toûjours par la chaleur.

Feüille, terme d'Agriculture, eft le premier nœud que les Plantes pouffent au Printemps,
qui fert à marquer leur difference, & à conferver
les fruits contre la groffe chaleur. Ce mot de Feüille
vient de φύλλον, d'où eft dérivé *folium*. En
voyant les feüilles fur les Arbres, on doit les regarder comme des productions de la Nature propres à conferver tous leurs fruits contre l'ardeur
du Soleil. J'eftime qu'il faut quelquefois en dé-
charger ces Arbres, fi on veut que leurs fruits ayent
un beau coloris & qu'ils avancent en maturité. Si
dans la grande abondance de la féve on ôtoit toutes les feüilles d'un Arbre, il periroit en peu de
temps. La peau des feüilles eft la même peau de la
branche qui s'étend ; les feüilles font pliées dans le
bourgeon, quelquefois en deux, quelquefois en
plufieurs plis, comme un Eventail ; on les voit aifément avec un Microfcope. On dit auffi feüille
ce qui compofe les fleurs, quoy que ce verd foit
changé en plufieurs couleurs. Les feüilles, dit M.
Grew, font utiles aux Plantes en trois manieres.

En premier lieu, pour les conserver : car outre
qu'elles se couvrent & se conservent les unes les
autres, elles défendent les fleurs & les fruits des accidens qui pourroient leur nuire. Lorsqu'elles sont
pliées, elles environnent les fleurs de telle sorte,
qu'elles ne sont exposées au grand air que peu à
peu, & à mesure qu'elles le peuvent souffrir. Quand
elles se déployent dans la suite, elles ne sont pas
moins utiles aux fruits ; car si des fruits délicats,
comme les Fraises, les Framboises, les Meures, les
Raisins, étoient directement exposez au Soleil, sur
tout quand ils commencent à se former, ils seche-
roient & periroient infailliblement : au lieu que les
feüilles recevant toute la chaleur & toute la force
de ce bel Astre, elles n'en communiquent à l'air
qui les environne qu'autant qu'il en faut pour
échauffer ces fruits fort doucement, & pour les
meurir, en augmentant peu à peu la fermentation
du suc qu'ils contiennent. C'est pour cette raison
que les feüilles des Plantes qui les portent sont fort
grandes à proportion de leurs fruits ; & qu'au contraire dans les Poiriers & Pommiers, les fruits
sont aussi grands & beaucoup plus gros que les
feüilles, parce que dans ces Arbres le parenchyme
du fruit étant fort solide, il n'a pas besoin d'être
à couvert, étant capable de resister tout seul aux
impressions les plus violentes de l'air. En second
lieu, les feüilles servent à faire croître les Arbres
& les autres Plantes ; car le corps ligneux étant di-
visé dans les feüilles en plusieurs petits fibres, &
ces fibres étant dispersées dans toute l'étenduë du
parenchyme, qui est fort lâche & fort spongieux,
elles tirent beaucoup du suc des branches & de la
tige, & elles croissent en tres-peu de temps : que
c'est ce qui est cause que continuellement il monte
de nouveau suc de la racine dans la tige & dans les

branches, & qu'il en entre de la terre dans la racine pour remplir la place de celuy qui monte de
la tige : au lieu que si les feüilles ne tiroient point
de suc des branches & de la tige, le suc regorge-
roit & croupiroit dans la racine, la fermentation
ne se feroit plus, & le mouvement du suc si neceffaire pour nourrir & pour accroître les Plantes, cef-
feroit tout-à-fait. Et en troisiéme lieu, les feüilles
servent à purifier parfaitement le suc : car ayant
été tres-bien preparé par la fermentation qui s'est
faite dans la racine & dans la tige par laquelle il
monte, les parties les plus grossieres & les plus
cruës entrent peu à peu dans les feüilles, & ainsi il
n'y a que les plus delicates & les plus parfaites qui
puissent passer dans la fleur, dans le fruit & dans
la graine : c'est pourquoy dans les Plantes où il y
a une grande quantité de fleurs, & fort larges, les
parties les plus fixes & les plus odoriferentes entrent dans toutes les fleurs, & les feüilles vertes n'y
ont que peu d'odeur ou point du tout : & au contraire dans les Plantes qui n'ont point de fleurs,
ou qui en ont de tres-petites, les feüilles ont une
odeur tres-forte. Un autre Auteur dit que les feüilles
se plient & s'arrangent en même temps qu'elles se
forment : que chacune de celles qui composent un
bourgeon, a sa figure & sa situation differentes des
autres ; & que quoy que celles qui sont dans le
centre soient quelquefois quatre cent fois plus petites que celles qui sont au-dessus, elles ne laissent
pas d'être toutes parfaitement formées, comme on
le peut voir aisément avec un Microscope, en ou-
vrant bien delicatement un bourgeon, & en con-
siderant attentivement toutes les parties dont il est
composé. M. de Vallemont dit que proche de
l'Isle de Cimbulon, il y en a une autre où se trouve
un Arbre, dont les feüilles étant tombées, se chan-

gent en Animaux tout auſſi-tôt. Pigafetta dit qu'il a gardé une de ces feüilles huit jours dans une Ecuelle ; qu'elle ſe mettoit à marcher dés qu'il la touchoit , & qu'elle ne vivoit que d'air. Scaliger parle de ces mêmes feüilles , & dit , comme s'il l'avoit vû , qu'elles marchent & s'en vont ſans fa- çon , quand on les veut prendre. Bauchin dit que ces feüilles ſont aſſez ſemblables à celles du Meu- rier , & qu'elles ont de chaque côté deux pieds courts & aigus. Si cela eſt , ajoûte-t-il , il eſt à croire que ces feuilles en ſe corrompant , acquie- rent une plus noble vie , ſçavoir la vie ſenſitive , que les Phyſiciens n'ont jamais ſeparée du mouve- ment progreſſif. J'ay lû dans la Relation d'un Voyage fait aux Indes Orientales , qui a été im- primé à Paris par la Compagnie des Libraires aſ- ſociez , qu'il ſe trouve une eſpece d'Arbre , dont les feüilles ſont à peu prés de la grandeur de celles du Boüis,& qu'étant tombées, elles marchent autour comme des Papillons. Qu'elles ont quatre jambes déliées comme celles d'une Araignée ; que les deux premieres ſont fort courtes , & les autres beaucoup plus longues. Que le dos où la côte de la feüille eſt animé , & au bout de la queuë à l'endroit qui eſt attaché à l'Arbre , il y a deux petits points noirs, qui fut reconnu par l'Auteur de cette Relation pour être les yeux de ces feüilles animées , & qu'il ne paroiſſoit point de bouche. Qu'il en emporta quel- ques-unes par curioſité , qu'il enveloppa dans d'au- tres grandes feüilles ; & que deux Capucins Au- môniers du Navire le Saint-Jean-Baptiſte , en pri- ſent deux , qu'ils mirent dans une boëte dont le convercle étoit troué pour leur donner de l'air , & qu'ils les nourrirent pendant quelques mois avec du ſucre en poudre & du biſcuit : mais qu'ayant laiſſé un ſoir leur boëte ſur un Sabord de leur Chambre , ils trouverent le matin suivant la boëte remplie de Fourmis, lesquelles avoient mangé le sucre & les deux Papillons.

On effeüillera aussi les Pêches tardives vingt ou vingt-deux jours avant qu'elles soient meures, & particulierement celles qui produisent les Arbres plantez en un terroir humide & pesant, parce qu'elles ne peuvent trop recevoir la chaleur du Soleil pour acquerir de la beauté & avoir un goût delicieux.

EFFEÜILLER est un terme de Jardinage, qui signifie ôter de dessus un Arbre les feuilles qui donnent trop d'ombrage à son fruit, & qui l'empêchent de prendre le coloris, & d'acquerir le relief qui luy convient. Cette operation se doit sur tout pratiquer sur les Pêchers, dont le fruit ne sçauroit jouïr de trop de Soleil pour acquerir une maturité parfaite.

J'ay fait connoître à la premiere Partie de ce Traité, que le Coignassier étoit un Arbre tres-foible, & qu'il n'avoit pas assez de séve pour produire une haute tige & la nourrir avec ses branches & son fruit. Quand on voudra avoir des Poires d'un beau coloris, on appliquera des greffes de Coignassier sur de jeunes Poiriers sauvages, lesquels abondent beaucoup plus en séve que le Coignassier, à cause que leurs racines percent

plus avant dans la terre que celles de ce
dernier Arbre ; ce Coignaſſier ainſi greffé, ſera plus en état de produire une haute tige, & de faire prendre à ſon fruit un
coloris agreable & un goût delicieux.

Les Poires, Pommes & Pêches, ne
peuvent dans un terroir humide & gras,
naturellement acquerir un pareil coloris
que celles qui ſont produites dans un ſec
& ſablonneux. Cela étant conſtant, il
eſt bon que j'enſeigne icy un moyen ſûr
pour faire prendre à ces ſortes de fruits
un auſſi beau coloris dans ce premier
terroir que dans le dernier. Pour y parvenir, on prendra un long bâton, au
bout duquel ſera attaché un linge blanc
qu'on trempera dans de l'eau claire, avec
quoy on touchera un peu à ces fruits
dans le temps que les rayons du Soleil
dardent le plus fortement, c'eſt-à-dire,
depuis dix heures & demie du matin, juſqu'à deux heures aprés midi. Il ſuffira de
faire ce que je viens de dire trois fois au
plus la ſemaine pendant tout le mois
d'Août ſeulement.

Il y a des Jardiniers qui pour faire acquerir à leurs fruits un beau coloris, les
arroſent avec des Seringues, dont les
Pommes ſont faites de la même maniere
que celles des Arroſoirs. Je ne doute
pas

pas que cela ne puiſſe faire le même effet que ce que j'ay dit à l'article precedent ; mais j'eſtime que ce qui y eſt marqué réuſſit mieux que de les ſeringuer.
Il y en a qui moüillent preſque tous les
jours leurs fruits quand il fait un Soleil
ardent depuis le 10. ou 12. Août, juſqu'au
12. ou 15. Septembre. Pour moy je croy
que ce frequent arroſement fait à ces
fruits, peut, quoy que fait dans le temps
que cet Aſtre eſt le plus prés de nous de
la journée, ôter une bonne partie de leur
excellence ; il ſuffira de le faire deux fois
la ſemaine. J'excepte de tous ces fruits
les Pêches hâtives, comme l'Avant-pêche blanche, l'Avant-pêche de Troyes,
la Pourprée, la Double de Troyes, l'Al-
berge jaune, la Madelaine blanche, la
Mignonne, la Païſane, la Chevreuſe,
la Royale, la Bourdine, la Druzelle, la
Violette. Ceux qui uſeront de cet arti-
fice envers ces ſortes de Pêches, feront
beaucoup diminuer leur groſſeur & leur
excellence.

J'eſtime qu'il faut effeüiller les Raiſins Muſcats & les Chaſſelas dés le 18.
ou 20. d'Août, afin qu'ils prennent une
couleur d'ambre, & qu'ils ſoient d'un
fin relief, & afin de les manger en la parfaite maturité, laquelle ne ſe fait qu'à

mefure que la féve monte, en fe cuifant
au-dedans , & en formant un fuc, lequel n'eft qu'une partie fubtile que les
racines ont reçû de la terre, qui eft enfuite envoyée par tout le corps de la
Plante : & quand il fe cuit par la chaleur , il fe rarefie & change la fubftance
du fruit en une plus excellente, par une
cuiffon qui la rend telle qu'il faut avec le
temps, pour acquerir fa groffeur & fa
bonté.

Il ne faut jamais cueillir aucun fruit
qu'il ne foit parfaitement meur , car ce
feroit le deffaifonner & le rendre infipide & fade. J'excepte les Poires d'Automne, lefquelles, fi on veut qu'elles
foient excellentes , il faut abfolument
cueillir douze à quinze jours avant la
maturité. Celles d'Hiver ne font jamais
bonnes quand on les cueille, quoy qu'on
les laiffe à l'Arbre jufqu'au 6. ou 8. Novembre. Elles ne le peuvent être que
quand leur fermentation les a fait meurir dans la Fruiterie.

Dessaisonner fignifie, en terme de Jardinage, changer l'ordre de la cueillette des fruits ;
& en terme d'Agriculture, il veut dire changer
l'ordre de la culture des terres, & les faifons qu'elles ont accoûtumé d'avoir. L'Ordonnance de Sa
Majefté défend aux Laboureurs de femer fur une

terre des bleds, où il n'y doit avoir que des menus grains. Elle leur défend aussi de semer aucuns grains sur une terre qui doit se reposer une ou plusieurs années, afin de la rendre dans la suite plus propre à produire de plus beaux bleds & d'autres grains qu'auparavant.

Dans les Terroirs chauds & cailloteux, il faut cueillir les fruits bien plutôt que ceux qui sont en des Terroirs humides & pesants, à cause que la séve s'y passe huit ou dix jours plutôt. Au contraire il faut à ces derniers Terroirs beaucoup plus de temps pour meurir ces fruits; leur cueillette dépend donc de ce temps. Plus un fruit d'Hiver prend de nourriture sur l'Arbre, plus il se conserve dans la Serre. Il faut cueillir tout le fruit d'Hiver aprés la moindre gelée, parce qu'il tombe deux ou trois jours aprés faute de nourriture : choisir pour cela un temps sec & beau, afin qu'il puisse mieux se conserver : le faire avec attention, en sorte que toutes les Poires ayent leur queuë, & les mettre doucement dans le panier, pour être ensuite mises sur les tablettes les unes aprés les autres.

Les Figues, les Prunes & les Cerises, pour être cueillies comme il faut, doivent être accompagnées de leur queuë, & ôtées de dessus l'Arbre bien delicatement ; car elles perdent beaucoup de leur merite fi elles fe meurtriffent & défleuriffent.

On doit apporter les mêmes precautions en cueillant les Poires fondantes, & particulierement les tendres ; car il ne faut qu'une mal-habile main qui venant à les manier trop rudement, les bleffe & leur fait prendre d'abord des marques noires, ce qui les rend defagreables. Pour ce qui eft des feches & caffantes, elles ne font pas fi fujetes à ce fâcheux inconvenient.

Les fruits d'Hiver feront cueillis dés le 15. ou 20. d'Octobre fi l'année eft chaude & feche ; ayant pris beaucoup de maturité fur les Arbres, ils paffent pour l'ordinaire en peu de temps, & deviennent fouvent cotonneux, pâteux & mols. Si au contraire l'année eft humide & tardive, ils ne feront cueillis qu'au 6. ou 8. Novembre ; à l'exception de la Poire de Bonchrétien d'Hiver, laquelle ne doit être cueillie qu'au 15. ou 20. du même mois, s'il ne furvient aucunes gelées avant ce temps.

PATEUX eft un terme de Jardinage qui fe dit d'un fruit qui n'a point d'eau, & que fa chair eft prefque femblable à de la pâte. Quand le Doyenné ou Saint-Michel eft cueilli trop tard, il eſt ſujet à devenir pâteux. Cet adjectif a été bien reçû dans le Jardinage, & doit ſubſiſter auſſi-bien que le verbe pâter, lequel eſt bien trouvé par rapport à ce qu'un fruit ſe fait ſentir quand on le mange.

Les fruits des Arbres qui ont quelque infirmité, ſont d'ordinaire les premiers meurs. Ceux des Eſpaliers qui ſont aux expoſitions du Midi & du Levant les ſuivent ſans contredit ; ceux des Buiſſons qui ont beaucoup de vigueur, marchent enſuite avec cet ordre, que ceux des Buiſſons greffez ſur franc vont aprés ceux greffez ſur Coignaſſier, & les fruits des Arbres à haute tige les ſuivent ; & ceux des nains en eſpalier qui ſont aux expoſitions du Couchant & du Septentrion, ſont les derniers meurs. Voila ce que l'on doit ſçavoir pour ne faire aucunes fautes en la cueillette des fruits d'Eté, d'Automne & d'Hiver. On doit auſſi ſçavoir qu'une Poire de Bonchrétien d'Hiver qui jaunit ſur l'Arbre, eſt ſujete à n'avoir aucun goût, ou tout au plus qu'une mediocre bonté.

On connoît que les Pêches ſont meures, quand pour peu que l'on y touche, étant encore à l'Arbre, elles quittent en même temps leur queuë. Il eſt certain que cette marque eſt la meilleure que la belle couleur qu'elles peuvent avoir.

Il faut fur tout prendre garde en cueillant les Poires, de ne point caffer ni même endommager leur queuë, laquelle eft
plus longue que celles des autres fruits.
Un moyen aife pour conferver les queuës
des Poires, c'eft de mettre la main gauche deffous chacune, pour l'empêcher
de tomber fur quelque chofe de dur,
parce que cette main gauche aidera à
la droite quand celle-ci la détachera de
l'Arbre. Cela fe doit faire doucement
& adroitement, & de telle forte que
les queuës de ces Poires puiffent aifément quitter les branches aufquelles
elles ne font, pour ainfi dire, que co-
lées & fcellées. Il eft conftant qu'une
Poire qui n'a point de queuë, ou qui l'a
caffée, n'eft gueres eftimée. Il ne faut
manier les Poires de Bonchrétien d'Hiver que fort rarement; car elles ont la
peau fi delicate, que pour peu que l'on
y touche, auffi-tôt les marques noires y
paroiffent.

La maturité de la plus grande partie
des Poires d'Eté, fe connoît quand elles
paroiffent ornées d'un beau coloris mêlé
d'un jaune doré, & lorfque celles qui
font odorantes fe font fentir. Quand cela
fera, il ne faudra faire aucune difficulté
de les cueillir.

On fera foigneux en cueillant les fruits precieux, d'empêcher qu'ils ne tombent fur quelque chofe de dur ; car quoy que leur peau ne paroiffe pas dans le même temps endommagée, cependant ils n'en font pas moins meurtris par la contufion qu'ils fe font faits en tombant, ce qui les empêche de fe conferver ; au contraire peu de jours après ils pourriffent à l'endroit du coup: telle pourriture acheve de gâter ce qui ne l'a pas été. La precaution qu'il y a à prendre pour empêcher que les fruits des Arbres nains en efpalier ne foient meurtris quand il viendront à tomber, c'eft de mettre de la paille à leurs pieds à l'épaiffeur de fept à huit poûces, pour que quand le fruit fe détachera de luy-même, il ne foit point meurtri ; & s'il y a des Arbres à haute tige à cet efpalier, on aura des paillaffons faits exprés de la longueur de l'Arbre, & de la largeur de dix-neuf à vingt poûces, qui ayent un bord fur le devant de quatre poûces de hauteur, & autant aux deux bouts, pour empêcher que ce fruit ne tombe à terre & ne fe meurtriffe. Ces paillaffons feront attachez avec de la corde par les deux bouts en l'air au treillage.

Peau fe dit, en terme de Jardinage, de la

C iiij

superficie que nous voyons sur les fruits, & qui enveloppe la chair ; les uns l'ont rase & lisse comme les Prunes , & les autres veluë, comme les Pêches & les Coignasses. Il y en a aussi qui l'ont moëlleuse & douce , & les autres beaucoup plus fermes au toucher, comme la plûpart des Poires & des Pommes.

Comme il est plus difficile de cueillir les fruits qui sont aux Arbres à haute tige , que ceux des Arbres nains , à cause qu'il faut monter dedans , j'estime qu'il faut se servir d'un Cueilloir , lequel on attachera à une branche bien forte, pour les y mettre bien doucement à mesure qu'on les détachera. On fera encore mieux si on se sert d'une Echelle double, parce qu'on ne sera point obligé de monter dedans ces Arbres en plein-air. Lorsqu'on y monte, on casse toûjours quelques branches & quantité de bourses à fruit. Ces Arbres à cause du grand air, produisent en quelque terroir qu'ils soient plantez , du fruit plus excellent que ceux en buisson.

FRUIT est ce que les Arbres, les Bleds, les Legumes & la Vigne portent, pour la propagation de leur espece , & pour la nourriture des Animaux. On joint à ce substantif beaucoup d'adjectifs , suivant les conjonctures differentes où il faut les y employer, & c'est, en fait d'Agriculture,

que fur tout on luy attribuë tout cela. Par exemple, on dit le fruit a coulé ; le fruit n'a pas noué.
Ce fruit eft beau , eft pâteux, gromeleux, infipide. Ce fruit eft paffé, il eft meuitri & flétri. Outre ces épythetes dont on accompagne ce mot, on
luy-donne auffi des verbes qui nous le font voir en
plufieurs états differens. Par exemple, on dit ce
fruit eft meur, ce fruit eft paffé, & ce fruit eft
fujet à cotonner. On le dit encore par rapport
aux Arbres. Par exemple, on dit les Arbres fe
mettent à fruit cette année, & il eft des Arbres
qui fe mettent plus naturellement à fruit que d'au-
trés. Ce mot de fruit tire fon étymologie du Latin *fructus*, qui vient du Grec καρπὸς, dérivé de
καρφω, *ficco*, les fruits ne pouvant parvenir à la
maturité parfaite, que ce qu'ils ont d'humeur fu-
perfluë ne foit deffechée. On connoît bien qu'un
Poirier a les qualitez requifes pour donner bien-tôt
du fruit, quoy qu'il ne foit pas chargé de boutons
à fruit, & de deffus lequel on peut cueillir des
greffes ; cela arrive d'ordinaire aux Poiriers à haute
tige de l'âge de quatre à cinq ans, qui n'ayant encore donné aucun fruit, font preparez à le faire en
peu de temps : & ces marques de fruits à venir fe
connoiffent à l'origine des branches, qui dans
l'endroit où elles naiffent, ont de petites rides en
forme d'anneaux, qui font ainfi formées par les
fibres tranfverfes qu'il y a, & dans lefquelles il
fe fait une circulation lente de la féve, qui venant
au-dehors forme des boutons à fruit : au lieu que
quand les fibres ne traverfent point, la féve trouve
un paffage libre, & montant en grande abondance,
ne donne que du bois & point de fruit. Il y a cinq
fortes de fruits qu'on appelle Gland, Marron d'Inde, Châtaigne, Faine & Noifette, qui produifent
le Chêne, le Marronnier d'Inde, le Châtaignier,

le Hêtre, & le Noisetier ou Coudrier. Pour connoître si ces fruits ont les qualitez requises pour
être propres à semer ; voici comment. Le Gland
doit être uni & gros, sans être ridé ni piqué. Le
Marron d'Inde & la Châtaigne doivent être gros
& pleins, en sorte qu'ils ne s'écaillent point. A
l'égard de la Faine & de la Noisette, on les choisira claires, unies & point piquées ni rongées par
les Mulots. Tous ces fruits qu'on a dessein de semer, doivent toûjours être de la même année.
Pour les conserver pendant l'Hiver, il faut prendre plusieurs Mannequins, au fond desquels on
met un peu de sable ; ensuite l'on y met les fruits
par rang, c'est-à-dire, un lit de Châtaigne ou autre fruit, & un lit de sable ; & l'on remplit ainsi les
Mannequins en les couvrant de sable par-dessus. Il
est constant que ces fruits se conservent sans se
gâter, & germent dans le sable pendant l'Hiver,
pourvû qu'ils soient dans un lieu sec & un peu
chaud. On portera ces Mannequins, sans les défaire, dans l'endroit destiné pour le plant, & l'on
prendra garde quand on retirera ces fruits pour les
planter, de rompre le germe qu'ils ont poussé dans
le sable, ce qui les retarderoit beaucoup. L'ordre
de la production des fruits est que communement
les plus beaux fruits soient à l'extremité des branches, & sur tout des foibles, & qu'il ne s'en fasse
qu'une fois chaque année aux endroits qui peuvent
fructifier : mais la Nature pratique le contraire
pour quelques fruits, comme les Figues ; car, en
premier lieu, elle en produit deux fois par an ; en
second lieu, elle ne les produit gueres que sur les
grosses branches, en sorte que sur tout pour l'Automne, elle n'en fait que sur les Arbres qui ont assez
de vigueur ; & en dernier lieu, elle place les plus
grosses & les premieres dans les parties les plus

éloignées de l'extremité, & les autres à proportion qu'elles en sont plus ou moins éloignées ; aussi communement est-ce le même ordre qu'elles suivent en meurissant. Les fruits, dit M. Duncan, qui demeurent sur l'Arbre pendant l'Hiver, ne croissent gueres, parce que la chaleur du Soleil n'est pas alors assez forte pour y faire monter la séve, & que ses pores serrez par le froid, ne la reçoivent qu'avec peine. Il dit que la maturité du fruit ne consiste pas seulement dans la plenitude & l'abondance de la séve, d'où dépend sa grosseur, mais encore dans l'exaltation ou le dégagement des esprits qui sont dans ce suc bien cuit & bien digeré par la chaleur du Soleil. Le commencement du fruit est, selon moy, un petit aiguillon renfermé dans le cœur de la fleur ; c'est luy sans doute qui contient en soy la semence de ce fruit : l'un & l'autre n'avoient été formez que dans le declin des chaleurs, & de la séve de l'Eté precedent ; une chaleur temperée du Printemps aide à l'Arbre à perfectionner, ce qui n'étoit proprement qu'ébauché ; & si les injures de l'air n'y viennent rien détruire, le Jardinier y trouve la matiere agreable de ses souhaits & de son esperance, aussi-bien que la Nature y trouve de quoy multiplier les Arbres. Pour avoir des fruits qui purgent, dit M. de Vallemont, on tire de terre un petit Arbre, comme un Pommier : on coupe la plus grosse racine ; on cherche la moëlle, qui s'étend dans la tige ; on en tire le plus qu'on peut, on met à la place de la Rubarbe ; on remet en terre l'Arbre: les fruits qu'il portera auront une vertu catharctique. Il dit que si l'on veut on fend la tige pour en tirer la moëlle, & puis on réunit les deux côtez, qu'on enveloppe dans la fiente de Vache, avec des feüilles de Vigne par-dessus, & qu'on lie le tout avec de l'osier.

Pour connoître si les Figues sont meû-
res, il n'y a qu'à examiner si elles ont une
larme d'eau, si leur couleur est d'un jaune
livide, si leur peau est un peu déchirée
& ridée, si elles panchent leur tête &
ont le corps retreci, & quand sous les
doigts elles obeïssent comme de l'éponge.
Si tout cela est, c'est une marque certaine de leur maturité. Pour les bien
cueillir, il faut mettre la main gauche
dessous, pendant que la droite les détachera de l'Arbre, pour empêcher qu'elles ne tombent, ce qu'elles font pour
peu que l'on y touche. Il ne faut pas attendre que les Figues quittent d'elles-
mêmes leurs queuës, à les cueillir, car
la trop grande maturité est en elles un
défaut qui diminuë considerablement
leur excellence.

Lorsque les Poires d'Hiver seront
cueillies, on disposera un lieu propre
pour les y conserver jusqu'au temps
qu'ils doivent se manger, sans aucunement leur donner de l'air ; car celuy
d'Hiver quoy qu'il ne gele point, corromproit sans doute l'air temperé qui est
au-dedans de la Fruiterie, & porteroit
un notable prejudice aux fruits : c'est
pourquoy j'estime que pendant qu'il y
aura du fruit, il ne faut point du tout ou-

...rtir les fenêtres, au contraire on doit avoir soin de les tenir toûjours bien fermées & calfeutrées.

Le lieu que l'on choisira pour cela devra être fort sec & exposé au Midi. Les Poires seront posées sur leur œil. Les Figues seront mises dessus le côté dans la Fruiterie pour y passer la nuit, & les faire rafraîchir ; le lendemain elles seront excellentes. Les Pommes seront mises sans façon les unes sur les autres ; elles ne seront point en danger de se gâter, si elles ont été cueillies par un beau temps. Pour bien conserver les raisins, il faut les mettre dans un lieu sec, où il ne gele point, sur de la paille, ou bien on les pendra en l'air. Si on veut que ces raisins durent long-temps, il n'y a qu'à les cueillir avant qu'ils soient meures.

Il ne faut jamais mettre les Poires & les Pommes sur de la paille dans la Fruiterie, parce qu'elles pourroient bien avec le temps en contracter le goût, qui est fort desagreable. On doit plutôt les mettre sur le chêne ou le sapin, ou le hêtre ou le noyer. On fera faire plusieurs tablettes enchassées les unes dans les autres, pour y mettre ces fruits separément, & il faudra que ces tablettes soient tant soit peu en pente vers la partie de

dehors, & bordées d'une petite tringle
de bois de la grosseur d'un poûce, pour
empêcher que le fruit ne tombe, étant
constant qu'on ne peut si-bien voir d'un
coup d'œil tout le fruit d'une tablette
quand elle est de niveau, si la pourriture survient à quelques Poires ou Pommes.

CHESNE est un grand Arbre qui a le bois dur &
fort; il est tres-recherché pour les bâtimens. C'est
sur les branches de cet Arbre qu'on trouve le Guy.
Il produit un fruit appellé gland, lequel est astrin-
gent & propre pour arrêter toutes sortes de flux:
on le fait boire dans du vin aprés l'avoir râpé ou
pilé. Il produit aussi une petite gale qui est resi-
neuse & noire. On y trouve aussi une autre sorte
de fruit qui se rapporte à une meure, mais qui est
fort dur. Il croît auprés des racines de cet Arbre
des especes de Mousserons ou de Champignons
noirs au-dedans. M. Cassini dit qu'il y a dans chaque bosse de Chêne un œuf de la grosseur & de la
figure d'un petit pois, & qu'en ayant ouvert plusieurs, il y a trouvé un ver, lequel se changeoit
en mouche, & que cette mouche faisoit plusieurs
œufs, d'où naissoient des fourmis, qui ensuite
perçoient la bosse du Chêne où elles étoient en-
fermées. M. Cato dit qu'il faut couper les Chênes
en Eté; que les Arbres qui ne portent point de
fruit, peuvent être coupez en tout temps; & que
ceux qui en portent, seulement aprés qu'il est meur.
Mais à l'égard de l'Orme, il dit qu'il ne faut
point l'abbatre que ses feüilles ne soient tombées.
Theophraste dit qu'il ne faut couper le Pin, le Sa-

pin & le Picea , que quand ils ont poussé leurs premiers jets ; & que le Tilleau , le Frêne , l'Orme & l'Erable peuvent être abbatus aprés la Vendange. M. Perraut dit qu'il y a deux temps propres à couper le bois à bâtir ; que le premier est quand les feüilles en tombant des Arbres , font voir que l'humidité qui les nourrissoit , commence à manquer , & ce temps commode dure jusqu'au Printemps ; que le second est qu'outre cette observation generale de la saison de l'année , il y a le temps de la Lune qu'il tient aussi être de grande importance, & qui est fondée sur la creance qu'il a , qu'en toutes choses l'humidité augmente ou diminuë , selon que la Lune croît ou décroît ; de sorte qu'il est meilleur de couper les Arbres en decours , à cause qu'ils ont moins d'humidité. Vegere dit que le meilleur temps est un peu aprés la pleine Lune,& Columelle dit au contraire que ce doit être pendant les derniers jours. Le Chêne est assurément un des plus beaux Arbres que la terre produise ; c'est pour cela qu'on l'appelle le Roy des Arbres. On dit de luy qu'il est cent ans à croître , cent ans en état , & cent ans à déperir. C'est luy & l'Oranger qui durent le plus. Il jette un pivot en terre presqu'aussi long que la tige qu'il pousse hors de terre , ce qui le garentit des grands vents. Sa feüille est belle & donne beaucoup de couvert. Il est plus propre dans les Forêts & dans les bois, qu'à former les allées bien droites ; il est un peu sujet au hannetons & aux vermines.

G u y est une Plante qui ne se trouve jamais sur la terre , & qui ne porte point de feüilles ni de fruits. Elle naît sur le Chêne, le Pommier, le Poirier, le Prunier, le Hêtre , le Châtaigner & l'Yeuse. Le meilleur Guy est celuy de Chêne. Si vous voulez en sçavoir davantage, voyez l'Histoire des Plantes des environs de Paris, page 350. M. Peraut prétend que le Guy qui vient sur les Arbres, est une Plante de saveur & odeur forte, & même venimeuse, qui affoiblit & rend leur fruit desagreable, & que quand on leur ôte cette excrescence, ils se rétablissent en bon état. Le Guy est verd au dedans, & roux au dehors, & pour être bon, il doit être frais, & n'être point farineux ni rude.

Pour que des Poires de Bonchrétien d'Hiver se gardent plusieurs mois dans la Fruiterie, & sur tout celles que produisent les Poiriers greffez sur franc, il faut conserver leur queuë, & les envelopper avec du papier, car comme ces Poires ont la peau tres-tendre & délicate, elles ne manquent pas à se noircir aussi-tôt qu'on les a maniées. Ce papier empêche qu'elles ne se touchent les unes aux autres, qu'elles ne ternissent, & qu'elles ne perdent leur beauté naturelle; ce qui cause la ternissure, c'est quand le lieu où elles ont été mises est un peu humide. Ces Poires par ce moyen, deviendront jaunes dans le temps de la maturité; c'est en quoy consiste leur principal merite. Il y en a qui pour les conserver durant l'Hiver, scellent leur queuë avec de la cire d'Espagne. On ne peut avoir un trop grand soin de ces Poires,

res, parce qu'elles font les plus eſtimées de toutes, ſoit par leur beauté & rareté, ſoit par leur bonté, étant excellentes cruës ou cuites dans la cendre, ou miſes en compote.

On devra ſouvent viſiter la Fruiterie, & ôter le fruit qui ſe trouvera pourri. Si l'on manquoit à l'ôter, il corromproit celuy qui ſeroit ſain. C'eſt ainſi que l'on jouïra pendant tout l'Hiver & une partie du Printemps, du plaiſir de les voir en bon état, d'en manger & en faire preſent à des amis dans le temps de la maturité.

Pour empêcher que les fruits ne gelent pendant l'Hiver, garentiſſez-les de l'air & de l'humidité, c'eſt-à-dire, mettez-les dans une armoire qui ſoit dans un lieu ſec & expoſé au Midi, & collez du papier autour des fentes de cette Armoire, & ſur le trou où on met la clef. N'ouvrez point cette Armoire, que les gelées ne ſoient entierement paſſées. Si vous n'avez pas pris cette precaution, & que vos fruits ſe trouvent gelez dans la Fruiterie, voici un moyen ſûr & tres-facile à mettre en pratique pour les faire en peu de temps dégeler, ſans qu'en nulle maniere ils perdent ni leur goût ni leur beauté, ni même leur qualité. Pre-

nez un grand vaiſſeau de terre ou de cui-
vre dans lequel vous mettrez de l'eau un
peu froide , & de ces fruits gelez. Mettez auſſi-tôt ce vaiſſeau dans un lieu un
peu chaud. Vous aurez le plaiſir de voir
qu'il ſe fera peu de temps aprés une glace autour du fruit, laquelle étant ôtée,
il ſera tout-à-fait dégelé, & ſera auſſi
beau & auſſi excellent , que s'il n'avoit
point été gelé.

Il y a des fruits, comme ceux d'Eté, qui
ſe peuvent manger ſur l'Arbre ſans autre
coction que celle du Soleil , quoique leurs
principes ne ſoient pas à beaucoup prés,
ni ſi exaltez ni ſi purs que ceux de la chair
des animaux, qui ſont paſſez par plus de
filtrations & de fermentations , & qui
ont circulé plus long-temps dans le corps
de l'animal , comme dans un vaiſſeau
circulaire qui les a beaucoup perfection-
nez. Cependant il y a des fruits qui ne ſe
peuvent manger ſans être cuits , parce
qu'ayant la chair trop groſſiere , ils ont
beſoin de la fermentation que la coction
y excite pour les briſer & les attenuer ; ou
parce qu'ayant leurs eſprits & leurs ſels
trop enfoncez dans la matiere groſſiere,
ils doivent être exaltez par la chaleur du
feu pour ſe faire mieux ſentir au goût, &
pour rendre les fruits ſavoureux , d'inſi-

pides qu'ils étoient avec leur crudité.
D'autres fortes de fruits ont befoin de la
cuiffon pour diffiper le phlegme qui diminuë confiderablement leur faveur,
dont il affoiblit les principes, ou qui les
difpofe à la corruption, en ébralant leurs
parties par le mouvement qu'ont les particules de tous les corps liquides.

CHAIR par rapport aux fruits, eft proprement
la fubftance dont le fruit eft formé. Ce mot de chair
de fruit, fe dit, ainfi que les autres chairs, en Latin, *caro*. Les Jardiniers donnent plufieurs épi-
thetes à ce fubftantif ; car ils difent, en parlant de
leurs fruits, qu'ils ont une chair beurrée, une chair
fondante, une chair fine, une chair caffante, une
chair feche, une chair odorante, une chair pier-
reufe, une chair mâtine & groffiere, une chair fa-
rineufe, & une chair tendre ; & tout cela par rapport aux fruits qui renferment ces qualitez differentes, chacun fuivant leur efpece particuliere. Ils difent auffi qu'un Melon a la chair rouge.

La plûpart des Jardiniers ne font gueres de reflexions fur tout ce que j'ay dit
en ce Chapitre. Il eft donc de l'interêt
des perfonnes qui ont quantité d'Arbres
fruitiers de le bien faire pratiquer par
ceux qui en ont foin, puifque le travail
de toute l'année dépend du temps de
cueillir les fruits comme il faut, & de la
maniere de les conferver dans la Serre,

D ij

pour être pris & mangez dans la saiſon
propre à chaque eſpece , étant conſtant
que ſans cette connoiſſance, on fait beaucoup de travaux inutiles. Cette occupation n'eſt pas , ſelon moy , indigne de
ceux qui ont des emplois plus ſerieux ,
puiſqu'il y a eu des Rois & des Princes
qui en ont fait tres-ſouvent leur plus
agreable plaiſir , & qu'à leur exemple
il y a quantité de perſonnes de la premiere qualité qui en font aujourd'huy
leur principal divertiſſement.

CHAPITRE III.

Où il eſt traité de l'art de détruire
aiſement toutes ſortes d'animaux
ennemis des Arbres & de leurs
fruits, des Blés & autres grains,
de la Vigne & des Plantes mede-
cinales & legumineuſes.

LA terre engendre, & il ſe forme dans
l'air pluſieurs animaux mal-faiſans,
qui empêchent que les Plantes ne faſſent
de belles productions. Mon deſſein eſt
d'enſeigner ici les moyens ſûrs & aiſez à

pratiquer pour faire perir ces ennemis des Plantes. C'eſt par les Tigres que je commenceray. Ils ſont ainſi nommez, à cauſe qu'ils n'épargent point les Arbres où ils s'attachent, & qu'ils abſorbent preſque tout le ſuc, & infectent ſeulement celuy des Poiriers en eſpalier, & jamais ceux en buiſſon. Ils s'attachent beaucoup plus aux feüilles des Poiriers de Bonchrétien d'Hiver en eſpalier, qu'aux autres Poiriers ; beaucoup plus à ceux plantez dans un terroir ſec & ſablonneux, que dans un humide & gras ; & beaucoup plus à l'expoſition du Midi, qu'à celles du Levant & du Couchant. Voici ce que j'ay experimenté pour faire perir ces maudits inſectes.

Quand on aura eu le malheur de planter des Poiriers de Bonchrétien d'Hiver en eſpalier à l'expoſition du Midi dans un terroir ſec & ſablonneux, on prendra pour exterminer les Tigres, de la Fougere qu'on fera bien ſecher. On la mettra au bas de ces Arbres, c'eſt-à-dire, à trois pieds du côté où le vent ſouffle, & enſuite on y mettra le feu. La fumée qui en ſortira, ira ſur toutes leurs feüilles, & fera perir tous les tigres qui y ſeront. Ou bien on amaſſera à la fin d'Octobre toutes les feüilles que l'on trouvera au

pied de ces Arbres , & on les jettera
auſſi-tôt au feu ; quinze jours aprés on
fera encore la même choſe ; & quand il
n'y aura plus de feüilles à ces Arbres , on
ratiſſera doucement leurs branches avec
un couteau de bois , ce qui fera tomber
les œufs de ces inſectes ſur la terre , &
les fera perir. La vapeur de la chaux vive , auſſi-bien que la décoction d'Abſinthe, ſont auſſi d'excellens remedes.

Fougere eſt une Plante fort ſeche & toûjours
verte , & dont les feüilles ſont dentelées ; elle croît
communement dans les bois ſans aucune culture ;
& elle ſert principalement à faire du verre & du
ſavon , à cauſe de la quantité de ſel alkali qu'elle
contient. Sa racine eſt adouciſſante & apperitive.
Un gros de cette racine fait mourir les vers. Il y a la
Fougere mâle & la Fougere ſemelle. Les Naturaliſ-
tes diſent que cette Plante a dans ſes racines la re-
preſentation d'un Aigle qui a les aîles étenduës.
Les Anciens ſe ſont trompez quand ils ont cru
que la Fougere ne produiſoit point de ſemences. On
connoît aujourd'huy qu'elle en produit beaucoup
plus qu'aucune autre Plante , la Nature ayant eu
ſoin de les placer dans un lieu qu'on n'auroit pû
ſoupçonner. Dans la Fougere mâle la ſemence ta-
piſſe entierement le derriere des feüilles ; & dans la
femelle , il n'y a que le Microſcope qui nous la
fait connoître. Mais ce qu'il y a de plus merveilleux , c'eſt que ce qui nous paroît être une ſeule
graine , eſt un ſac qui en contient un tres-grand
nombre , comme cet inſtrument merveilleux nous
le fait voir. Les Anciens ont auſſi crû que cette eſ-

pèce de *Lunaria*, dont certains Chimiſtes font tant de cas, n'avoit point de femences , mais l'on y en a pourtant découvert ; car elle eſt ſi déliée qu'on ne la peut appercevoir fans Microfcope. On a auſſi reconnu que le Capillaire de Montpellier & l'*Opioglofſum* viennent d'une graine tres-menuë, & preſque imperceptible. Selon toutes les apparences les Champignons viennent auſſi de femences, comme il eſt marqué dans les Memoire de l'Academie Royale des Sciences, année 1692. page 106.

On peut encore chercher ces Tigres dans les murs de l'Efpalier, quand il n'y aura plus du tout de feüilles aux Arbres. Pour cet effet on ſe fervira d'un petit plumeau avec lequel on les fera tomber fur un morceau de toile qui fera mis fur la terre, auſſi-bien que leurs œufs ; lequel morceau de toile on fecouëra fortement fur le feu, ce qui en fera encore perir un tres-grand nombre. Il y en a qui difent qu'il faut jetter de l'eau fur les feüilles des Poiriers que ces infectes auront attaqué avec un goupillon, dans laquelle eau l'on aura auparavant fait tremper du Tabac.

TABAC, autrement dit Petun, & en Latin *Nicotiana*, eſt une Plante venuë de l'Amerique en France depuis plus de 166. ans, & dont on tortille les feüilles en maniere de corde, pour fervir enfuite à divers ufages. Jean Boüin dans fon *Hiſtoria Plantarum*, tom. 3. page 629. a tres-bien figuré &

décrit cette excellente Plante. Il y a trois especes de Tabac ; sçavoir le Tabac mâle, le Tabac femelle & le petit Tabac. M. de Prade qui a fait l'Histoire du Tabac, où il traite particulierement du Tabac en poudre, dit que les Espagnols le connurent en premier lieu à Tabaco Province du Royaume de Jucatan, dont ils luy donnerent le nom que luy donna Hernandés de Tolede, qui le premier l'envoya en Portugal, & de là en Espagne. Il ajoûte que le Tabac étant chaud & âcre, & rempli de sel volatil, il incise & attenuë les humeurs crasses & gluantes ; qu'il déterge & ouvre les passages des Membrannes ; qu'il dilate leurs vaisseaux, & les dispose de sorte, que les serositez comme plus déliées en sortent, tandis que le sang dont les parties qui sont grosses, se démêlant plus difficilement les unes des autres, y demeure enfermé ; qu'il augmente la fermentation du sang, & le mouvement par lequel il pousse la pituite dans ses canaux ; d'où elle sort d'autant plus aisément que ces parties sont amollies par leur humidité continuelle ; qu'il allege ou guerit toutes les maladies qui procedent de l'abondance de cette humeur, comme les crachats immoderez, les rhumatismes, les fluxions qui tombent sur les yeux, les larmes involontaires, le mal de tête, les affections comateuses, l'hydropisie & autres ; qu'il est salutaire contre la goutte & la sciatique, à cause qu'il épuise les serositez de toute la masse du sang ; car les veines les apportent des extremitez du corps dans les grands vaisseaux qui les menent au cœur ; & les arteres dans les membranes de la bouche & du nez, d'où le Tabac les fait sortir ; que comme il purifie le sang, il conserve le teint frais & vermeil, & le rend tel à ceux qui l'ont terni par la débauche, ou par les maladies, même aux filles qui ont les pâles

couleurs ;

couleurs ; qu'il provoque l'éternuement, vû que piquant la membrane du nez avec quelque espece de chatoüillement, il l'oblige à se resserrer, de sorte que la matiere aqueuse & aërienne qui s'y trouve enfermée, venant à sortir par les pores & par les cavitez tortueuses du nez, s'échappe enfin avec autant de bruit que son mouvement est violent ; que que le Tabac est le plus riche tresor qui soit venu du Païs de l'or & des Perles ; qu'il contient comme réuni, ce que les autres Plantes n'ont que separé ; que la Nature en ayant fait un miracle, ne devoit pas le cacher prés de 6000. ans à l'une des plus belles parties du Monde ; qu'elle fut injuste de le releguer si long-temps parmi les Sauvages & les Barbares ; qu'elle fut moins indulgente pour nous que pour eux ; & qu'enfin le Tabac marque si bien sa puissance, qu'étant reduit en poudre & en fumée, il garde encore tout son prix. Le Jardinier Botaniste dit que les feüilles du Tabac mises en cataplasme sont excellentes pour resoudre & pour faire supurer les tumeurs & les ulceres ; & qu'étant mis en poudre pris par le nez, fumé ou mâché, chasse la pituite. Simon Paul Medecin du Roy de Dannemarc qui a fait un Traité exprés du Tabac, prouve que ceux qui en prennent par excés par le nez, sont sujets à perdre l'odorat ; qu'étant pris en fumée, il gâte le cerveau, & rend le crane noir. Jean Nicot Ambassadeur de François II. auprés de Sebastien Roy de Portugal, presenta au Grand Prieur à son arrivée à Lisbonne le Tabac, & à Catherine de Medicis en France ; cependant Thevet dispute à Nicot la gloire de l'avoir donné à la France. Le Cardinal de Sainte-Croix Nonce en Portugal, & Nicolas Tournabon Nonce en France, l'ayant introduit les premiers en ces Royaumes, le nommerent chacun de leur nom, de Sainte-Croix

Tome II.   E

& de Tournabon. Liebaut dit que le Tabac est ori-
ginaire d'Europe , & qu'avant la découverte du
nouveau Monde , on en trouva diverses Plantes
dans les Ardennes. Mais Magnenus le rend à l'A-
merique ; & pour resoudre la difficulté de Liebaut,
il ose dire que les vents en avoient pû apporter la
semence dans l'Europe. Amurat IV. Empereur
des Turcs , le Grand Duc de Moscovie & le Roy
de Perse en défendirent l'usage à leurs Sujets sous
peine de la vie , ou au moins d'avoir le nez coupé.
Jacques Stuart Roy d'Angleterre a fait un Traité
sur le mauvais usage du Tabac. Les Tabacs de
Malthe , de Pongibon & d'Angleterre sont les plus
estimez. Il n'est permis en France d'en planter
qu'en certains lieux portez par l'Ordonnance du
Roy faite exprés sur ce sujet. Les vertus du Tabac
qui est un des premiers remedes narcotiques , sont
expliquées par M. Wilis dans sa Pharmacie. On
dit que ses vertus sont d'échauffer & de rafraîchir ,
de provoquer & de chasser le sommeil , de donner
de l'appetit & de l'ôter.

Pour exterminer les Hannetons, il n'y
a qu'à secoüer depuis onze heures du
matin jusqu'à deux aprés midi , les branches d'Arbres sur lesquelles ces Insectes
sont comme assoupis ; quand ils seront
tombez, on les écrasera. Ils font encore
plus de desordres l'Hiver que l'Eté; car,
soit qu'ils soient encore vers ou qu'ils
soient devenus Hannetons, ils rongent
non seulement les racines des jeunes Arbres qui sont tendres, mais aussi celles
des Plantes legumineuses, ce qui les fait

tres-souvent perir. Pour y remedier, on découvrira avant l'Hiver le pied de ces jeunes Arbres; & si on en trouve on les tuëra. S'il y a des racines qui soient rongées, on les coupera au-dessus de la playe.

A l'égard des Fourmis, on prendra de la scieure de bois qu'on mettra au pied des Arbres. Quand elles y voudront monter, elles sentiront que la terre est comme mouvante, ce qui les fera retirer bien vîte. Ou bien on prendra de la Laine fraîchement coupée de dessous le ventre des Moutons, qu'on attachera autour du tronc de ces Arbres; l'odeur forte de cette Laine ne leur plaisant pas, les fera aller d'un autre côté. Pour ce qui est de ceux en espalier, on y mettra des bouteilles à moitié pleines d'eau & de miel bien mêlé l'un avec l'autre, & on frotera un peu les goulots pour les y attirer; quand elles en seront pleines, on les vuidera, & on y remettra d'autre eau & d'autre miel aussi bien mêlé. Si ces Fourmis viennent du bas de l'Arbre, il faut mettre une Terrine au pied & de l'eau dedans mêlée avec du miel. Ou bien on prendra des os à demi décharnez qu'on jettera à l'endroit où elles se retirent. Cet appas les fait bien vîte venir pour y pren-

dre leur aliment. Quand il y en aura
quantité, on jettera auſſi-tôt ces os au
feu. Ou bien il faudra en Avril ou en
Août chercher le lieu où elles ſe retirent;
& quand on l'aura trouvé, on fera un
grand trou avec la bêche, & on y jettera
de l'eau boüillante; cela les fera perir
& ruinera même leurs œufs. Ou bien
on fera autour du tronc de ces Arbres un
cercle de Charbon de terre. Comme cette matiere eſt liſſe & polie, ces Inſectes
ne peuvent faire le chemin qu'il faut
pour y monter, & vont ailleurs. Ou bien
on fait au pied de ces Arbres un cercle
de Glu pour les empêcher d'y gravir;
car quand ces Fourmis ſont parvenuës à
cette Glu, elles y demeurent comme
dans la bourbe, & n'en peuvent ſortir.
Ou bien on ſe ſervira d'une Gomme
dont on uſe d'ordinaire pour guerir la
galle des Moutons, & on en frotera le
bas de la tige des Arbres. L'Empereur
Pagonatus dont j'ay parlé au premier
Chapitre de la premiere Partie, dit que
pour empêcher que les Fourmis ne faſſent aucun deſordre dans un Jardin, il
faut prendre des coquilles de Limaçon
qui ſoient vuides, les pulveriſer, & en
jetter la poudre dans la Fourmilliere.
Comme elles ont beaucoup d'averſion

pour cette poudre, elles se retirent bien loin.

Pour ce qui est des Taons qui font de gros Vers que le fumier engendre, lesquels rongent les racines des Arbres, les font languir & bien souvent perir ; pour s'en défaire, il n'y a qu'à foüiller au pied de ces Arbres, les tuer quand on les voit, & rafraîchir avec la serpette les racines endommagées. Pour les empêcher de retourner à ces racines, il faut mettre de la terre neuve au-dessus.

A l'égard des Mulots, petites Souris qui font leurs trous sous terre comme les Taupes, qui endommagent les racines des Arbres, & sur tout de celles des Figuiers, il n'y a point de moyen plus sûr pour les exterminer que de leur tendre des pieges. Le meilleur est de faire une petite Huche ouverte en-dessus, sans fond en-dessous, qu'on posera sur une Terrine pleine d'eau. Sur cette Huche on mettra un peu de paille non batuë. Quand les Mulots viendront en cet endroit, ils tomberont dans la Terrine & s'y noyeront.

Pour ce qui est des Lisettes, petits Insectes noirs, appellez autrement Couppebourgeons, qui broutent les boutons de la Vigne quand elle commence à pouss-

fer, qui coupent à demi les jeunes jets
des Poiriers, & qui tres-souvent font
perir les Greffes des Pêchers & Abricotiers, quand elles ont pouffé de la longueur de deux à trois poûces, j'estime
que pour en exterminer la race, il faut
prendre dans le temps que les Arbres
& les Vignes viendront à pouffer, des
Femmes à la journée, qui quand elles
les trouveront les feront mourir. Il y
en a qui pour garentir leurs greffes de
ces petits Animaux, les emmaillotent
avec de petits facs de papiers. On peut
auffi par ce moyen garentir ces greffes
des gelées du Printemps.

À l'égard des Gribouris, petits Animaux moitié moins gros que les Lifettes,
qui mangent les racines des vieilles Vignes plantées dans un terroir fec & pierreux, on dit que la Suye de cheminée
mife au pied des feps, est un excellent remede pour les faire perir. Pour moy
j'estime que ce remede est fort inutile,
& ne vois point de meilleur expedient
quand de vieilles Vignes en font attaquées, que de les arracher, & de femer
à la place, aprés avoir donné deux labours à la terre, de la graine de Sain-
foin ; car cette Plante réuffit tres-bien
dans un terroir fec & pierreux, & y fub-

fiste d'ordinaire neuf à dix ans. Aprés
quoy on y replantera d'autre Vigne.

GRAINE, terme de Jardinage, est la semence que produisent toutes fortes de Plantes pour
la conservation de leur espece. On voit la graine
des Plantes aprés qu'elles ont donné leur fleur &
leur fruit. Les Jardiniers disent que leurs Legumes
montent à graine, c'est-à-dire, donnent à present leur graine. Pour connoître si les graines ont
les qualitez requises pour être bonnes à semer, il
faut examiner si elles sont grosses, rondes, pleines
en dedans, & d'un verd vif & non altéré. Elles
doivent être fraîches, & de la même année qu'on
les veut semer. Voila, selon moy, les marques les
plus assurées de leur bonté : Au contraire si ces
graines étoient plattes, vuides en dedans, un peu
vieilles & d'un verd sec, elles ne seroient point du
tout propres à semer, & ne pourroient lever, étant
incapables de végétation, & d'agir selon l'ordre
de la Nature. Pour conserver les graines pendant
l'Hiver, on choisira un lieu sec, tel qu'un Grenier, où on étendra les graines, qu'on visitera de
temps à autre, & qu'on remuëra comme on fait
le bled. Si les graines étoient dans des sacs, ou des
Coffres, elles y moisiroient, ou s'échaufferoient de
telle maniere, qu'elles ne seroient plus propres à
semer. Qui n'admirera, dit Saint Augustin, cette
vertu secrete des graines, des semences, & generalement de tout ce qui sert de premier principe à
toutes les plantes : où Dieu renferme en un si petit
espace, d'une maniere si imperceptible à nos sens,
toute la beauté des fleurs, toute l'étenduë des plus
grands Arbres, & toute l'excellence & la varieté
d'une infinité de fruits. Il y a autant de sortes de
graines que d'especes de Plantes. La grosseur & la

figure des graines varient felon les efpeces : & ce
que je ne puis comprendre, c'eft que les grands
Arbres portent fouvent les plus petites graines.
Ainfi je croy qu'il n'y a aucune convenance entre
la graine & la Plante qui en provient. Par exemple,
la graine de Tabac eft tres-menuë, & une Feve
commune eft au moins trois cent fois plus groffe ;
cependant la Plante qu'elle produit eft bien moins
grande qu'une Plante de Tabac. M. Grew dans
fon Anatomie des Plantes, fait de curieufes Obfervations fur un grand nombre de Graines ; il dit en
general qu'elles ont quatre enveloppes, dont la premiere s'appelle la Capfule, qui reffemble quelquefois à une petite bourfe ; quelquefois c'eft une gouffe,
& quelquefois elle eft divifée en deux Noifettes.
Que la feconde & la troifiéme de ces enveloppes,
s'appellent proprement les peaux de la graine, &
fur tout dans les fleurs, où elles font de toutes couleurs, depuis le blanc jufqu'au noir de jais. Que
la figure des Graines eft tantôt ronde-platte, tantôt
elle a la figure d'un Roignon, tantôt elle eft triangulaire, quelquefois elle eft fpherique, & quelquefois ovale ou demi-ovale. Que l'on trouve des
Graines qui ont la figure d'une Pique ou d'une
Pyramide. Qu'il y en a de liffes & polies, d'autres qui font boüillonnées, d'autres qui font remplies de petites foffes hexagones femblables aux
rayons de miel, & d'autres qui font percées comme
des Pierres-ponces ; & enfin qu'il y en a qui ont
des mucilages. M. Lewenhok dit qu'il y a des
Graines & des Semences où l'on découvre, avec
l'aide du Microfcope, fort diftinctement les Plantes
toutes formées avec leurs racines, leurs tiges &
leurs fetüilles. Qu'il eft aifé de voir par là que la
Nature fi fage fait fes operations par un pareil mé-
canifme. Que non feulement chaque Graine con-

tient dans soy une Plante qui en doit naître ; mais qu'elle renferme encore une matiere blanche, qu'on nomme farine, pour nourrir la Plante naissante, jusqu'à ce qu'elle ait une racine capable de l'alimenter des sucs de la terre. Qu'il y a outre cette matiere farineuse, une humeur huileuse, pour entretenir long-temps dans la graine le principe de vie, qui anime la petite Plante concentrée : que sans cette huile vivifiante, sans ce suc balsamique, elle secheroit & periroit. Que comme il n'y a point de sexe parmi les Plantes, comme parmi les Animaux, dont la propagation se fait par le concours mutuel des deux sexes, il falloit donc pour la multiplication des Plantes, que l'Auteur de la Nature renfermât dans chaque graine pour la jeune Plante, tout ce que les Animaux dans leur formation reçoivent du Pere & de la Mere. Que comme les Plantes n'ont point de mouvement local, de mouvement progressif, elles ne peuvent se chercher comme font les Poissons, les Oiseaux, les Animaux de la Terre, les Reptiles & les Insectes. Il faut donc, ajoûte-t-il, que la Nature renferme dans chaque graine la fecondité qui vient du Pere, & la nourriture que donne la Mere. Il dit encore que Dieu tres bon, tres-grand, & tres-sage Architecte de la Machine de l'Univers, ne produit plus de nouvelles Plantes ni de nouvelles Creatures ; mais qu'ayant répandu de sa fecondité, autant qu'il luy a plû, sur celles qu'il crea d'abord, il les rendit enceintes de toutes les Plantes & de tous les Animaux qui devoient naître dans la suite des siecles. Qu'ainsi les Plantes qui naissent à chaque Printemps sont aussi anciennes que le Monde. Il dit la même chose des Animaux. Que leurs petits sont contenus dans la matiere qui remplit les Vaisseaux seminaires des Mâles : & que ce qu'on appelle generation, n'est

qu'un développement & une manifeſtation d'un
Animal qui fut formé de Dieu peu de jours aprés
la creation du Soleil, de la Lune & des Etoiles.
Pour moy je ne ſçaurois voir tant de merveilles
renfermées dans le petit eſpace d'une ſemence, ſans
reconnoître que cette admirable œconomie, pour
la propagation ou multiplication des Plantes & des
Animaux, ne ſçauroit être l'ouvrage de la rencontre fortuite d'Atomes brutes, & qu'il faut au contraire qu'une cauſe infiniment puiſſante & intelli-
gente ait préſidé à cet arrangement.

Les remedes les plus efficaces pour
empêcher que les Chenilles ne détruiſe
les Plantes, c'eſt de faire écheniller les
Arbres fruitiers avant qu'ils pouſſent.
Tous les fourreaux des Chenilles ſeront
mis en un tas pour les faire conſumer par
le feu, de peur que ſi on les laiſſoit ſur
terre, elles ne vinſſent à y éclorre auſſi-
bien que dans les Arbres; ce qui ſeroit
pour lors du temps perdu, d'autant que
venant à s'épancher, on auroit trop de
peine à les exterminer. Si ces Inſectes
ſont éclos dans les Arbres, il faut y aller
dés le grand matin, ou ſur le haut du
jour, ou aprés une pluye, parce qu'ils
ſont en ces differens temps en monceaux,
& bien aiſez à détruire, en prenant une
tuile ſur laquelle on les fait tomber pour
les y écraſer avec une petite palette de
bois. Si on n'a pas pris la precaution de

faire écheniller les Arbres voisins à haute futaye, comme les Chênes, Ormes, Trembles, Tilleaux & autres, & les hayes voisines des Arbres fruitiers, j'estimerois que pour empêcher que ces Chenilles nouvellement éclofes, ne vinssent à monter sur ces Fruitiers à haute tige, il faudroit prendre du Saindoux & en froter le bas de leur tige de la largeur de deux bons poûces. Ces maudits Insectes ayant en horreur cette graisse, s'en retirent bien vîte.

TILLEAU ou Tilleul, est un Arbre qui se multiplie de semence & de plant enraciné. C'est un des plus beaux Arbres pour former des Cabinets, dresser des Allées & couvrir des Berceaux. On peut luy faire donner toutes les formes qu'on souhaite. Il y a le Tilleau mâle & le Tilleau femelle. Le bois du Mâle est dur, jaune, épais & massif, & a plusieurs nœuds. Son écorce est si dure & si épaisse, qu'elle ne se peut plier. Le Mâle est sterile, car il ne porte ni fleur ni fruit. La Femelle tout au contraire porte fleur & fruit. Ils ont l'un & l'autre, le bois & l'écorce blancs, souples & maniables, & bien de l'odeur. Les Anciens se sont servis au lieu de papier de l'écorce interieure du Tilleau. On pretend que ses feüilles sont propres pour les Ulceres qui viennent aux Jambes. Cet Arbre n'est sujet à aucune Vermine; mais il se verse & se creuse aisément, ce qui fait qu'il ne dure pas long-temps. Il y a une espece de Tilleau appellée Tillot d'Hollande, qui est la plus estimée, à cause de son large feüillage ; il produit de la graine , & vient aifé-ment de Marcotes.

Il y a d'autres efpeces de Chenilles qui s'éclofent en de petits anneaux qui environnent les petites branches des Arbres , qu'on appelle Dez ou Viroles. Leurs œufs paroiffent comme du chagrin gris. Ils ne font pas aifez à découvrir , à moins d'y prendre garde de fort prés. Dés la moindre chaleur ces œufs s'éclofent , & ces Infectes font plus de defordres que les autres. Pour les éloigner des Arbres , il n'y a qu'à lier quelques branches de ces Arbres avec de la paille verte de bled, feigle , ou bien on y attachera des branches de Sureau ou d'Hieble. Ou bien on arrofera leurs feüilles & leurs branches avec de l'eau dans laquelle on a mis infufer du Salpêtre , ou mis tremper de la Rhuë concaffée , ou fait mourir des Ecreviffes. Tout cela eft excellent pour les faire perir.

HIEBLE eft une Plante qui eft affez femblable au Sureau , & pour la feuille & pour la graine ; elle porte fa graine en grappe. On fait un grand cas de cette Plante. Sa racine chaffe la Pituite & toutes les humeurs bilieufes : on s'en fert dans les purgations des Hydropiques : on la fait boire dans du Vin pour toutes ces maladies. L'huile exprimée de la femence de cette Plante, eft adouciffante & refolutive.

Pour ce qui eſt des Taupes, qui ſont
le petits Animaux de la taille des Souris, qui ſont ſoyeuſes & noires, leſquelles font un grand ravage aux Jardins ;
car non ſeulement elles endommagent
beaucoup les racines des jeunes Arbres
quand elles viennent à pouſſer, en les
mettant à jour, mais encore par leurs
traînaſſes elles gâtent les Bleds, les Legumes, les Allées & les tapis de gazon ;
on peut les chaſſer des lieux qu'elles gâtent, en fichant dans la terre où elles
ont fait leurs traînaſſes, de petits bâtons
de Sureau ; ou bien en jettant dans leurs
trous des branches de Saules, ou du Chanvre, ou de la Poirée, ou de la fiente de
Pourceau. Comme tous ces ingrediens
exhalent une odeur qui ne leur plaît pas,
elles ſortent bien vîte de leurs trous. Ou
bien on prendra un maillet fait exprés
rempli de pointes de clou de la longueur
de quatre poûces, & emmanché de quatre pieds & demi pour atteindre de loin,
car le moindre bruit qu'entend la Taupe
qui a l'ouye fort ſubtile, elle ſe retire
avec precipitation ; puis quand elle travaille, on en frappe le plus fort qu'on
peut la Taupiniere, & auſſi-tôt on foüille
avec la Bêche, où la trouve morte, ou
du moins fort étourdie. Ou bien on

prendra un pot de terre plombé en dedans, & plus étroit par le bas que par
le haut : on mettra ce pot en terre, &
deux poûces plus bas que sa superficie,
dans lequel on mettra une Taupe vi-
vante. Comme cette petite Bête ne trouve pas d'issuë pour en sortir, elle se plaint
& s'écrie : au bruit qu'elle fait d'autres
Taupes y accourent promptement pour
la secourir, & tombent dedans. Ou bien
on mettra de l'eau dans ce pot, & en
courant sur la terre, elles y tombent &
s'y noyent. C'est ainsi qu'on prend les
Mulots. Ou bien on fera des trous autour de la Taupiniere ; comme elles sentiront qu'il y a du jour dans leurs tanie-
res, elles s'en iront bien vîte d'un autre
côté. Tout ce que je viens de dire m'a
presque toûjours réussi quand je l'ay
pratiqué. Le plus sûr moyen de les at-
traper, c'est d'avoir des instrumens en
forme de boëtes ou fourreaux appellez
des Taupieres, faites de branches de
Sureau, que l'on creuse & que l'on fend
en deux : on rejoint ces pieces ensemble
par un petit cercle de fer. Ces boëtes
ont environ un pied de long sur deux
poûces de diametre ; elles sont fermées
par un des bouts, & l'autre est celuy par
où entre la Taupe, qui fait remuer un

petit crochet, retenant un reffort qui fe lâche auffi-tôt, & luy ferme la fortie, ce qui fait prendre la Taupe tout en vie. On doit enfoncer ces boëtes d'un demi pied avant dans les traînaffes des Tau-pes. Je croy que ces petites Bêtes font punies par leur aveuglement de leur in-ftinct à tout gâter ; car en effet, il fem-ble que par tout où elles paffent, il faille qu'elles renverfent la terre, & qu'atta-quant les racines des Plantes, elles doi-vent en les enlevant, les détacher & les faire mourir par là.

SUREAU eft une efpece d'Arbre qui produit des fleurs blanches & des fruits rouges noirâtres qui font meurs vingt ou vingt-cinq jours avant les Raifins. Le jus exprimé de l'écorce de la racine de Sureau, dit le Jardinier Botanifte, fait vomir & excite les eaux des Hydropiques. Diofcoride af-fure que les feüilles de Sureau mifes en cataplafme font bonnes pour appaifer l'inflammation des Ul-ceres ; qu'elles font bonnes pour la Brûlure & la Goutte : on met les fleurs de Sureau dans le Vinai-gre, ce qui le rend tres-bon & agreable. Le fruit du Sureau, dit un Medecin, fermente feul comme de Raifin, fans aucun autre levain que luy-même. Aprés l'avoir diftillé & en avoir rectifié l'eau-de-vie, il faut mettre une once de fuc cru non fermenté & cuit à feu doux en confiftence de miel, fur de-mi-livre de fon efprit teint. Cet efprit de Sureau, ajoûte-t-il, eft un des plus fpecifiques & des plus effentiels remedes qu'il y ait dans la Nature pour

toutes les Dyſenteries, quelque malignes qu'elles
puiſſent être, ſoit qu'il y ait complication de fiévres, ſoit qu'il y ait ulcere ou corroſion de boyaux,
même dans l'état le plus deſeſperé. Son action,
pourſuit-il, eſt inſenſible; & dans deux ou trois
jours au plus, en prenant ſoir & matin une ou deux
cuillerées par doſes dans du vin & de l'eau, on eſt
ſi ſolidement gueri, qu'on ne ſe ſent preſque pas
d'avoir été malade. C'eſt un treſor dans les fluxions de Poitrine, dans les cours de ventre & dans
les Dyſenteries populaires & contagieuſes. Et cet
Auteur dit que cet excellent remede eſt aiſé à faire
en quantité & facile à tranſporter ; qu'il ſe garde
aiſément d'une année à l'autre; mais que ſi on le
garde plus long-temps, il s'aigrit & n'eſt plus ſi
excellent.

A l'égard des Vers qui s'engendrent
entre le bois & l'écorce des Arbres, &
qui venant à les percer, en ſuccent toute
l'humeur qui les nourrit & les fait groſſir; quand on voit des Arbres malades,
& qu'aprés avoir recherché la cauſe de
leur maladie, on n'en trouve point, ſi
ce n'eſt qu'on eſtime que ce peut être ces
Inſectes qui les percent; cela ſe reconnoît à l'excrement qu'ils rendent, &
qui tombe au pied de l'Arbre. Pour trouver leurs trous, il n'y a qu'à découvrir
la ſurface de l'écorce, & auſſi-tôt qu'on
les apperçoit, il faut les ôter, à cauſe du
danger qu'il y a que ces Vers empêchant que la ſéve ne monte dans les

branches de l'Arbre, ne le faſſe perir.

Il eſt beaucoup plus aiſé de ſe défaire des Limaçons que de tous les autres Animaux & Inſectes dont j'ay parlé ; car il ne faut pour les trouver, qu'aller dans les Jardins par un temps de fraîcheur, ou une heure ou deux aprés que la pluye eſt tombée. C'eſt d'ordinaire le temps où ces Inſectes ſortent de leur habitation pour chercher leur nourriture. Quand on ſe promenera le ſoir ou le matin par un temps de fraîcheur, on trouvera des Limas qui n'ont point de coquille, & qui ſont rougeâtres & de ſubſtance molle & viſqueuſe comme les Limaçons ; auſquels Limas on coupera la tête, & on les laiſſera au même endroit. Ces Limaçons les trouvant morts, les dévorent ; ainſi il ſera alors aiſé de les exterminer.

Pour ce qui eſt des Pucerons verds qui ſont des Inſectes qui ſuccent preſque toute l'humeur qui nourrit & fait groſſir les Arbres, il faut prendre une baguette de bois qu'on fichera en terre à la profondeur de ſix à ſept poûces, au bout de laquelle on mettra un pot le goulet en bas ; ces Inſectes pour être à l'abri de la chaleur, viendront ſe mettre au fond de ce pot : quand il y en aura quantité on les fera perir. Comme ils aiment beaucoup l'humidité & la fraîcheur, on posera sur ce pot un linge moüillé, où ils viennent peu de temps aprés pour s'y rafraîchir. Il y a d'autres especes de Pucerons qui s'engendrent & se multiplient dans des Pois & dans quelques autres grains.

POIS est une Legume qui vient dans une gousse ou dans une cosse, & qui est de figure ronde. Il sort d'une tige qui a beaucoup de trous, de rameaux, de tendrons ou agraffes, & des fuïlles grosses, longuettes & grassettes. Il y a differentes sortes de Pois : sçavoir, des Haricots, des Pois sans cosses, des Pois verds & des Pois gris. On voit aussi des Pois à coquille qui sont noirs & jaunes : ce qui fait qu'ils rampent sur terre, c'est que leurs racines sont fort foibles. Il y a des Pois qui veulent être appuyez, que les Jardiniers appellent Pois ramez, à cause qu'on met auprés d'eux des rames ou petits branchages qu'on plante en terre pour les soûtenir, où ils s'accrochent & s'attachent. Les Pois se sement d'ordinaire en Mars dans une terre bien labourée & ameublie. Les Pois sont venteux, chargent beaucoup l'Estomac, & sont difficiles à digerer ; ils adoucissent les âcretez de la Poitrine, & appaisent la Toux. Il se voit aussi des Phaseoles incarnats, qui sont des especes de Pois ciches ou Haricots à couleur incarnate, & dont on se sert dans les Jardins pour un ornement.

La PHASEOLE est une Plante qui de sa racine jette une tige grêle haute de six à sept pieds, se divisant en plusieurs rameaux, le long desquels il y a des fuïlles rangées par paires à côté qui sont petites, un peu dentelées en leurs bords ; sa fleur est en maniere d'aîles à Papillon : du milieu de son calice s'éleve un pistile , qui dans la suite devient une silique longue , remplie de plusieurs semences , en forme de petit rond & de couleur rougeâtre , ou d'un rouge noirâtre. Les Phaseoles ne se doivent semer qu'au mois de May, à cause qu'elles craignent les gelées blanches. Elles excitent l'urine & les mois. Il vaut mieux les manger à l'huile & au vinaigre qu'au beurre , parce que le beurre excite la bile. Il n'en faut pas beaucop manger , parce qu'elles sont venteuses & chargent l'Estomac.

A l'égard des Cantarides , espece de Mouches venimeuses tres-belles à voir , qui s'engendrent sur les Frênes , & qui s'attachent aux Arbres fruitiers , j'estime qu'il faut prendre de la Sauge & de la Rhuë qu'on fera boüillir ensemble, & laisser refroidir l'eau , avec laquelle on arrosera les branches & les feüilles de ces Fruitiers. Pamphilus qui a fait un Traité sur l'Agriculture, dit que pour purger un Jardin de Cantarides , il faut prendre du fumier vieux de Vache , ou de la racine de Concombre sauvage , & en faire de la fumée , que cela oblige ces Mouches de quitter prise & d'aller ailleurs.

Sauge est une sorte de Plante odorante qui produit de longues branches quarrées & blanches. Ses feüilles sont veluës, blanchâtres & rudes comme un drap à demi usé ; elle produit sa graine à la cime de ses branches. Son odeur est un peu forte,

F ij

& neanmoins tres-bonne. Il y a de la Sauge franche qu'on cultive dans les Jardins, & de la fauvage
qui vient d'elle-même dans la Campagne. Les
Naturaliftes difent que les Crapaux fe trouvent
d'ordinaire auprés de cette Herbe, & qu'ils atti-
rent tout le venin qu'elle pourroit avoir. Les Hol-
landois preparent des feüilles de Sauge de la même
maniere qu'on prepare le Thé en la Chine, & les
portent aux Chinois comme une chofe fort pre-
cieufe : ce qui leur a fi bien réuffi, qu'on leur donne pour une livre de feüilles de Sauge quatre fois
autant de Thé, qu'ils revendent fort cher en Europe. La Sauge vûë avec le Microfcope, paroît
couverte de quantité d'Araignées vivantes, & qu'on
voit marcher. On pretend que la decoction de Sauge eft excellente pour le tremblement des mains
& du corps : on s'en fert pour fortifier les Nerfs,
& pour arrêter les fleurs blanches des Femmes : fon
eau diftillée éclaircit la vûë. On fait venir de Provence la petite Sauge, que l'on prend comme le
Thé, pour faire fuer, & pour les maux de tête.

R H U E eft une Plante medecinale, qui a l'odeur
forte, & qui eft toûjours verte ; elle pouffe plufieurs feüilles groffes & graffes, d'une même queüe,
étroites à leur iffuë, & larges au bout : elle a plufieurs rameaux & furgeons, à la cime defquels
fortent plufieurs fleurs jaunes, d'où derechef fortent de petits boutons de forme quadrangulaire,
où l'on trouve une petite graine noire ; fa racine
eft forte & groffe, & dure comme du bois : elle
eft amere & piquante au goût. Il y a auffi une
Rhuë parietaire, qui croît dans les terres pierreufes & fur les vieilles murailles. La Rhuë fe
plaît dans une terre remplie de fels & de fubftance ; elle fe multiplie de graine & de plant.
Cette Plante pouffe par les urines. Elle eft excel-

lente pour toutes sortes de poisons & morsures de
Bêtes venimeuses.

Dans les lieux où il y a bien des bois
& tres-peu d'eau, comme il s'en trouve
dans la Beauce, les Geays font un grand
degât aux fruits des Arbres plantez auprés des Bâtimens. Voici un moyen sûr
pour détruire en peu de jours la plûpart
de ces Oiseaux, qui est de mettre dans
le bois, ou auprés des lieux où il y a plusieurs Arbres fruitiers, un large vaisseau
rempli d'eau. Autour de ce vaisseau on
tendra un filet de la longueur & de la
largeur de huit à neuf pieds ; auquel
filet on attachera une corde qui soit de la
longueur de dix à douze toises, qu'un
Homme prendra par le bout, & qui ira
à un autre lieu distant de cette longueur. Quand cet Homme verra plusieurs Geays boire dans ce vaisseau, il
tirera la corde, laquelle fermera le filet,
& prendra tous les Geays qui boiront.
Si ce secret est réïteré douze ou quinze
fois durant les grandes chaleurs, il en
restera fort peu.

Les Lapins font encore un grand degât aux jeunes Poiriers & Pommiers nains
quand l'Hiver est fort rude, & quand la
terre est couverte de neiges. Ces petits
Animaux ne trouvant pas de quoy se-

nourrir, broutent les jets les plus tendres de ces fruitiers, & même pelent l'é-
corce des plus groffes branches ; ce qui
les empêche de pouffer au Printemps du
bois de la greffe, n'y ayant que celuy
du fauvageon qui pouffe des jets. Pour
prevenir cet accident, il faut attacher au
tronc de ces jeunes Arbres de la paille :
comme ces Lapins font naturellement
craintifs & défians, & qu'ils ont en horreur cette paille, ils s'enfuyent auffi-tôt
qu'ils l'apperçoivent. Ceux qui ont de
jeunes Arbres nains auprés des Garennes
ne doivent point negliger ce que je viens
de dire. Il y en a qui au lieu de paille,
mettent autour de leur tronc & de leurs
branches de bonnes épines, qu'ils lient
avec de l'ofier, pour empêcher que le
vent ne les emporte. Comme j'avois
une Maifon de Campagne auprés de laquelle il y a une Garenne affez peuplée
de Lapins, je me fuis trouvé en même
embarras ; car prefque tous les Hivers ces
petits Animaux venoient brouter, quand
il y avoit de la neige fur terre, tous mes
jeunes Poiriers & Pommiers nains ; ce
qui m'obligea dans la fuite de laiffer
monter la plus belle branche de chacun
de ces Arbres reduits en buiffon, pour en
faire des Arbres à haute tige ; & ce qui

m'a réuſſi, ayant eu ſoin de mettre tous
les ans au mois de Novembre autour de
leur tige , de bonnes épines que je liois
avec de l'oſier , pour empêcher que le
vent ne les écartât. Les Lapins font auſſi
un tort conſiderable aux Vignes qui
commencent à pouſſer au Printemps.
Pour y remedier , il faut prendre de petits bâtons fort ſecs ; ceux de Saule ſont
les meilleurs. On les piquera en terre à
la diſtance les uns des autres de ſix à ſept
pieds , & on les trempera par l'autre bout
dans du ſoufre fondu. On mettra le feu
à ces petits bâtons ſur les cinq ou ſix heures du ſoir , qui eſt d'ordinaire le temps
que les Lapins ſortent au mois de May
de leurs terriers. Ces petits Animaux
ſauvages qui ont une grande averſion
pour l'odeur qu'exhale le ſoufre quand
il eſt en feu , n'oſent jamais entrer dans
une Vigne ſur le bord de laquelle ces
bâtons enflammez ſont plantez. Comme
cette odeur ne peut durer que deux jours
au plus , j'eſtime qu'il faut à la fin de ce
temps recommencer , & réïterer encore
ſix ou ſept fois. Pendant ce temps-là les
nouveaux bourgeons de cette Vigne auront le temps de ſe fortifier , & ſeront
hors d'inſulte de ces Lapins. Il ne ſera
pas neceſſaire de faire ce que je viens

de dire, s'il y a des bleds femez entre la
Garenne & la Vigne, parce qu'ils aiment mieux l'herbe verte que pouſſe la
Plante du bled, que les nouveaux bourgeons que la Vigne produit.

Osier eſt une forte d'Arbriſſeau aquatique
qui ne s'éleve pas bien haut, dont la feüille ref-
ſemble à celle du Saule, & dont les jets ou ſions
ſont fort flexibles & plians ; ils ſervent à lier les
Cercles pour les Cuves & Tonneaux, & à faire
des Panniers, Hottes & autres ouvrages des Van-
niers, ce qui le rend d'un bon revenu, parce qu'on
le coupe ſouvent. Cet Arbriſſeau vient de bouture
& de marcote. Il y a de l'Oſier franc & de l'O-
ſier bâtard ; celuy-ci croît d'ordinaire au bord des
Rivieres, & on l'appelle en quelques lieux Rever-
deau ou Oſier blanc.

Saule eſt un Arbre aſſez connu, qui vient
ordinairement dans les lieux aquatiques & maré-
cageux, comme au bord des Prez, Mares & Foſſez.
On le multiplie de boutures appellées Plançons :
& on le taille d'ordinaire tous les trois ans. Il
croît fort vîte, & ne vit gueres plus que cinquante-
cinq à ſoixante ans. Les feüilles de cet Arbre ſont
un peu longuettes, vertes par-deſſus & blanchâtres par-deſſous, & aſſez ſemblables à celles de
l'Olivier. La décoction des feüilles de Saule eſt
excellente pour arrêter toutes ſortes d'Hemorragies, & pour la Dyſenterie.

C'eſt ainſi qu'avec un peu de ſoin &
d'adreſſe on exterminera & détruira tous
les petits Animaux, Reptibles & Inſectes
qui

qui gâtent toutes sortes de Plantes, &
qui mangent les plus beaux fruits. J'ay
plusieurs fois experimenté tout ce que
j'ay dit en ce Chapitre. Il est constant
que sans tous ces secrets, & sans les nouvelles découvertes que l'on fait dans l'A-
griculture & le Jardinage, nous aurions
beaucoup de peine à conserver tout ce
que la Terre peut produire, tant pour
nôtre nourriture & nôtre entretien, que
pour faire croître un grand nombre d'A-
nimaux qui nous sont d'une grande utilité. Voila comme le sage Auteur de la
Nature a bien voulu, comme un admirable contrepoids qui balance toutes choses, & même toutes les perfections de
l'Univers, que les Climats qui ont quelques avantages par-dessus les autres,
soient à l'opposite sujets à des incommoditez qui ne se rencontrent point ailleurs.
Et comme sa divine Providence qui pour-
voit puissamment aux besoins de sa Creature, a mis l'Antidote auprés du Venin,
le remede joignant le mal, & a même
ouvert devant l'Homme les inépuisables
tresors de la Grace & de la Nature pour
se prémunir contre les injures de l'air,
les outrages des saisons, la violence des
poisons, & de ce que la Terre a produit
de plus dangereux depuis qu'elle a été

envenimée par le peché. Sans ce peché,
les Plantes n'euſſent été ſujetes à aucun
accident. Ces Plantes, ainſi que nous &
les Bêtes ſont depuis la deſobeïſſance
d'Adam, ſujetes à une grande quantité
de Maladies. Les unes viennent de la
mauvaiſe qualité de la terre où elles ont
été dépoſées; les autres de leurs racines;
les autres ſont cauſées par une trop
grande fecondité de fruits; les autres
ſont attaquées de gomme, de mouſſe,
de gale, de chancre & de pourriture; &
enfin les autres ſont détruites par un
grand nombre de petits Animaux, Reptiles & Inſectes.

CHAPITRE IV.

Où la maniere de conſtruire toutes
ſortes de Couches eſt amplement
expliquée.

AVant de donner des preceptes ſur
la maniere de faire comme il faut
les Couches, je diray que la fuite du travail eſt tres pernicieuſe à l'Homme; que
faute d'occupation il n'eſt capable que
de penſer & faire le mal; qu'au contraire quand il eſt laborieux, dans la

vûë sur tout de plaire à Dieu, sa situation est heureuse. Qui doute de l'utilité
& de l'innocence de l'Agriculture & du
Jardinage? qui ne sçait que c'est un travail noble & agreable? Il n'y a point de
mois dans l'année où on ne trouve à
s'occuper, & de quoy braver les rigueurs
de l'Hiver, en faisant produire à la Terre
par une loüable industrie, plusieurs sortes de Legumes prés de deux mois avant
que la Nature le puisse faire d'elle-même. Mais aussi il faut, pour vaincre toutes les difficultez qui se presentent en
Hiver, qu'un Jardinier soit soigneux,
vigilant, laborieux & docile, parce
qu'autrement tous ses travaux seroient
inutiles, ce qui luy porteroit un notable
prejudice. Je conseille aux Jardiniers de
faire exactement tout ce que je diray,
s'ils veulent avoir de bonne heure de
beaux Legumes.

Couche est, en terme de Jardinage, une
espece de planche construite avec art, & compo-
sée avec de long fumier de Mulet ou Cheval, &
élevée de deux ou trois pieds au dessus de la superficie de la terre, large de quatre à cinq, & de
la longueur qu'on veut. Quand ce fumier est mis
également, on y épanche à uni un demi pied de
terreau. Pour bien construire une Couche, on
prend de ce grand fumier qu'on range proprement
avec une fourche de fer ou avec les dents d'un

rateau, en obſervant de mettre toûjours les pointes
du fumier en-dedans ; ce qu'on continuë de faire
lit par lit juſqu'à ce qu'elle ſoit entierement achevée ; telles Couches ſe font pour y élever toutes
ſortes de Legumes qu'on peut manger dans la
ſaiſon. Le mot de Couche ſe dit en Latin *Pul-*
vinus, qui ſignifie une eſpece de lit diſpoſé pour
recevoir ce que l'on y veut ſemer. On a donné à
cette piece de Jardin le nom de Couche, à cauſe
que l'on diroit effectivement à voir la maniere
dont on la prepare, que c'eſt un Lit qu'on fait aux
Plantes deſtinées à être deſſus.

Pour qu'une Couche faſſe de belles
productions, il faut abſolument la placer
à l'expoſition du Midi, toute autre étant
contraire aux graines qu'on y ſeme, leſquelles ne demandent pour bien faire
qu'un air un peu chaud & agreablement
temperé.

Lorſque l'on aura reglé la longueur,
la largeur & la hauteur des Couches, on
prendra de grand fumier long de Cheval
ou de Mulet, qu'on mêlera avec un peu
de celuy de Mouton. Ces fumiers ſeront
promptement employez avec la fourche ; & afin que ces Couches ayent un
air de propreté, il faut que les bouts de
ces fumiers ſe trouvent en-dedans de la
Couche, & que les ayant retrouſſez, ils
montrent une eſpece de dos en-dehors.
Quand le premier lit ſera fait, on fera

le fecond de la même maniere, & on continuëra de faire tous les autres jufqu'à ce que la Couche foit perfectionnée, en battant ces lits avec le dos de la fourche, ou en marchant fortement deffus, afin que la chaleur puiffe plus long-temps fe conferver.

Quand la Couche aura la hauteur de trois pieds & demi, on y mettra du terreau par-deffus à l'épaiffeur de huit à neuf poûces. Pour que ce terreau foit bien mis, il faut qu'il paroiffe fur la Couche auffi uni & quarré que fi c'étoit une planche dreffée en pleine terre. Il faut que la Couche foit faite fix ou fept jours devant que d'y femer les graines, afin que la grande chaleur du fumier fe paffe pendant ce temps, & qu'il ne luy en refte qu'une moderée. Pour connoître le degré de chaleur de la Couche, il n'y a qu'à mettre le doigt dedans. Si on ne prenoit pas cette precaution, il y auroit danger que les graines ne vinffent à brûler.

Ceux qui conftruiront plufieurs Couches, feront en forte que les fentiers ayent un pied au moins de largeur, afin que quand ils auront deffein de les faire réchauffer, ils puiffent mettre entre deux Couches du fumier de Cheval ou de Mu-

G iij

let neuf, lequel entretiendra le degré de b
chaleur, & fera profiter les Plantes.

Les Couches font deftinées à faire
produire avant la faifon des Melons,
Concombres, Laituës, Raves, Aches &
autres Legumes.   Quand les graines
qu'on y femera feront levées, on les
couvrira pendant le jour avec des cloches, pour empêcher que la chaleur ne
fe paffe trop vîte, & on les couvrira
durant la nuit avec des paillaffons, pour
empêcher que le froid ne faffe perir les
jeunes plants. Si on negligeoit une feule
fois de faire cette operation pendant les
mois de Fevrier & Mars, on coureroit
rifque de tout perdre.

A-c H ʙ eft une Plante qui reffemble un peu au
Perfil. L'Ache croît pour l'ordinaire dans les Marais, & produit des fleurs blanches.   Il y a plufieurs fortes d'Aches ; fçavoir l'Ache de Macedoine, l'Ache de Jardin qui eft le Perfil ordinaire,
l'Ache de Montagne, & l'Ache de Marais ; celle-
ci eft la plus propre pour les Medecines, elle eft
chaude au deuxiéme degré, & feche au troifiéme.

Avant de femer les graines de Laituës fur ces Couches, il faut d'abord les
mettre dans un petit fac de toile : on
mettra tremper ce fac pendant vingt à
vingt-deux heures dans de l'eau claire;

enfuite on le pendra dans un endroit où il ne gele point du tout , où pendant que ces graines s'égouteront , elles commenceront à germer. Et aprés il faudra les femer fort épaiffes dans des rayons.

Il y a deux fortes de Laituës ; l'une que l'on appelle fauvage , & celle que l'on cultive dans les Jardins. La fauvage s'employe en Medecine pour empêcher la trop grande agitation des humeurs, pour rendre le ventre libre , & pour augmenter le lait aux Nourrices. Le Jardinier Botanifte dit que l'ufage trop frequent de Laituë debilite la chaleur naturelle , caufe la fterilité & affoiblit l'eftomac ; qu'elle provoque auffi le fommeil ; & que la femence de Laituës a autant de vertus que la Plante même. Voyez le Traité des Alimens de M. Lemery, page 124.

Les rayons fur les Couches fe font ainfi. Prenez le manche d'une bêche, couchez-le fur le terreau , appuyez deffus avec force , de telle forte qu'il y foit entré prefque tout-à-fait. Cela fait, vous aurez des rayons de deux poûces de profondeur & d'autant de largeur , qui feront faits comme il faut pour y femer toutes fortes de petites graines. On ne fera pas tremper dans l'eau les graines

de Laituës qu'on femera en Avril &
May, comme celles qu'on feme en Fevrier & Mars, à caufe qu'elles germent
aifément fans ce fecours en ce temps.

RAYON fe dit, en terme de Jardinage, d'une
efpece de petite Rigole qu'on tire au cordeau fur
des planches pour y femer toutes fortes de graines.
Ce mot de Rayon a été attribué au Jardinage par
rapport aux Rayons qu'on tire avec la Charruë,
& fe dit en Latin *Linea*, & non pas *Sulcus*. Et
Rayon, en terme d'Agriculture, eft le fond des
fillons que fait la Charruë en labourant la terre en
droite ligne, & qui s'étend pour faire écouler l'eau
lorfqu'elle tombe en abondance.

Les graines de Laituës qu'il faudra d'a-
bord femer, font la Royale, la Crêpe-
blonde & la Coquille. Il ne fera pas neceffaire de faire tremper dans l'eau celles
de Creffon-alanois, de Pimpinelle, de
Corne de cerf & de Cerfeüil avant de
les femer, parce qu'elles germent & levent affez bien hors de terre fans cela;
mais elles doivent être femées dans des
rayons comme les graines de Laituës.
Celles d'Ozeille devront être femées fur
les Couches à la fin de Fevrier, par rayons.
On peut auffi les femer dans une terre
bien preparée & bien fumée en Avril,
May, Juin, Juillet, Août, & même au

8. ou 10. de Septembre , pourvû que les gelées ne furviennent pas avant que cette Ozeille foit affez fortifiée. On aura foin d'arracher les méchantes herbes qui croiffent autour , & de faire de frequens arrofemens en Eté. L'Ozeille eft excellente dans le potage. Ses racines & fes feüilles foulagent beaucoup ceux qui ont le Scorbut. Ses feüilles pilées ou cuites avancent , de même que le levain , la fuppuration des Tumeurs.

La chaleur des Couches ne fubfifte dans les Couches que douze à treize jours au plus. Si on n'avoit pas foin aprés ce temps de fecourir les Legumes qui y font plantez, ils languiroient, & même periroient. Pour les fecourir comme il faut, on doit réchauffer les Couches, & voici comment. On apporte du fumier neuf de Cheval ou de Mulet, qu'on met dans les fentiers des Couches à la même hauteur de ces Couches. Quand on n'aura qu'une feule Couche à réchauffer, il faudra que le fumier foit de tous côtez de la largeur de deux pieds au moins. La chaleur de ce réchauffement fe paffe ordinairement au bout de neuf à dix jours. Pour renouveller en ce fumier qui a fervi, une autre chaleur, j'eftime qu'il faut le tourner tout-à-fait fens deſ-

fus deſſous ; & huit jours aprés on l'ôtera
pour remettre d'autre fumier recemment
pris de deſſous les Chevaux ou Mulets ,
& continuer juſqu'à ce que les Plantes
n'ayent plus beſoin de ce ſecours.

RE'CHAUFFEMENT ſignifie, en termes
de Jardinage , remplir de fumier neuf bien chaud ,
comme eſt celuy de Mouton, ou celuy de Cheval ,
ou celuy de Mulet , un ſentier de Couche ou de
Planche de Jardin , tant en dedans qu'en-dehors ;
en ſorte que ce fumier venant à s'échauffer , com-
munique ſa chaleur à la Couche ou à la Planche
prés de laquelle ce fumier eſt mis, ce qui fait venir
les Legumes à une croiſſance , malgré la rigueur
de la ſaiſon , telle que l'on ſouhaite pour parvenir
à une heureuſe fin. Ce mot de Réchauffement ſe
dit en Latin *Recalefactio* , & donner des réchauf-
femens aux Couches, *pulvinis dare recalefactiones.*

Il ne ſuffit pas d'avoir fait conſtruire
des Couches pour y ſemer des graines,
& de les avoir fait réchauffer , il faut
encore en faire faire d'autres pour y
tranſplanter de jeunes plants de Melons,
de Concombres & de Citroüilles. Peu
de jours aprés qu'elles ſeront conſtruites,
on fera un trou dans le terreau mis ſur
la Couche, & on y mettra le doigt pour
connoître ſi la chaleur eſt moderée. Si
elle eſt comme on la ſouhaite , on levera
avec le Déplantoir les plants de cette

Couche, & on les tranfplantera fur le haut du jour à la diftance de deux pieds & demi les uns des autres, afin qu'il demeure bien de la terre à leurs racines, & qu'elles ne prennent point l'air. Les autres plants feront mis à moins de diftance & felon leur efpece. J'ay dit qu'il falloit tranfplanter tous ces plants fur le haut du jour, cela s'entend fi le temps eft fombre & couvert ; mais s'il fait un beau Soleil, j'eftime qu'il ne le faut faire que fur les trois heures du foir, car l'ardeur de fes rayons pourroit aifément brûler ces plants fi délicats. Enfuite on leur donnera à plufieurs reprifes de foibles arrofemens, afin que leurs racines puiffent plus aifément fe lier à la terre. On donnera auffi-tôt une cloche de verre à chaque plant. On doit fe fervir de cloches de verre jufqu'à ce qu'il ne faffe plus de gelées blanches. Elles garentiffent ces plants des vents froids & des pluyes froides. Dans les beaux jours on leur donnera de l'air, ce qu'on peut faire en levant les cloches du côté du Midi, avec de petits bâtons fourchus, lefquels on fera entrer dans la Couche pour les rendre plus ftables ; ou s'il ne fait aucun vent, on les ôtera tout-à-fait.

DE'PLANTOIR eft un Outil feryant aux

Jardiniers à déplanter des Legumes pour les tranſporter d'un autre côté. Il a la figure d'une Houlette. Il eſt compoſé de feüilles de fer-blanc miſes
en rond en forme de tuyau, & cela avec des Charnieres ſur les côtez, qui ſe joignent enſemble par
le moyen d'un fil-de-fer, qui paſſant dans ces
Charnieres, ſoûtient la rondeur de cet Outil, tandis
qu'à force de bias on le fait entrer dans la terre
juſqu'au-deſſous de la racine de la Plante qu'on
veut enlever, & ce fil-de-fer étant ôté aprés qu'on
a enlevé la Plante, les côtez du fer-blanc ſe retirent
un peu, & par ce moyen la motte de terre où eſt
cette Plante ſort en ſon entier, & ſe poſe aiſément
dans le lieu deſtiné. Le Déplantoir n'eſt en uſage
que depuis peu d'années. On en fait de toutes gran-
deurs, & on les proportionne à la force ou à la
foibleſſe des plants qu'on veut déplanter & tranſporter ailleurs. Un plant de Melon ou de Concombre n'eſt jamais mieux replanté que quand il
a été enlevé avec un Déplantoir.

Les habiles Jardiniers ne ſement jamais ſur les mêmes Couches les graines
de Melon, de Citroüille & de Concombre, avec celles des petites Salades &
celles de leurs fournitures ; ils ont au contraire un grand ſoin de les mettre ſeparément. J'eſtime qu'ils font bien d'en
uſer ainſi, parce qu'il faut tranſporter les
jeunes plants de Melon, de Citroüille
& de Concombre ſur d'autres Couches,
ce qu'on ne fait pas des petites Salades
& de leurs fournitures ; qui ſont la Corne

le Cerf, le Baume, le Creſſon-alanois, e Cerfeüil & autres.

MELON eſt un fruit d'Eté, & rampant comme le Concombre, qu'on éleve d'ordinaire ſur une Couche de fumier & ſous une cloche de verre, & qu'on tranſporte enſuite avec un Déplantoir ſur une autre Couche. Ce fruit eſt agreable au goût. Sa figure eſt ovale & cannelée ; ſa chair eſt rouge, ſa graine eſt petite, elle eſt une des quatre ſemences roides majeures. On n'a commencé à connoître l'excellence du Melon que du temps de Pline, & ce fut aux environs de Naples qu'on en fit l'heureuſe découverte. L'agreable odeur & le bon goût qu'on luy trouva, fit qu'on ſe mit à le cultiver avec ſoin ; & il ſe fit en peu de temps une reputation qui ne reconnoît point aujourd'huy de bornes. Les Grands de Rome, les Napolitains & les Italiens étoient fort friands de ce fruit. M. de Vallemont dit que la graine de Melon trempée durant deux jours dans du Vin muſcat, produit des Melons d'un goût vineux, ſucrin & parfumé ; que la graine du milieu du Melon fait des Melons gros & ronds ; que celle qui eſt priſe dans les côtez qui a touché le plus long-temps à la terre, produit des Melons plus doux & plus vineux ; que celle du côté de la quenë en donne de longs & mal faits ; & qu'enfin celle priſe du bout où étoit la fleur, forme des Melons bien conditionnez, figurez & brodez agreablement. La Plante qui produit le Melon jette quantité de ſarmens longs. Sa feüille eſt preſque ſemblable à celle de la Vigne, mais moins entaillée, & eſt veluë & raboteuſe. Sa fleur eſt jaune. Son écorce eſt cartilagineuſe, & preſque toûjours dentelée, cannelée & brodée. Les Melons les plus eſtimez ſont ceux de Langeais,

Il s'en trouve d'excellens dans le Potager de Châteauneuf fur Loire dont j'ay ci-devant parlé. On dit qu'il y a au Perou dans la Vallée d'Yca, des Melons dont la racine devient proprement un fep qui dure plufieurs années, & que l'on coupe comme fi c'étoit un Arbre ; qu'il produit des Melons parmi lefquels on n'en trouve point de méchans ; & qu'on en a trouvé qui pefoient jufqu'à cent livres. Entre plufieurs Melons qui ont en ce Païs-ci une odeur agreable, il y en a qui font d'un goût excellent, & d'autres qui font fades & infipides en les mangeant. Ainfi ce n'eft pas par l'odorat que l'on doit juger de leur excellence, mais bien par leur couleur & par le goût. Le Melon rafraîchit & humecte, il excite l'urine, il appaife la foif & donne de l'appetit. Il n'en faut manger qu'avec moderation, car il caufe fouvent des Dyfenteries ; il eft venteux & fiévreux. Il ne le faut manger qu'avec du fel ou du fucre, & enfuite boire de bon vin pur. L'Hiftoire m'apprend que Frederic Empereur d'Occident, ayant bû de l'eau fur du Melon, fut auffi-tôt attaqué d'une dyfenterie qui le porta en peu de jours au tombeau le 19. Août 1493. & la foixante-dix-huitiéme année de fon âge, aprés avoir tenu l'Empire cinquante-trois ans quatre mois, c'eft-à-dire plus long-temps qu'aucun Empereur depuis Augufte. Voici à quoy on connoît qu'un Melon eft parfaitement meur. C'eft premierement par la queuë, quand elle femble vouloir s'en détacher. Secondement par fa couleur, quand il commence à jaunir par-deffous, ou quand le petit jet qui eft au même nœud fe deffeche par fa pefanteur, & quand, fuivant fa groffeur, on juge qu'il y a de la proportion ; & troifiémement quand on luy fent un goût de Goudron. Il faut qu'un Jardinier cueille fes Melons

mesure qu'ils meuriront, de peur qu'ils ne se
gaffent trop. S'il veut en garder quelques-uns, il
ne les détachera de la Plante que quand ils commenceront à tourner ; & sur tout qu'il se donne
bien de garde en les détachant de ne point arracher
leur queuë, car les Melons sont sujets à s'éventer
par cette ouverture. Si l'on veut manger d'excellens
Melons, il faut les acheter à la sonde ou à la coupe ;
car on sçait que la plûpart des Melons n'ont gueres
plus de goût que la chair de la Citroüille, & que
les bons Melons sont aussi rares que les bons Amis,
suivant ce Quatrain qui dit que,

> Les Amis de l'heure presente
> Ressemblent au Melon:
> Il en faut au moins sonder trente
> Pour en trouver un bon.

Un Jardinier doit souvent visiter sa
Melonniere, & particulierement quand
les Melons commencent à entrer en maturité, de crainte qu'ils ne deviennent
trop remplis d'eau. Je luy conseille de
n'y laisser entrer les Femmes & les Filles
sujetes à leurs mois, ainsi qu'à une contagion capable de la perdre entierement.
Il aura soin d'arroser de temps en temps
ses Melons, jusqu'à ce qu'étant parvenus
à la grosseur du poing, il doit cesser ces
arrosemens qui leur sont tres - préjudi-
ciables, à moins que la chaleur ne soit
si forte, que la Plante qui les produit en

souffre ; en ce cas il leur donnera une foible moüillure, sans aucunement moüiller le fruit. S'il veut avoir des Concombres excellens, il les gouvernera & les arrosera de la même maniere que les Melons.

CONCOMBRES est un fruit de forme longue & ronde, de nature froide & aqueuse, qui vient dans les Jardins sur des Couches, quand on en veut avoir de bonne heure. La graine de Concombre est une des quatre semences froides majeures. Le fruit se mange en salade confit au vinaigre, mais il n'en faut point faire excés ; il pousse les urines. La Plante qui le produit est aperitive. Elle a la feüille semblable à la Coloquinte medecinale, & est rude & incisée autour. Sa tige est sarmenteuse & rempante, & sa fleur dorée. Tarentinus & Beritius disent que c'est une méchante coûtume de faire venir des Concombres dans une Vigne, parce qu'ils absorbent la plus grande partie des sels & de la substance de la terre.

Il y a beaucoup de Jardiniers qui n'ont pas des murs pour mettre à l'abri des mauvais vents leurs Couches ; je leur conseille de faire des Clôtures à l'exposition du Midi, parce que le vent de Nord leur est fort contraire. Ils devront construire ces Clôtures avec de longue paille, & de telle maniere qu'elles ayent la figure d'un petit mur. Elles devront être de la hauteur de six à sept pieds, & d'un

bon

bon demi-pied d'épaisseur, & soûtenuës
avec de bons pieux fichez en terre. On
y mettra des perches en travers, aufquelles on attachera fortement cette
longue paille avec de l'Ofier. Ces Clôtures font de fouverains remedes contre
les vents froids, lefquels gourmandent
les Plantes qui font fur les Couches;
c'eft ce qui fait que l'on fe fert d'ordinaire de Clôtures pour mettre à l'abri
des vents les Melonnieres, quand on n'a
pas des murs. On a donné à ces Clôtures
le nom de Brifevents, à caufe qu'elles
rompent, pour ainfi parler, les coups
que les vents porteroient fur les Couches, & fans lefquelles Clôtures les plants
periroient, & particulierement les Melons, Concombres, Citroüilles, Choux
& autres. Un Jardinier doit regarder fes
Couches comme une fleur tendre qui
ne fait qu'éclorre, que le moindre vent
& la plus foible gelée font perir, & que
l'ardeur du Soleil la plus foible fait fecher.

CITROÜILLE eft un fruit qui devient tres-
gros, & qui rampe fur la terre avec fa tige & fes
fcüilles; on l'appelle auffi Courge de Turquie.
La Citroüille eft de figure cylindrique & oblon-
gue. Sa graine eft une des quatre femences froides
majeures. Il y a une autre efpece de Citroüille, qui

est de figure ronde, qu'on appelle Potiron, qu'il est de meilleur goût que l'autre.

CHOU, est une Plante potagere que l'on cultive dans les Jardins, qui est ennemie de la Vigne, à ce que dit Tarentinus ; car il assure qu'un sep de Vigne qui pousse son jet droit, ce jet se courbera si on plante un Chou auprés. Le Chou veut un terroir gras & bien cultivé. Le Chou verd doit être semé à la fin d'Août, pour être déplanté au commencement d'Octobre. Celuy qui pomme se doit semer en Mars, & se déplanter quand il a six feüilles. Un Cataplasme fait de Choux avec de la lie de vin, deux jaunes d'œufs, & un peu de vinaigre rosat, le tout bien batu & incorporé, est un souverain remede contre les gouttes. Une décoction de Choux augmente le lait des Nourrices. La Cendre des Choux guerit les brûlures. Il y a des Choux cabus ou pommez, qui sont les Choux qui se mangent depuis le mois de Septembre jusqu'à celuy de Mars. Il y a des Choux frisez, autrement dit Choux verds. Il y a des Choux rouges qui sont tres-estimez, à cause de leurs vertus medecinales. Il y a des Choux marins qui sont differens des Choux de Jardin. Il y a une espece de Chou appellé Chou-fleur, qni a une tête assez large toute en fleur, posée sur une assez grosse tige, & dont on fait des Entremets. Un Ancien disoit que si quelqu'un mangeoit du Chou cru auparavant que d'aller faire la débauche, il ne s'enyvreroit pas.

Les honnêtes Gens, & les veritables Chrétiens, doivent se faire un veritable plaisir de cultiver les Plantes salutaires & vivifiantes, & de tâcher de donner, par les secrets de la Medecine, des remedes propres pour la guerison des maladies, & même de flater par des Champignons, Melons & d'autres fruits legumineux, le bon goût de l'Homme. L'Histoire m'apprend qu'Attale Roy de Pergame cultivoit au contraire avec chagrin les Plantes fameuses par le poison & la mort qu'elles portent avec elles.

CHAMPIGNON est une espece de Plante spongieuse qui vient sans racines, & qui croît en peu de temps sans soin sur les Bruyeres & à quelques Arbres. Ils sont plus excellens que ceux que l'on fait venir sur des Couches. Les uns & les autres s'employent dans tous les ragouts ; ils sont merveilleusement bons quand ils sont bien preparez. Le Champignon ne vient, selon quelques Auteurs, ni de graine, ni de plant ; mais il sort d'une certaine humeur du fumier chanci, qui venant à se condenser, forme un corps, qui se modifiant dans son principe, prend la couleur & la rondeur d'un Champignon. Et selon d'autres Auteurs, il se produit de graine. Dans l'Histoire de l'Academie Royale des Sciences année 1707. page 46. il y a une sçavante Dissertation sur les Champignons ; & dans les Memoires étant ensuite, il y a des Observations que feu M. Tournefort a faites sur la naissance & sur la culture de ces Plantes. Un Auteur assure que le Champignon renferme en soy trois qualitez excellentes, qui sont de nourrir, de restaurer & d'exciter la semence quand on en mange moderement. Un autre dit que lorsque l'on mange un peu trop de Champignons, ils surmon-

H ij

tent & éteignent la chaleur naturelle , & qu'ils
font par conſequent tres contraires à la ſanté la
plus heureuſe : en un mot, il appelle le Champignon
un poiſon , un venin voluptueux , & la vraye enſeigne du logis de la Mort. Pour ſûrement uſer
des Champignons , il faut auparavant les faire cuire
avec des Poires. Leur contrepoiſon eſt le vinaigre
que l'on boira en petite quantité , & l'Ail que l'on
mangera tout cru. L'Hiſtoire m'apprend que
Claudius Empereur Romain fut empoiſonné en
mangeant des Champignons , leſquels il aimoit ſur
toutes les viandes du monde. Cette ſorte de mets,
dit Pline , eſt la derniere irritation de la gourman-
diſe. Les Champignons ſont, ſelon moy, de ſi bons
Legumes, que je conſeille à ceux qui en font venir
ſur des Couches , de les faire ſecher au Soleil ou
au four , pour s'en ſervir au beſoin pendant l'Hiver. Ou bien ils les paſſeront ſur le feu dans une
Caſſerole , avec du beurre, du ſel & de bonnes
épices , les mettront enſuite dans un pot ; & au-
deſſus du Poivre , de la Muſcade , de fort Vinaigre
& de la Canelle avec du Beurre ſalé. Et de peur
qu'ils ne s'éventent , on bouchera bien ce pot.

Voici comment on conſtruit une Couche à Champignons. On cherchera une
terre qui ſoit ſeche & ſablonneuſe , car
c'eſt la meilleure pour avoir quantité
de Champignons. On ôtera la ſuperficie
de cette terre , c'eſt-à-dire que l'on fera
une tranchée de demi-pied de profondeur, & de quatre de larges. Cette Couche ſera de la hauteur de deux & demi.
On prendra du fumier neuf , & non de

celuy qui est chanci, & au-dessus on
mettra de la terre du Jardin à l'épaisseur
de trois poûces au plus. Les Champignons
ne pourroient lever, & pourriroient dans
la terre, si l'on en mettoit davantage.
Il faut au moins quatre mois pour faire
chancir le fumier, & pour luy faire produire des Champignons. Quand la Couche commence à en donner, c'est pour
trois ou quatre mois de suite, pourvû
qu'on la couvre d'abord avec du fumier
long & sec, pour garentir les Champignons des gelées qui les perdent, & des
chaleurs excessives qui les brûlent. Si ces
chaleurs sont trop grandes, on arrosera
cette Couche deux ou trois fois la semaine, & on la recouvrira aussi-tôt avec
du fumier long & sec.

Le Jardinier Solitaire dit que pour
avoir de bons & gros Champignons à
peu de frais, il faut commencer à faire
provision de fumier de paille de Froment,
& jamais de celle de Seigle ; que cette
provision se fait en Avril ; qu'on peut
en amasser jusqu'en Août, & le faire
mettre par chaînes. Que c'est en Novembre qu'on fait des tranchées de trois
pieds de large, & d'un demi-pied de
creux. Qu'il sera necessaire de bien mêler le fumier, c'est-à dire le crotin avec

la paille, & de mettre le fumier dans la
tranchée de la hauteur de deux pieds,
en forte qu'il foit en dos-d'âne: qu'on le
couvrira de terre de deux poûces d'é-
paiffeur, & qu'au mois d'Avril fuivant,
il faudra couvrir la Couche à Champignons de grand fumier, pour empêcher
que la grande chaleur ne la penetre.
Que quand on verra que le fumier fe
feche, il faudra le moüiller de temps à
autre, c'eft-à-dire, de trois femaines en
trois femaines, en cas qu'il ne pleuve
pas.

Les Couches fourdes fe font de la
même maniere que les autres Couches
pour l'ordre & l'arrangement du fumier.
Elles fe font dans la terre aprés qu'on a
fait une tranchée d'un pied & demi au
moins de profondeur, de trois & demi
de largeur, & de la longueur qu'on veut.
Elles font auffi fort propres à produire
des Champignons & toutes fortes de Legumes. Elles ne doivent jamais être plus
élevées que la fuperficie de la terre voi-
fine. On dit Couche fourde, à caufe
qu'on ne s'apperçoit pas que c'en foit
une.

FUMIER, terme d'Agriculture, n'eft autre
chofe que la paille confommée par le moyen des
excremens de toutes fortes d'Animaux. Fumier eft

dit de *Fimum*, qui vient de πνος, qui veut dire
du pus ; & comme le pus n'eſt qu'une humeur cor-
rompuë, ainſi Fumier a bien pû tirer ſon étymologie de ce mot. Comme les ſels de la terre s'é-
puiſent à force de trouver des plants qui les con-
ſument, il faut pour les reparer, porter deſſus du
fumier pourri & l'y répandre avant l'Hiver, afin
que l'eau des pluyes & des neiges venant à le tra-
verſer avec ſes ſels qu'il porte au deſſus de la ſuperficie de cette terre, ce fumier l'engraiſſe de
nouveau, & luy fait acquerir de nouveaux ſels,
dont les Legumes qu'on y ſeme & qu'on y replante
s'accommodent tres-bien. Il y a pluſieurs ſortes
de fumiers. Celuy de Pigeon eſt le plus chaud des
bêtes domeſtiques, & par conſequent fort propre
à fertiliſer & échauffer les terres froides & humides. Ceux de Mouton, de Cheval & de Mulet ſont
un peu moins chauds, & accommodent auſſi tres-
bien ces terres froides & humides. Ceux de Bœuf
& de Vache ſont un peu froids, & celuy de Pourceau eſt encore plus froid. Ils ſont tous trois excellens pour rafraîchir & ameliorer les terres chaudes. C'eſt ſur les Couches de fumier qu'on fait
venir avant la ſaiſon ordinaire toutes ſortes de
Plantes potageres. L'excrement de l'Homme a
plus de chaleur, de ſels & de ſubſtance que tous
les fumiers : quoy qu'il ait des qualitez que les fumiers n'ont pas, j'eſtime que pouvant aux fruits
communiquer ſa mauvaiſe odeur, il ne faut point
s'en ſervir. La quantité du fumier, dit un Auteur, ne doit être ni trop petite ni exceſſive. L'excés eſt dangereux : comme de n'en pas mettre
aſſez, eſt un ſecours qui, pour n'être pas ſuffiſant,
devient preſque inutile, ſur tout dans les terres
maigres. L'uſage, continuë-t-il, en doit donc être
moderé ; & tout le ſecret, c'eſt de ſe renfermer

dans cette mediocrité, qui doit amender & échauffer la terre, & non pas l'enflammer & la rendre brûlante. Il est difficile, dit M. Mariotte, de juger pourquoy le fumier des Bœufs ne s'échauffe point, & que celuy des Chevaux & des Moutons qui vivent des mêmes herbes que les Bœufs, s'échauffe. J'estime qu'il ne faut jamais se servir des excremens des Animaux aquatiques, parce qu'ils ne sont point propres aux Plantes; car l'experience m'a fait connoître combien leur nature froide cause de sterilité aux terres où on les transporte. M. Liger en son Oeconomie generale de la Campagne ou sa nouvelle Maison Rustique, Tome premier, Livre premier, page 8. fait la description d'une espece de fumier qu'on fait exprés pour nourrir la Volaille, lequel il faut placer auprés du Poulailler. Voici comme il dit que l'on doit construire ce fumier. On prend quantité de terreau dont on remplit un trou creusé exprés, puis on l'arrose de sang de bœuf, sur lequel on épanche un peu d'Avoine, puis avec un rateau on laboure le tout pêle-mêle. Ce grain répandu germe peu de temps aprés, & produit un si grand nombre de Vers, que pendant un long-temps les Poules y trouvent de quoy vivre, & l'herbe qui y naît a une vertu particuliere de rendre délicate la graisse que cette Volaille a amassée sur ce fumier, en mangeant ces Vers qu'elle y trouve en abondance : mais il faut avoir soin quand on commence à faire ce fumier, que les Poules n'y aillent pas d'abord grater, car elles ne manqueroient pas de manger l'Avoine, & rien ne leveroit.

On peut sur ces Couches sourdes,
ainsi

ainsi que sur les autres Couches, semer toutes sortes de graines, comme celles de Laituë, de Rave, de Cerfeüil, de Cresson-alanois, de Roquette, de Pimpinelle, de Chicorée & autres ; car elles y feront d'aussi belles productions qu'ailleurs, pourvû que l'on ait soin d'arroser les plantes qu'elles produiront, quand elles en auront besoin.

ROQUETTE est une petite herbe qui est bonne pour le mal des Dents, qui fait filer des eaux, & arrête la Fluxion. Il y en a de domestique qu'on mange en Salade, dont les feüilles sont longues, chiquetées de loin à loin. Sa tige est d'un pied & demi de haut, qui a des fleurs blanchâtres à la cime. Sa graine est enclose dans de petites cornes. Sa racine est blanche, deliée, piquante & amere au goût. La Roquette sauvage se plaît aux lieux arides & sur les murs ; elle a les feüilles plus étroites & bien plus déchiquetées que l'autre. Elle a plusieurs tiges & fleurs jaunes, & un grand nombre de petites cornes droites. Sa graine est semblable à celle du Senevé, & est piquante & amere. La Roquette se multiplie de semence. Il n'est pas necessaire de la cultiver, car elle vient d'elle-même dans la Campagne. Le Jardinier Botaniste dit que sa semence purge par les urines, & qu'elle est bonne pour la morsure des Bêtes venimeuses. Que la fomentation de la Roquette arrête la Toux des petits Enfans. Que la feüille mangée en Salade excite Venus ; & c'est de là qu'on dit,

Excitat ad Venerem tardos Eruca maritos.

SENEVE' eſt une petite graine, qu'on appelle
autrement Moutarde. L'herbe qui produit cette
graine a ſes feüilles comme la Rave, & ſe cultive
dans les Jardins. Pline dit qu'il y a trois ſortes
de Senevé, dont la premiere a les feüilles gréles
& la graine fort petite, & c'eſt la ſauvage ; dont
les feüilles de la ſeconde ſont preſque ſemblables
à celles de la Rave, & ſe cultive dans les Jardins ;
& dont les feüilles de la troiſiéme ſont chiquetées
comme la Roquette, & la graine eſt blanche &
moins forte que la premiete. L'herbe de Senevé
miſe dans du Vin doux, l'empêche long-temps de
boüillir. C'eſt avec les ſemences du Senevé qu'on
fait la Moutarde, laquelle eſt bonne à l'Eſtomac ;
elle échauffe & ſubtiliſe, elle reſiſte aux Fluxions,
& elle mondifie la crudité du Cerveau. M. Beſnier
dit que la ſemence du Senevé excite l'appetit, aide
à la digeſtion, pouſſe par les urines, & provoque
l'éternuëment : qu'on s'en ſert exterieurement pour
faire ſuppurer les Tumeurs & les Abcés.

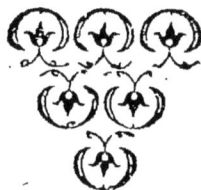

CHAPITRE V.

Des Labours qu'il faut donner aux Terres propres à produire des Blez, Sarrasins, Mays, Panis, Orges, Avoines, Millets, Pois, Vesces & autres Grains, avant de les y semer, eu égard au fond ou à la qualité de ces Terres ; avec de nouvelles découvertes pour empêcher que le Froment ne bruïne, & ne roüille ou brouïsse.

LA culture des Terres doit être re-gardée comme une invention tres-precieuse & tres-utile ; il est donc d'une grande importance d'en bien cultiver l'usage, puisqu'elle est le seul guide assuré que nous ayons au Monde, pour nous conduire sur les tresors où la Na-ture engendre toutes sortes de Plantes. Les Poëtes ont feint que c'est à la Deesse Cerés à qui les Hommes ont l'obligation du labour des terres, & que l'on peut dire avec raison que

C'est d'elle que nous vient cet art ingenieux

De tracer les Guerets en sillons spacieux,
Et par des Bœufs soûmis au joug d'une
    Charruë,
Rendre fertile en Grains la Terre qu'on
    remuë.

Comme on ne peut douter que ce sont les labours qui donnent la fertilité à la terre, & qui sont cause qu'elle est plus aisément humectée & échauffée dans la suite, on se doit persuader de la necessité absoluë qu'il y a de la faire labourer trois ou quatre fois avant que d'y semer des Blez & autres Grains. Ces labours sont comme des secours utiles & necessaires, qui font agir les sels & la substance dont cette terre est remplie, à cause du temperament chaud & humide qu'ils luy procurent, sans lesquels ces sels & cette substance seroient sans effet, & ne pourroient en aucune maniere aider à la production des semences.

Avant de donner des labours aux terres propres à produire des Blez & autres Grains, il faut s'appliquer à connoître leur Sol & leur nature, afin que ceux qu'on fera, soient proportionnez à ces terres, parce qu'elles sont bien differentes les unes des autres. Avant d'entrer dans le détail des labours qu'il faut donner aux terres, je conseille à

ceux qui les cultivent, de fuivre la coûtume des lieux, & fur tout quand elle
eft fondée fur de bonnes experiences.

Sol fignifie, en terme d'Agriculture, la
nature de la terre. Un Sol gras & humide eft
propre pour produire du Froment, du Mays,
du Millet, de l'Orge, de l'Avoine, de la
Vefce, des Pois & des Navets. Celuy qui eft
fec & fablonneux, eft bon pour le Seigle &
le Sarrafin. Et celuy qui eft fec, pierreux &
de roche, eft excellent pour produire de bon
Vin. Il eft rapporté dans les Memoires de
l'Academie Royale des Sciences, année 1708,
page 73, que M. Reneaume a fait une excellente
obfervation fur la maniere de conferver les Grains.
Il dit que nous devons confiderer la nature du Sol,
non feulement parce qu'il y a des Grains qui font
plus propres à être gardez que d'autres, mais encore parce qu'il y a des terres d'une nature propre
à conferver certains corps, & à les preferver de
la corruption. Qu'il fe trouve dans le Querci,
Païs abondant en Grains, certaines Carrieres de
fable, dans lefquelles on enfouit le Blé; après
avoir fait un lit de paille au fond, on y jette le
Blé, qui s'y refoule & s'arrange: Que quand ces
Puits font pleins, on y remet de la paille au-
deffus, puis on recouvre le tout de terre: Qu'on
en ufe à peu prés de même en certains endroits
d'Italie, où l'on fait des Caveaux de pierres propres à cet ufage: Qu'en Pologne & en Hongrie,
fans trop choifir, on creufe une Foffe quarrée,
dont on bat la terre au fond & aux côtez; on les
garnit enfuite de planches, tart pour foûtenir les
terres, que pour tenir le Blé à fec; on les recouvre aprés, & l'herbe croît fur leurs Greniers:

I iij

Qu'outre que cette maniere conserve le Grain,
elle le met encore en sûreté dans les Païs sujets à
de grandes revolutions, & qu'il est assez ordinaire
qu'on en use de la sorte dans les endroits où
l'on fait la guerre : Que le Blé ainsi conservé,
se deche moins que les autres ; mais que quand
une fois les Magazins sont ouverts & qu'ils sont
exposez à l'air, on est obligé de les vuider au
plûtôt, & que les Grains qu'on en tire, ont besoin
d'être travaillez, comme s'ils étoient nouveaux ;
autrement ils se gâteroient bien-tôt. Il ajoûte
qu'il y a encore une difference de ces Blez conservez en terre, d'avec les autres ; parce que le Pain
qui en provient a plus de goût, & est même plus
nourrissant.

Pour faire un labour qui soit convenable à une terre humide & grasse, qui
est difficile à être desseschée, à cause que
le Tuf n'a gueres de Profondeur, & que
les eaux ne peuvent aisément s'imbiber
quand elles sont tombées en abondance,
il faut faire des sillons qui soient de la
largeur de quatorze à quinze poûces,
& de la hauteur de treize à quatorze ;
afin que les eaux puissent plus aisément
s'écouler, & d'empêcher qu'elles ne crou-
pissent trop long-temps sur les Blez.

T U F, terme d'Agriculture, n'est autre chose
qu'une espece de terre pierreuse & dure, laquelle ne
peut quasi être penetrée par les eaux. Elle se trouve
au-dessous de la bonne, où du moment que la
racine des Arbres y est parvenuë, ils jaunissent,

& sur tout ceux qui sont greffez sur franc ; parce que celles des Poiriers sauvages piquent fortement en terre, ce que ne font pas les racines du Coignassier. Entre les maladies qui surviennent aux Arbres, celles qu'ils contractent du fond de la terre, sont les plus dangereuses, comme étant celles qu'on peut le moins approfondir, & consequemment plus difficiles à guerir. Ces maladies sont d'ordinaire des langueurs, qui proviennent du Tuf & de l'Argille. Pour empêcher que les Poiriers greffez sur franc ne soient sujets à ces maladies, il faut avoir soin de faire une tranchée dans la terre qui soit de la profondeur de trois pieds & demi avant que de les y planter, car autrement ils ne feroient que de foibles productions.

J'estime qu'il faut faire ces sillons étroits en commençant au Midi & en finissant au Septentrion, parce que les deux côtez de ces sillons seront également regardez du Soleil. Le Blé qui y sera, profitera par-tout de même, & meurira également. Si on faisoit ces sillons étroits en commençant au Levant & en finissant au Couchant, ce Grain ayant plus de chaleur du côté du Midi que du côté du Septentrion, pousseroit plus promtement, & seroit en maturité huit ou dix jours plûtôt, que celuy qui seroit à ce côté du Septentrion. Il ne sera pas necessaire de faire ce que je viens de dire aux sillons qu'on fera de la largeur de sept, huit, neuf, dix à douze pieds;

I iiij

parce que le Blé qu'ils contiendront
fera également regardé du Soleil.

Sillon eft un terme d'Agriculture. Un Sillon eft compofé de plufieurs rayes de terre qu'un Laboureur a ramaffées les unes contre les autres par le moyen de fa Charruë ; ou un Manouvrier par celuy de la Bêche ou de fa Pioche. Ce mot de Sillon vient du Grec ὄγμος, d'où vient qu'on dit ὀγμάω, faire des Sillons ; c'eft à caufe que ces deux mots tirent leur étymologie d'ἄγω, qui veut dire en Latin *Frango*, qui fignifie rompre, comme en effet on rompt la terre quand on la fillonne. On fait auffi dériver ces deux mots, d'ὄγω, qui veut dire *Aperio*, ne pouvant faire des Sillons qu'on n'ouvre la terre. On fait des Sillons plus ou moins larges, felon la qualité de la terre. On doit feparer tous les Sillons également & les tirer le plus à droite ligne qu'on peut : l'habileté du Laboureur fe remarque par là. Quand les Sillons font droits, la terre eft plus fertile que quand ils font tortus ; parce que les méchantes herbes en font mieux détruites. En Berry on fait des Sillons fort profonds, & on ne fait prefque jamais de Planches.

Pour ce qui eft de la terre dont le tuf eft fort profond, & où l'eau qui tombe en abondance eft auffi-tôt imbibée, j'eftime que l'on peut faire des planches de la largeur de huit, neuf à dix pieds, & que le milieu foit quelque peu plus élevé que les deux extremitez, afin de donner à l'eau des pluyes abon-

dantes , plus de facilité de s'écouler ;
parce que les Blez la craignent beaucoup, & particulierement le Seigle. Ces
pluyes abondantes battent beaucoup la
terre & la font beaucoup durcir , &
fur tout lorſqu'elles ſont peu de jours
aprés ſuivies d'une grande ſechereſſe.
Quand elles tombent doucement &
qu'elles ſont douces , elles la fertiliſent
beaucoup.

B L E' eſt une Plante, qui produit dans ſon épi
un grain dont on fait le Pain, qui eſt la principale nourriture de l'Homme. Ce grain, ſi on le
laiſſe dans l'épi, ſe conſerve tres-long-temps.
Dans le ſein du Blé , ſi petit en apparence, mais
ſi fecond & ſi vaſte aux yeux de l'eſprit, il y a
une infinité de germes , de petits embryons de
plantes qui y ſont contenus, & que la ſucceſſion
de pluſieurs milliers d'années ne peuvent pas tout-
à-fait développer, & encore moins épuiſer. Il eſt
conſtant, dit un excellent Moderne, qu'il y a dans
un grain de Blé, un fond & un treſor de fecondité
inépuiſable ; que c'eſt un abîme qui n'a ni fond ni
rive ; que l'imagination s'y perd, mais qu'il n'importe ; que cette étenduë de fecondité, qui ne reconnoît point de bornes, n'eſt pas de la compe-
tence de l'Homme ; que l'Eſprit ſeul qui a fait
cette découverte par une conquête exacte & par
une induction certaine, doit ſeul connoître de cette
merveille ; & qu'il y a aſſez de Blé renfermé dans
un ſeul grain , pour remplir tous les Greniers des
Pharaons Rois d'Egypte. Je croy que ce que
nous nommons multiplication du Blé , n'eſt pas

une formation de germes nouveaux , mais que ce
n'est qu'une dilatation du sein de la graine. Le
mot de Blé ne s'entend pas seulement du grain ;
mais encore de tout ce qui le contient, comme de
la fane qui y est attachée, du tuyau à l'extremité
duquel est l'épi, des bourses qui le renferment ;
& des barbes qui le défendent des Oiseaux. Il
vient du Latin *Bladum*, dérivé du Grec βλασος,
qui veut dire germé ; d'où l'on a dit *Frumentum
germinat*. On dit que l'on a quelquefois vû dans
la Suisse garder des Blez & d'autres Grains jusqu'à
cent ans , en les laissant dans leurs épis. Entre les
choses qui peuvent beaucoup contribuer à la durée
& à la conservation des Blez & autres Grains, il
en faut compter trois ; la situation du lieu, la
nature du sol , & les differentes qualitez de l'air.
Il est plusieurs sortes de Blez ; sçavoir le Blé Froment ; le Blé Méteil , qui est composé de Froment
& de Seigle ; & le Blé Seigle. Voici comme parle
S. Gregoire de Nysse de la formation du Blé , en
voulant prouver la resurrection des corps. Consi-
derons attentivement de quelle maniere un grain de
Blé qu'on jette en terre, se forme , & nous n'aurons
point de peine à croire ce qui regarde la resurrection
des corps. Voici ce qu'il en dit d'après l'Apôtre. On
jette le Blé en terre ; il pourrit & meurt, pour ainsi
dire. D'abord ce grain se change en une substance
molle & semblable à du lait, qui se durcit insen-
siblement. & s'éleve peu à peu en une pointe blanche & aiguë , qui étant assez grande pour paroître
hors de terre, se change petit à petit dans une espece d'herbe verte , qui forme & nourrit sous la
terre une racine , qui s'étend & s'affermit par plusieurs fibres, pour luy preparer un appuy propre à
soûtenir son poids ; de même que les mâts des
Navires. (c'est la comparaison dont ce Pere se

rt) font attachez de plufieurs cordes de côté &
d'autre pour les rendre fermes , ftables & dans un
ufte équilibre. Ainfi , ajoûte-t-il , les fibres qui
naiffent de la racine en forme de cordes , fervent à
foûtenir & à retenir le tuyau ; & à mefure qu'il
s'éleve , Dieu l'affermit par de petits nœuds ,
comme autant de jointures , afin de pouvoir foû-
mir le poids de l'épi (c'eſt l'endroit où fe forme
le Blé:) mais quand cet épi commence à paroître,
que de merveilles on voit éclater dans cette difpofition admirable de toutes ces petites cellules où
font enfermez les grains differens que cet épi porte,
les peaux qui les couvrent , les armes qui les défendent contre les Oifeaux , que les piqueures de
ces petits dards éloignent ! Ah que de miracles
dans ce grain de Blé qui meurt & qui renaît luy-
même en tant d'autres grains ; & l'Homme qui
ne doit recevoir à fa refurrection que ce qu'il avoit
auparavant , ne pourra renaître !

Il y a une efpece de terre qui eſt d'une
nature fi feche , que prefqu'en même
temps qu'il a tombé beaucoup d'eau , elle
eſt imbibée. Il faut à cette terre pour
l'humecter fuffifamment en Eté , & pour
l'obliger à faire de belles productions ,
prefque tous les huit jours de l'eau.
Quand on la labourera, on ne fera ni fillons ni planches, mais on la mettra à
uni à tous les remuëmens qu'on y fera ,
& même après que le grain y aura été
femé & enterré.

UNI eſt un terme d'Agriculture. Les Labour

reurs difent Labourer à uni, c'eft-à-dire, relevé
avec l'oreille de la Charruë toutes les rayes de
terre d'un même côté, de telle maniere qu'il ne
paroît aucun fillon ni aucune enruë (fillon fort
large & compofé de plufieurs rayes de terre rele-
vées par la Charruë) lorfqu'on a achevé de labourer le Champ ; mais bien au contraire il fem-
ble tout uni : & l'on obferve cette maniere de
labourer les Champs, fur tout dans les terres feches & pierreufes, & pour y faire feulement femer des Orges, Avoines, Pois & Vefces, qu'on
fauche, au lieu de les fcier avec la Faucil-
comme on fait le Blé, le Mays & le Sarrafin.
Pour mieux réüffir dans cette forte de labour, on
fe fert d'une Charruë à tourne-oreille. Ce mot de
Labourer à uni, fe dit en Latin *Arare planè.*

Pour cultiver les terres dans les regles
de l'Agriculture, on doit faire les deux
premiers labours à l'ordinaire ; & le troifiéme, on doit le prendre de travers.
Lorfque les Grains auront été femez fur
une terre marquée au precedent article, il
faudra les couvrir de terre avec la Herfe
& non avec la Charruë, parce que l'ouvrage eft fait plus promtement.

Herse eft un inftrument de Labour, fait en
forme de grille ou rateau. On y attache ordinairement une ou deux groffes pierres, pour la faire
beaucoup pefer. Les Laboureurs s'en fervent pour
caffer les mottes qu'il y a dans les terres fortes-
argilleufes, avant que de les enfemencer. Ils s'en
fervent auffi pour mettre à uni leurs Guerets, &

pour couvrir de terre leurs Blez quand ils sont semez. Les Jardiniers l'employent pour mettre à plat
les Allées des Jardins spacieux aprés qu'elles ont
été labourées, ce qui leur fait avoir un air de propreté. Ce mot de Herse vient du Grec ἔρπω.

GUERET, terme d'Agriculture, est une terre
qu'on avoit laissé reposer pour acquerir de nouveaux
sels, & qu'on a fraîchement labourée pour l'ensemencer l'année même. Les Guerets se levent d'ordinaire en Mars ou en Avril. Quand on dit qu'une
terre est en bon Gueret, cela veut dire qu'elle est
bien labourée, si bien que Gueret signifie la même
chose que Labour.

Les Laboureurs doivent donner aux
terres grasses & humides des labours
plus profonds qu'à celles qui ont moins
de substance. Ils en donneront moins à
ces dernieres qu'aux premieres. Les terres humides ne devront être labourées
que par un temps de secheresse, & les
terres seches & sablonneuses par un d'humidité. Quant à la maniere de fumer ces
deux sortes de terres, j'estime que quand
on voudra épancher le fumier qu'on y
aura transporté, il faudra l'enterrer au
plûtôt, c'est-à-dire, ne le point répandre
qu'on ne soit prêt à ensemencer les terres
où on l'aura conduit, de crainte que de-
meurant trop de temps à l'air, il ne vînt
à se dessecher par l'ardeur du Soleil, ou
à être lavé par les pluyes s'il en surve-
noit en ce temps.

Il faut donner aux terres trois principaux labours. Le premier eſt appellé lever le gueret ou guerter. On le donne aux terres qui ont été ſept ou huit mois à ſe repoſer pour les enſemencer, ou en Septembre, ou en Octobre, ou en Novembre au plus tard. Il doit être peu profond, & ſeulement afin qu'elles puiſſent plus aiément s'ameublir dans la ſuite. Le ſecond eſt appellé biner. On ne doit le donner que quand les méchantes herbes ſe feront un peu fortifiées, afin de les faire toutes perir, s'il eſt poſſible. Ce labour devra être plus profond que le premier. Et le troiſiéme eſt appellé rebiner ou tiercer. Il ne faut auſſi le donner que quand d'autres herbes feront encore venuës en abondance, afin de les détruire tout-à-fait ; car elles abſorbent la meilleure ſubſtance de la terre. Il devra être encore plus profond que les deux autres.

BINER, terme d'Agriculture, eſt un verbe qui ſignifie donner un ſecond labour aux terres propres à produire toutes ſortes de grains, & à celles où la Vigne eſt plantée. On doit biner la terre, quand on voit qu'après le premier labour donné, les méchantes herbes commencent à renaître ſur le gueret ; & c'eſt là le meilleur indice ſur lequel on puiſſe aſſeoir ſon jugement pour ſe éterminer à donner cette culture, laquelle se donne d'ordinaire en Juin.

REBINER ou tiercer, autre terme d'Agriculture, est un verbe qui signifie donner un troisiéme labour à la terre. Le temps de le donner est quand le gueret a reproduit d'autres méchantes herbes : plûtôt on les détruit, moins elles portent le prejudice à la terre où elles croissent : au lieu que negligeant de le faire au plûtôt, on souffre qu'en prenant tous les jours de nouvelles forces, elles absorbent sa meilleure substance, ce qui l'empêche de faire de belles productions.

Il y a des Climats, & particulierement en Sologne & au Val de Loire, où l'on donne un quatriéme labour, qu'on appelle refendre la terre, c'est-à-dire la couper & diviser par le milieu avec le soc de la Charruë le sillon de terre. Ce labour se donne d'ordinaire au 15. ou 20. d'Août, & qui est le temps où les méchantes herbes commencent encore à y pousser. Il ameublit beaucoup cette terre, & la rend fort fertile. Comme les terres de cette Sologne sont la plûpart fort legeres, il n'y faut semer que du Seigle, ou du Sarrasin, ou des Pois, ou du Millet. Avant de semer le Blé, il faut herser la terre, ensuite la fumer. Quand ce grain sera semé, on le couvrira de terre avec la Charruë & non avec la Herse, c'est-à-dire qu'on fera

des fillons de la largeur de feize à dix-
fept poûces & de la hauteur de treize à
quatorze. Cette maniere d'enterrer ce
grain donne dans la fuite aux eaux qui
viendront à tomber, la facilité de s'é-
couler en peu de temps. Le Seigle ne fait
de belles productions que dans une terre
franche & feche ; il craint beaucoup les
eaux croupiffantes.

Soc, terme d'Agriculture. On dit le Soc d'une
Charruë, & ce Soc eft un gros fer pointu qui tient
l'oreille de la Charruë, & qui y eft mis tout plat
la pointe devant, afin de fendre la terre. Ce mot
de Soc fe dit en Latin *vomer*, & en Grec ύνις,
d'ύς, qui veut dire en Latin *fus*, & en François un
Cochon, parce que le Soc de la Charruë foüille la
terre, de la même maniere qu'un Cochon fait
avec fon nez. M. Furetiere dit que ce mot de Soc
vient du Latin *fulcus*, qui eft l'ouvrage du Soc ;
& qu'il eft ancien, & du langage Celtique & Bas-
Breton, qu'il a paffé tout pur dans nôtre langue.
La Motte le Vayer dans fon Dialogue d'Orafius
Tubero, dit qu'on a vû des Peuples prêts à fe fou-
lever contre leurs Maîtres, parce qu'au lieu de
Socs de bois dont ils fe fervoient pour le labourage,
on leur en avoit fait prendre qui étoient de fer.

On donne aux terres propres à produire des Blez & autres grains, differens noms. Il y a les terres fortes, les
terres neuves, les terres fablonneufes &
les terres croyes. Les premieres appellées

les terres fortes, se divisent en trois, y ayant la terre forte-argilleuse, la terre forte-pierreuse, & la terre forte-sablonneuse. Cette derniere est la meilleure & la plus aisée à cultiver.

Le temps le plus propre à la culture de la terre forte-argilleuse, est celuy où elle n'est ni trop seche ni trop humide. J'estime qu'il la faut labourer un peu profondement, afin de mieux détruire les méchantes herbes. Cette terre est la plus rude à manier de toutes les terres, & si elle n'est prise en saison, difficilement en vient-on à bout, à cause de ses mottes qui demeurent presque toutes entieres. On doit donc la cultiver de telle maniere, qu'elle soit bien meuble avant de l'ensemencer. Quand je parle de rendre cette terre bien meuble, j'entends dire que l'on fasse en sorte qu'elle devienne déliée & comme sablonneuse, en sorte que l'humidité & la chaleur qui viennent de dehors, puissent aisément la penetrer, & qu'elle ne soit point attachée l'une avec l'autre, comme sont les terres argilleuses & glaises, qui par la constitution de leur nature, ne se trouvent gueres propres à la végétation.

CULTURE, est un terme d'Agriculture & de Jardinage : car on dit la culture des terres propres

à produire des Blez & autres grains; & on d
la culture des terres propres à faire venir de la V
gne, & toutes sortes d'Arbres & de Legumes.
n'y a rien de plus innocent & de plus agreable q
la culture des fleurs. Ce mot de Culture vient c
Latin *cultura*. Il est rapporté dans l'Histoire de
Chine que Chufan fils aîné du Roy de U, appel
Xucong qui mourut l'onziéme année du Regne c
Lingu vingt-troisiéme Empereur de la troisiém
famille Imperiale appellée Cheva, fut mis malg
luy à la place de son Pere, & qu'il refusa cett
Couronne pour la mettre sur la tête de Lichaü so
Cadet; mais que celuy-ci la regardant comme u
bien qui ne luy étoit pas dû, se défendit de l'ac
cepter avec autant d'opiniâtreté que son Frere avo
d'empressement à la luy faire prendre. Et il y e
marqué que cette contestation entre deux Idola
tres, qui devroit faire honte aux Princes Chre
tiens, ne fut pas si tôt terminée: car Chufan l
entrer de force Lichaü dans le Palais, le revêt
des ornemens royaux, & le salua comme son Sou
verain; mais que ce nouveau Roy abandonna
Royaume, & s'alla cacher dans le fond d'un d
sert, beaucoup plus content d'y cultiver innocem
ment la terre, que de gouverner un Etat. Cet
Histoire ajoûte que Chufan ne pouvant plus s'ex
cuser de regner luy-même, se rendit aux prieres
aux importunitez de ses Sujets, & reprit la Cou
ronne de son Pere; & que cette complaisance r
luy fut pas moins glorieuse, que le mépris qu'
avoit témoigné d'abord pour cette souverain
dignité.

Pour ce qui est de la terre forte-pier
reuse, il n'y a qu'à la labourer par u

temps couvert & humide. Si on la cultivoit par un fec, il feroit dangereux que
la queuë de la Charruë ne vînt à fauter,
ce qui donneroit bien de la peine au Laboureur, & qui le plus fouvent ne feroit pas le Maître de pointer le Soc où
il voudroit, ce qui feroit paroître un
labour en mauvais état, n'étant point
fait également, & n'étant, pour ainfi parler, qu'égratigné fur la fuperficie de cette
terre.

Il n'en eft pas de même de la terre
forte-fablonneufe ; car étant plus douce
que les deux autres terres fortes, elle eft
plus aifée à cultiver. Quand on y travaille on ne fait gueres de groffes mottes.
Pour bien détruire les méchantes herbes,
il ne la faut labourer que par un temps
fec. Quoy que cette terre foit plus aifée
à manier, & foit plus capable de faire de
plus belles productions que ces deux autres terres, il ne faut pas luy dénier les
amendemens, les labours & les autres
fecours qu'elle nous demande.

Il y a des Laboureurs qui croyant bien
travailler à leurs terres dont le fond n'eft
pas heureux, les labourent à vive jauge.
Pour moy je croy qu'ils ne font rien qui
vaille ; car, comme j'ay déja dit, la terre
de deffus vaut mieux que celle de def-

fous. Cependant ces Gens de Campagne croyent qu'en labourant leurs méchantes terres bien profondement, ils en feront venir de bonnes au-deſſus ; mais il ſe trompent aſſurément.

Quelque bonne que ſoit une terre qu'on enſemence tous les ans , elle dépérit toûjours, & peu à peu devient ſterile ; & quoy qu'elle ſoit humectée de l'eau des pluyes comme à l'ordinaire, elle manque de ſels & de ſubſtance, ce qui eſt l'eſſentiel pour nourrir & faire croître les Plantes. Aprés quatre ou cinq années de recolte, on eſt obligé de la laiſſer repoſer une ou deux années, & y faire tranſporter des engrais qui convienne à ſon temperament ; ou bien y répandre de la Marne, & des curures de Mares & de Foſſez bien égoutées & hivernées, ce qui eſt capable de la rétablir dans ſa premiere fecondité. Outre l'eau qui ſe trouve dans cette terre, il y a un certain ſel nitreux qui eſt répandu dans tous ſes pores , & qui étant diſſous par les parties penetrantes de l'eau, peut aiſément être enlevé avec elles pour porter l'aliment aux Plantes.

ENSEMENCER, terme d'Agriculture, eſt un verbe qui ſignifie jetter de la ſemence dans un Champ bien cultivé. La plûpart des Laboureurs

ne prennent d'ordinaire pour enfemencer leurs terres, que des Blez nouvellement recueillis, & foûtiennent avec opiniâtreté que ceux de deux ans ne
valent rien, & que c'eft perdre du grain de propos
déliberé & fon travail. Le fentiment de ces Gens-là
eft, felon moy, contraire à l'experience & à la
raifon ; car qu'eft-ce qui pourroit plûtôt que dans
plufieurs autres femences que le Blé, déranger en
ce grain l'œconomie des parties qui concourent à
fa végétation ? & pourquoy feroit-il plus fufceptible
d'alteration que les autres grains ? A caufe qu'on
s'eft établi une coûtume de fe fervir tous les ans de
Blé nouveau pour enfemencer fes terres, eft-ce
à dire pour cela qu'on feroit mal d'employer du
Blé plus vieux, lorfque malheureufement la terre
eft dépoüillée des grains neceffaires à la vie, comme
cela eft arrivé en l'année 1709. dans la plus grande
partie des Provinces, non feulement de ce Royaume, mais encore de l'Europe ? C'eft une erreur
groffiere dont il faut fe défaire, & une chimere
qui ne peut convenir qu'à de foibles efprits. Pour
être certain fi le Blé de deux ou trois ans, foit
Froment, foit Seigle, eft propre à jetter dans la
terre, il en faut prendre une petite quantité qui
foit de ces âges, & la femer pour en faire experience dans un peu de terre bien cultivée, & enfuite l'enterrer avec le Rateau, & huit jours après
on verra l'effet que ce grain aura produit, & s'il
ne levera pas de même que celuy de l'année. Si cela
eft, comme il n'y a pas lieu d'en douter, puifqu'on
ne s'eft fervi en cette année 1709. pour enfemencer
fes terres, que prefque du Blé de deux ans, lequel a fait de fi belles productions, que fans une
tempête violente accompagnée de tourbillons qui
s'éleva le 28. Juillet 1710. à neuf heures du matin
& qui dura jufqu'à trois heures après midi, la-

quelle fit tomber la plûpart des fruits, & égrener la plûpart des Fromens, Orges & Avoines, on auroit fait une recolte des plus abondantes ; cependant cela n'a pas empêché que les grains n'ayent beaucoup diminué de prix. Voila une admirable Providence. Pourquoy donc se mettre en peine de chercher de nouveaux Blez dans les Provinces éloignées, quand l'on en a de deux ans qui sont bien conditionnez, & qui ont été bien remuez dans le grenier ? Le Froment qui est roüillé, c'est-à-dire, qui est tout ridé, ratatiné & alteré, & dans qui il n'y a que tres-peu de farine & beaucoup de son, est propre pour ensemencer les terres, la Toute-puissance ayant permis que pour la perpetuelle generation de ce precieux grain, ses germes soient conservez. Quand le Blé, dit un fameux Moderne, a été bien travaillé dans le grenier, qu'il est beau, point alteré ni ridé, qu'il est sonnant lorsqu'on le fait sauter dans la main, qu'il est ferme sous la dent quand on le casse, & que la farine en paroît blanche, il n'y a rien à craindre en le semant.

Il faut si peu de chose pour aider la Nature, qu'on doit être surpris de ce qu'on ne voit pas plus souvent des productions singulieres & merveilleuses. La plûpart des Laboureurs & autres Personnes qui cultivent la terre, suivent une certaine routine qu'ils tiennent de leurs Peres, & qu'il n'est pas aisé de leur faire changer en des usages plus utiles & souvent moins penibles. Quand on est parvenu à un certain âge, on ne veut rien apprendre fur fa profeſſion, on croiroit que ce feroit retourner à l'Ecole. Ces Gens croyent qu'il n'y a rien dans la Nature à apprendre pour eux : c'eſt l'erreur de beaucoup de fiecles. Si l'on veut qu'une terre faſſe de belles productions, il la faut tous les ans ameliorer, parce que quand elle eſt épuiſée de fels, elle eſt hors d'état de bien faire, ſi on ne la fecoure.

AMELIORER eſt un terme qui ſignifie rendre meilleur, il s'entend aſſez de luy-même. C'eſt celuy dont on fe fert en Agriculture, quand il s'agit de parler d'un Champ épuiſé de fels pour avoir trop fouvent produit des grains. Les terres propres à porter des Blez, & celles des Jardins fruitiers & potàgers, rendent bien du profit quand elles font ameliorées. Le fumier qu'on met dans un Champ, réchauffant la terre, peut bien aider à la fublimation des principes végétatifs par la chaleur qu'il luy donne ; mais ce n'eſt pas par cette qualité principalement qu'il rend un Champ fecond, c'eſt plûtôt par l'abondance des efprits & des fels, qui s'étant volatiliſez dans le corps des Animaux, d'où ils font fortis, font fort propres à monter dans les vaiſſeaux fublimatoires des Plantes.

Les fumiers qui font propres à ces terres fortes font ceux de Pigeon, Mouton, Cheval, Mulet, Bœuf & Vache confommez enfemble, étant d'une abfoluë neceſſité que la chaleur domine dans les amendemens, parce que ces fortes de terres font ordinairement humides & froides. On ne mettra de ce fumier de Pigeon que la quatriéme partie des autres, à cause de sa grande chaleur.

On peut bien, sans hesiter, confier le Bled Froment à une terre forte-sablonneuse, parce qu'elle est remplie de beaucoup de sels & de substance, d'autant plus qu'avant d'y semer ce precieux grain, on y transporte du fumier qui convient au temperament de cette terre. Comme il y croît d'ordinaire quantité de méchantes herbes, j'estime qu'il y faut mettre beaucoup de semence, parce qu'elle est assez substantielle pour faire de belles productions. Plus il y en aura, moins ces herbes porteront de prejudice au Blé; au contraire il les accablera & étouffera. Si on ensemence cette terre en Octobre, il faudra moins de grain que si on l'ensemence en Novembre, parce qu'il aura plus de temps à multiplier. Si on veut qu'une terre produise beaucoup de grain, il faut proportionner la qualité & la quantité des semences à la terre où on les jette.

GRAIN, est un terme d'Agriculture, qui se dit principalement des fruits ou semences qui viennent dans des épis, & qui servent à nourrir les Hommes & les Bêtes. Sous ce mot de Grain, on entend

le

le Froment, le Seigle, le Mays, le Sarrasin, le Panis, l'Orge, le Millet, l'Avoine, le Lin & le Chenevis. Ce mot de Grain vient du Latin *granum*. On ne seme gueres de grains en Eté, parce que la terre est trop chaude. Le grand mouvement que la chaleur excessive causeroit à l'esprit végétal, détruiroit la tendre structure du germe ; mais la secheresse que l'ardeur cause à la terre, est encore plus contraire à la végétation, dont la principale cause consiste dans l'abondance du suc spiritueux qu'on appelle séve, parce que sans elle toutes les semences sont inutiles. Dans les Memoires de l'Academie Royale des Sciences, année 1708. il y a une excellente Observation sur la maniere de conserver les grains, laquelle a été proposée par M. Reneaume. Comme l'effet de la chaleur est de se dilater, & que celuy du froid est de se resserrer ; ainsi l'esprit de la semence qui est garroté dans son grain, & où il sembloit mort, étant jetté dans la terre comme dans sa matrice (lieu propre à faire la generation des Plantes) se réveille d'abord, & par sa végétation fait voir sa presence. C'est de cette maniere que toutes sortes de grains poussent leur germe hors de la terre où ils sont enfermez, lorsque l'humidité & la chaleur se succedent l'une à l'autre. M. Reneaume dit que c'est à l'humidité & à l'air qu'il faut rapporter tout le bien & tout le mal qui arrivent aux grains, puisque quand ils en sont privez, ils se gardent parfaitement ; qu'au contraire lorsqu'ils les penetrent, ils y causent tous les desordres possibles, parce que ces grains tendent toûjours au développement du germe & à l'accroissement de la plantule ; mais qu'ils sont en sûreté quand toute l'humidité en est sortie & évaporée, parce qu'elle enleve avec elle la meilleure partie des particules actives, & que le peu qui en reste se trouve en-

barrassé & confondu dans les parties huileuses &
mucilagineuses qui se figent & dessechent ; comme
la Terebentine & les Baumes, qui en vieillissant
perdent leurs parties aqueuses, & se dessechent, jusqu'à devenir friables à un point, que quoy qu'on
les humecte dans la suite, elles ne reviennent plus
à leur premier état, & n'ont plus la même viscosité.
Que l'âge produisant la même chose dans les grains
les vaisseaux du germe s'affaissent, leurs fibres perdent cette souplesse si necessaires pour la végétation, de sorte qu'elles deviennent incapables d'aucun ressort & d'aucune extension. Que par ce moyen
les parois de ces vaisseaux s'unissent si fortement
& se collent, qu'ils se déchirent plûtôt que de
donner passage à aucun suc. Que voila, selon luy
la cause de la sterilité des vieux grains, dans lesquels le principe de la végétation se trouve éteint.
Voici la maniere dont quelques Blattiers (espece
de petits Marchands ou Regratiers qui achetent
une mediocre quantité de Blé pour le vendre d'un
marché à l'autre) usent pour faire augmenter la
mesure des grains, sur tout quand ils sont bien
chers. Ils prennent un gros grez qu'ils font rou-
gir au feu, puis ils le mettent dans une boëte de fer
qu'ils fourrent au milieu du monceau de Bled, l'ar-
rosent legerement, & ont soin ensuite de le passer
à la péle pour le faire rafraîchir. On reconnoî
neanmoins cette tromperie en maniant ce grain :
car il est moins coulant que l'ordinaire, & devien
rude sur la main.

Il y a des années qu'il tombe au mois
de Juin des pluyes douces presque conti-
nuelles, lesquelles font produire à la terre quantité de méchantes herbes dans le

Blez , & particulierement une efpece appellée Jardereau ou Jarderie , laquelle abforbe la meilleure fubftance de la terre, ce qui eft caufe que ces Blez ne peuvent faire que de foibles productions. Huit ou dix jours aprés que cette maudite herbe eft fortie de terre , elle a la même hauteur que les épis de Blé , & les ferre fi fortement avec fes bras, qu'elle les fait tout-à-fait courber , ce qui empêche le grain qui y eft enfermé de prendre aucune nourriture de la terre. Ainfi quand il commencera à croître quantité de ces herbes dans les Blez , il faudra avoir foin de les faire arracher. Si l'on ne prenoit pas cette precaution, on feroit en danger de ne recueillir quafi que de la paille de Blé , & du Blé où il y auroit tres-peu de farine. L'herbe de ce Jardereau cueillie en Juin eft propre à nourrir les Chevaux & les Vaches. Elle eft auffi bonne que celle des Prez quand elle a été bien fanée au Soleil, & enfuite mife en meule, pour luy faire pouffer en-dehors un refte d'humidité qui pourroit bien la faire pourrir en peu de temps. Ce qui fait pouffer à la terre ce Jardereau, ce font les pluyes chaudes du mois de Juin , & non les pluyes froides.

FANER eft un terme d'Agriculture , qui fignifie remuer plufieurs fois avec des fourches l'herbe des Prez , de telle maniere que le Soleil frappant deffus, la deffeche & luy ôte toute l'humidité qui pourroit luy être nuifible pour la conferver pendant l'Hiver, & pour fervir à nourrir plufieurs Animaux. Ce mot de faner le foin, fe dit en Latin *herbam fœni fecio fectam furcillis in folandam verfare.*

On ne peut gueres efperer de faire une bonne recolte en Froment, Seigle, & autres grains, fi on n'a foin de les faire farcler. Il eft certain que les herbes qui y croiffent leur portent toûjours un notable prejudice, & fur tout quand elles ont pris racine dans une terre fujete à en produire beaucoup ; & fi on neglige de le faire, la recolte des grains, quand elle eft arrivée, ne manque pas, à nôtre honte, de nous accufer de cette negligence.

SARCLER eft un terme d'Agriculture, qui fignifie arracher les méchantes herbes qui nuifent à toutes fortes de grains, & même celles qui croiffent au pied des Arbres & des Plantes medecinales & potageres. Ce mot de Sarcler vient du Grec σκαλλω, *fodio, fodere terram,* qui veut dire foüiller la terre.

Si on veut qu'une terre neuve faff de belles productions, il la faut défriche jusqu'aux racines des Arbres qu'elle a produit sans aucune culture. Une terre neuve bien défrichée, c'est-à-dire mise en état d'être dans la suite cultivée, fait, les trois premieres années sur tout, d'excellentes productions, parce qu'ayant ramassé beaucoup de substance par le moyen du long repos qu'on luy a donné, & à cause des feüilles des Arbres qui s'y sont consommées, & des herbes qui l'ont engraissée, quoy qu'elle les ait produit, ne peut qu'étant bien cultivée, elle ne produise quantité de Blez & autres grains. Quand on aura donné tous les labours à cette terre, il faudra y semer du Chenevis ou bien de l'Avoine pour la premiere fois, afin d'en ôter la plus grosse substance. Quand la recolte aura été faite de ce grain, on labourera huit jours aprés cette terre; & au 15. ou 20. Octobre suivant on luy donnera un second labour, pour y semer au commencement de Novembre du Froment. L'année suivante, quand la recolte en sera faite, on labourera la terre dans laquelle l'Etouble est encore extante. Cette Etouble ainsi mêlée avec la terre, fait un tres-bon effet, car il se convertit en un amendement, par le moyen duquel elle fait d'excellentes productions. Quand on juge

que l'Etouble est tout-à-fait consommée
on donnera un second labour, & ne pa
attendre plus tard que le 12. ou 15. Oc
tobre ; & dix-huit ou vingt jours aprés
on semera encore du Froment, sans met
tre aucun Engrais dans la terre. Quand
on aura moissonné ce Blé, on laissera
reposer la terre, & on ne la labourera
qu'au 12. ou 15. Novembre pour la pre
miere fois, & au 10. ou 12. de Fevrier
suivant pour la seconde, pour y semer
quinze jours aprés de l'Avoine, si la terre
est un peu saine. Si aprés que la terre
neuve est défrichée on y semoit pour la
premiere fois du Froment, il est constant
qu'il y viendroit si dru, qu'on ne recueil
leroit quasi que de la paille & tres-peu
de grain.

ETOUBLE, terme d'Agriculture, est un
Chaume laissé en terre, du Blé qui a été scié ou
moissonné. Ce mot d'Etouble vient, selon quelques Auteurs, du Latin, *stipula* ou *stibula* ; & selon quelques autres, il tire son étymologie d'*ata
bis, & calamis frugum.*

Il y a une autre espece de terre appellée croye, à cause qu'il y en a quantité. Cette terre n'est gueres propre à la
production des Blez. Voici un moyen
sûr & aisé à pratiquer pour l'obliger à

nous donner du grain, qui eſt d'y faire tranſporter des bouës des ruës des Villes & des grands chemins de la Campagne bien égoutées & hivernées, ou bien des fumiers de Mouton & de Vache qui ayent été pourris & conſommez enſemble. Tous ces amendemens fertiliſent & ameubliſſent cette terre croye, & luy fait faire de belles productions. Pour bien cultiver cette terre, il ne faut point trop l'approfondir, car il ſeroit dangereux de mêler de la mauvaiſe terre avec de la bonne, ce qui la rendroit infertile. Il faut bien ſe donner de garde que la Charruë ni la Bêche ne piquent pas dans le Tuf, car ce remuëment luy porteroit trop de prejudice.

On peut aiſément juger de la fertilité d'une terre quand elle eſt bien meuble, c'eſt-à-dire que quand on en fait le maniement on ſent ſa douceur; que ſon grain eſt fort fin, que ſa couleur tire ſur le gris noirâtre, qu'elle ne s'entretient pas comme fait la terre d'argille, & enfin que ſa profondeur ſoit de dix-huit à vingt poûces.

ARGILLE, terme en uſage dans l'Agriculture, eſt une terre à Potier qui eſt graſſe & gluante, dont on fait les tuiles, les briques & les vaiſſeaux de terre. Elle tient aux doigts comme de la pâte;

L iiij

on la met en telle figure qu'on veut, soit longue,
soit ronde, soit quarrée. Cette terre est tres-diffi-
cile à cultiver, & si elle n'est prise en saison, il
est difficile de le faire comme il faut, à cause de
ses mottes qui demeurent toûjours entieres. Ce
mot d'Argile vient du Latin *argilla*, & du Grec
ἄργιλος.

La terre ne devroit pas s'éfritter comme elle fait, si les Plantes ne la suçoient
de la même maniere que les petits Animaux sucent les tettes de leur mere ; &
comme ces Animaux n'attendent pas que
le lait les vienne chercher, aussi les racines de ces Plantes n'attendent pas que
les exhalaisons de la terre viennent se
presenter à leurs pores : car il s'en éleve
continuellement de ses entrailles, sans
que pour cela elle cesse de faire heureusement produire toutes sortes de Plantes.
Et comme il n'est pas vray qu'une terre
s'use jamais ou se diminuë, à moins qu'elle ne soit employée à produire & à faire
croître des Plantes étrangeres, il s'ensuit
necessairement que quand elle cesse d'ê-
tre feconde à l'ordinaire, c'est qu'elle est
dénuée de sels. Il n'y a que le secours
des fumiers qui puisse l'empêcher de s'é-
puiser de sels & de substance ; & il n'y a,
selon moy, que ce seul moyen dont on
puisse se servir pour échauffer une terre

naturellement froide, pour engraiſſer
celle qui eſt maigre, rendre meuble celle
qui eſt rude & peſante, & pour ameliorer celles qui ſont défectueuſes. Sans les
fumiers il eſt inutile en bien des Climats
de labourer la terre ; & c'eſt des fumiers
que dépend l'abondance du grain qu'on
y recueille.

EFRITTER eſt un terme d'Agriculture.
Quand on dit qu'une terre eſt toute éfrittée, cela
ſignifie qu'elle eſt épuiſée de ſels, & qu'elle n'a
plus de ſubſtance qui vaille pour faire quelques belles productions, à moins qu'on n'y faſſe tranſporter des amendemens propres à la rendre fertile.

Les fumiers qui conviennent bien à
une terre qui n'a preſque point de corps
ni de ſolidité, qui approche de la ſablonneuſe, & qui eſt froide & humide, ſont
ceux de Pigeon, de Mouton, de Cheval,
de Mulet & d'Aſne, pourvû qu'ils ſoient
conſommez enſemble. Et comme ils ne
ſont que feu, & ſur tout quand ils ſont
nouveaux faits, il ne faut les tranſporter
dans cette terre que quand ils ſont à moitié pourris. Ils ont la vertu d'échauffer
& de fertiliſer les terres froides, humides & peu ſubſtantielles, & de leur faire
produire du Seigle, du Sarraſin, du Millet & de l'Avoine en grande abondance.

Il ne faut mettre de ce fumier de Pigeon
que la quatriéme partie des autres, à
cause qu'il eſt extraordinairement chaud.

Les fumiers de Bœuf, de Vache & de
Pourceau un peu conſommez enſemble
font des Engrais fort rafraîchiſſans. On
ne doit les mettre que dans des terres ſablonneuſe & ſeches. Ils ont la vertu d'engraiſſer & de temperer la chaleur naturelle de ces terres. Si on ſouhaite que ces
amendemens y faſſent d'excellentes productions, il ne les faut tranſporter que
par un temps bas & humide, afin que
leur graiſſe n'étant point diſſipée par le
trop de ſechereſſe, puiſſe plus aiſément
penetrer à travers.

Le temperament du fumier de Pigeon
eſt un amendement qui ſurpaſſe tous les
autres fumiers en chaleur, à l'exception
de l'excrement de l'Homme. Si on l'employoit à la ſortie du Colombier ſans luy
laiſſer paſſer ſon feu, on mettroit les ſemences qui le toucheroient en danger
d'en être brûlées. Pour bien l'employer,
il faut le mêler avec des fumiers de Vache & de Pourceau, ou bien le faire
tranſporter dans les terres propres à produire du Blé à la fin d'Octobre, ou bien
le mettre au pied des Arbres au mois de
Novembre ou à celuy de Decembre, afin

que fa chaleur fe trouvant temperée par
l'eau des pluyes & des neiges d'Hiver,
il puiffe faire faire à ce Blé & à ces Arbres de belles productions. Je ne puis
trop dire qu'il faut mettre cet Engrais
bien à propos, autrement il y auroit à
craindre qu'on ne perdît & fon grain &
fon temps.

Les Amendemens dont j'ay ci-devant
parlé, ne font rien en comparaifon de la
Marne, qui eft une pierre graffe & tendre qui eft propre pour engraiffer la terre. Il y a plufieurs fortes de Marnes toutes tres-bonnes ; heureux ceux qui en
ont dans leurs heritages, & ceux qui font
voifins des lieux où il y en a de bonnes.
Elles ont tant de vertus & font remplies
de tant de fubftance, qu'une terre qui en
eft garnie comme il faut, produit toutes
fortes de grains en abondance pendant
un grand nombre d'années, fans qu'il foit
neceffaire d'y faire tranfporter aucun autre engrais. Pour bien employer la Marne, il faut avant de s'en fervir, qu'elle
foit toute reduite comme de la cendre,
car fi on l'employoit à la fortie de la Mine, elle ne feroit d'aucune utilité. Il faut
donc la mettre fur une terre par petits
monceaux feparez, aux mois de Juin &
Juillet, & la laiffer, fans l'épancher,

jufqu'à la fin de Fevrier, afin de donner le temps au Soleil, aux pluyes & aux gelées de la pulverifer. Aprés quoy il faut l'épancher le plus également qu'il fe pourra, pour être enfuite mêlée avec la terre en la labourant. Si la terre eft froi-de & humide, il faudra en mettre une plus grande quantité que fi elle eft feche & aride, à caufe que le temperament de cet Engrais eft fi chaud, que qui en met-troit trop en cette derniere terre, feroit en danger de ne recueillir aucun grain les deux ou trois premieres années. Ainfi il faut confulter le temperament de la terre qu'on en veut amender, & ne luy donner de cet Engrais qu'autant que fon plus ou moins de chaleur le permet.

Les boües des ruës des Villes & des grands chemins de la Campagne font des engrais qu'on ne doit point méprifer. Il ne faut point les mettre dans les terres propres à produire des Blez & autres grains, ni les mettre au pied des Arbres qu'elles n'ayent été mifes en monceaux pour les faire hiverner & deffecher.

Quelques amendemens que l'on tranf-porte dans les terres rouges, jaunes & blanches, & quelques bons labours qu'on leur donne, il eft conftant qu'elles ne feront que de foibles productions. Ainfi

e conseille à ceux qui auront dessein de
onduire un labourage, de ne point ha-
arder leur grain ni leurs engrais si in-
iscretement dans des terres de cette
ature.

LABOURAGE, terme d'Agriculture, est
action par laquelle on remuë les terres & on les
ultive, pour leur faire produire toutes sortes de
rains. Ce mot de Labourage veut dire aussi l'A-
riculture en general. Il y en a qui se servant de ce
aot, le confondent avec celuy de Labour ; car
our marquer qu'une terre a été labourée une fois,
s disent cette terre a eu un labourage, au lieu qu'ils
oivent dire un labour, ne faisant pas réflexion que
terme de Labourage signifie une certaine quantité
e terres à labourer, & non pas le remuëment
u'on fait de la terre lorsqu'on la cultive. Selon la
iversité des lieux, il y a diversité de labourage, à
rands ou à petits sillons, ou à uni. On dit d'ordi-
aire qu'une terre a le labourage de deux ou trois
Charruës, pour dire qu'il faut avoir autant de
Charruës pour la labourer & pour la faire valoir.
L'Histoire m'apprend qu'Hiaouu sixiéme Empe-
eur de la Chine de la race de Cina, qui commença
i regner l'an 38. du quarante-troisiéme Cycle, &
ent quarante ans avant la Naissance de JESUS-
CHRIST, & qui gouverna l'Empire pendant
inquante-quatre ans, qu'il s'en démit, parce qu'il
languissoit, & qu'il devenoit plus foible de jour en
jour, & qu'il ne voulut plus s'occuper que des
plaisirs de l'Agriculture. Qu'il travailloit luy-même au labourage, & ensemençoit des terres quand
ses incommoditez le luy permettoient, pour ani-
mer tous ses Sujets au même travail. Qu'il fit

chercher tous les plus habiles Laboureurs de son Empire, qu'il diſtribua en diverſes Provinces pour l'inſtruction de leurs Habitans. Que ces Gens autoriſez par un Prince devenu luy-même Laboureur, inventerent un grand nombre d'inſtrumens propres au Labourage. Voila ſans doute un bel exemple. Je ne ſuis pas plus ſurpris de voir des Empereurs deſcendre de leur Trône pour ſe délaſſer parmi les innocens plaiſirs de l'Agriculture, que des Perſonnes tirées de la Charruë devenir Empereurs Romains.

C'eſt le ſentiment de tous les Auteurs qu'outre les labours que l'on donne aux terres, il faut avant que de les enſemencer, y mettre des amendemens qui conviennent à leur temperament. M. Regi, entr'autres s'en explique ainſi. Il y a, dit-il, une experience generale que les Plantes ne ſe nourriſſent pas d'eau ſeulement, mais encore des ſucs de la terre, leſquels ſont compoſez de pluſieurs parties ſubtiles de cette terre ramaſſées enſemble, leſquels ſucs ne viennent en abondance dans les Plantes que quand on a mis dans les terres où elles ont été plantées, des amendemens qui conviennent à leur temperament. On ſçait, ajoûte-t-il, que les terres qu'on enſemence tous les ans s'amaigriſſent peu à peu, & quoyqu'elles ſoient humectées des pluyes comme à l'ordinaire, elles manquent de ces sucs qui nourriffent ces Plantes ; de telle forte qu'aprés quatre ou cinq ans de recolte, on eft obligé de les laiffer repofer une année ou deux , ou de les couvrir de fumier, ou d'y répan-dre de la marne ou de la glaife par def-fus, pour les rétablir dans leur fecondité.

Il y a encore d'autres matieres dans la Nature qui abondent en fels, & toutes ces matieres font admirables pour la production des Plantes. Celles dont je fais le plus de cas , ce font les cendres de toutes les chofes qui fe confument par le feu. Ce font des engrais qu'il ne faut point du tout méprifer : il feroit à fou-haiter que l'on en eût en abondance pour être mêlées avec d'autres amendemens ; car j'oferois bien affurer que l'on feroit bien récompenfé de la peine que l'on au-roit prife de les chercher. Je confeille aux Laboureurs de ne point employer ces cendres feules , parce que le vent les emporteroit en les épanchant.

Pour faire une heureufe femaille, il feroit à fouhaiter que le temps fût beau, & que le grain fût bien choifi. Du choix de ce grain dépend fon abondance ; car inutilement auroit-on donné à un terroir toute la culture qu'il auroit pû fouhaiter, l'auroit-on amendé autant qu'il auroit

fallu faire, & l'auroit-on rendu capable
de faire de belles productions, si on n'y
jettoit du grain qui pût se multiplier dans
son espece. Il faut absolument connoître
la nature d'une terre avant que de semer son grain, car toutes ne sont pas
propres à produire toutes sortes de grains;
c'est à quoy un Laboureur doit faire attention.

SEMER est un terme d'Agriculture, qui signifie épandre du grain sur une terre preparée, pour
le faire germer, produire & multiplier. Ceux qui
voudront sçavoir quand il fait bon semer, le vray
temps de semer, & la methode de bien semer, auront recours à l'Oeconomie generale de la Campagne, Tome premier, pages 341. & 342. La Sagesse infinie observe dans la production des Plantes
la même conduite que dans celle des Hommes &
des Bétes; elle n'ordonne de mettre les semences
dans le sein de la terre, qu'aprés qu'elle l'a ré-
chauffée par les rayons du Soleil. Les Hommes
qu'elle a instruits ne sement gueres leurs grains
qu'au Printemps & dans l'Automne, qui répondent à la jeunesse & à l'âge de consistence; &
comme on seme encore plus en Automne qu'au
Printemps, aussi l'âge de consistence s'employe
plus à la generation que la Jeunesse qu'on passe le
plus souvent par le Celibat, la Toute-puissance
ayant voulu faire rencontrer la maturité du Corps
avec celle de l'Esprit, en mettant dans le même
âge la disposition qui peut rendre l'un & l'autre
feconds, c'est-à-dire, une chaleur forte sans excés.

Je conseille aux Laboureurs de changer

ger tous les trois ou quatre ans de femence, & particulierement de celle de Froment, qui eft le grain avec lequel on fait le
pain le plus blanc & le plus nourriffant ;
car quelque bien choifi, & quelque gros
que foit le grain, & quelque bonne que
foit la terre, il y eft fujet à dégenerer.
Quand je dis qu'il faut changer de femence, je pretends que ce n'eft point
un changer, que d'en prendre qui auroit
été recueillie dans les endroits où on demeure ; il eft neceffaire que cette nouvelle femence ait été produite à quatre
ou cinq lieuës. On choifira du Blé qui
eft à la parfaite maturité, laquelle fe
connoît, à l'égard du Froment, quand
il eft d'un gris blanchâtre, fec, pefant
& rond, & point du tout alteré ni mou-
heté ; & pour ce qui eft du Seigle, quand
il eft de la couleur de gris tirant tant foit
peu fur le noir. Quand on change fes
femences, il en faut tirer des terres qui
foient plus maigres que celles qu'on laboure, afin que trouvant plus de nourriture, elles y faffent de belles productions. Si on les prenoit dans une terre
plus fubftantielle que celle où on les voudroit mettre, le grain qui en provien-
droit ne pourroit pas devenir beau, à
caufe de l'aliment qu'il ne trouveroit pas

ſi abondamment dans une terre maigr
que dans celle où on l'auroit tiré.

PAIN, eſt la meilleure & la principale nour
riture de l'Homme. On ne peut faire aucun bo
repas ſans pain. Le meilleur pain eſt celuy de Fro
ment. Enſuite c'eſt celuy de Meteil, de Mays, d
Seigle, de Sarraſin, de Panis, d'Orge, de Millet
d'Avoine, de Pois & de Veſce. Pour faire de bo
Pain, j'eſtime qu'il faut preferer le Blé de deux o
trois ans à celuy qui eſt nouveau, parce qu'il e
plus ſain, & fait plus de profit que ce dernier. I
eſt plus ſain, à cauſe que le Blé nouveau eſt en
core rempli de certains eſprits de chaleur, & d'un
certaine humidité qui eſt une maniere d'excremen
qu'il eſt neceſſaire qu'il jette peu de jours aprê
qu'il eſt engrangé, ces eſprits & cette humidité
ne le rendant pas purifié qu'auparavant ils n'e
ſoient évaporez. Et il fait plus de profit, parc
qu'étant plus ſec que le nouveau, il s'attache beau
coup moins aux meules de moulin qui le broyent
& conſequemment en produit plus de farine.

Il y a des Laboureurs qui ambitieu
d'avoir de belles ſemences, viſitent ſou
vent avant la recolte de leur Blé Fro
ment, un petit endroit de terre où il y
en a, & ôtent les épis où le grain eſt
bruiné & alteré, & generalement toutes
les méchantes herbes qui jettent de hau
tes tiges, & ne laiſſent que les épis où
le grain eſt tres-beau & bien nourri. Ils
font plus, car aprés la recolte ils ôtent

auffi de leurs gerbes tous les épis qu'ils y trouvent de défectueux. Je croy que ces Laboureurs ont raison d'en agir ainfi, puifque cela leur fait avoir de belles & bonnes femences.

Les grains qu'il faut femer avant l'Hiver font le Seigle , le Meteil , l'Orge l'Automne ou l'Orge quarré , & le Froment. Comme le Seigle eft fujet à la pourriture , j'eftime qu'il ne faut le femer que dans une terre feche & d'une mediocre fubftance , & de bonne heure , c'eft-à-dire , dés le commencement de Septembre , s'il eft poffible , & par un beau temps. On ne peut trop tôt femer ce Seigle , afin qu'il ait le temps de multiplier & de fe fortifier pour pouvoir mieux refifter aux gelées d'Hiver ; car autrement il feroit en danger de perir. Si dans ce temps il tombe de la pluye , il faut abfolument attendre que la terre foit deffechée.

SEIGLE eft un grain propre à faire du pain. Il eft bien plus maigre que celuy de Froment , qui eft le plus eftimé de tous , à caufe qu'il produit le pain le plus delicat & de meilleur goût. La paille de la Plante qui donne la naiffance au Seigle , a le tuyau plus long que celle de Froment. On fe fert d'ordinaire de la paille de Seigle pour lier les gerbes de Blé. Le pain de Seigle eft beaucoup rafraîchiffant ; il lâche & tient le ventre libre : c'eft pour

quoy il ne faut pas que les Vieillards mangent d[...]
pain de pur Seigle. Les Romains faisoient plus d[...]
cas du pain fait avec du Blé Seigle, que celuy fa[...]
avec du Blé Froment.

Quand ce Blé est semé, il ne fau[...]
point, non plus que les autres grains[...]
l'enterrer trop profondement, car s'il l'é[...]
toit bien avant, son germe ne pourroi[...]
lever. Deux ou trois doigts de terre a[...]
plus suffisent pour le couvrir. Les Labou[...]
reurs auront tout lieu d'esperer que [...]
leur Blé leve bien, & que dans la suit[...]
il ne luy survient point de fâcheux accident, ils auront une abondante recolte[...]
ce qui sera capable de les réjoüir. Quanc[...]
les Blez sont beaux en Avril, on a un[...]
grande esperance d'en faire une ample.

LEVER est un terme de Jardinage & d'Agriculture; car ce mot se prononce par rapport aux
Arbres & aux Legumes qu'on arrache & qu'on
transporte avec leur motte, & se dit en Latin *ex-*
tollere ; & il se prononce par rapport aux grains
qui sortent de la terre où ils sont semez, & se dit
en Latin *germinare :* ces deux termes ont, selon
moy, beaucoup d'énergie dans l'Agriculture. Lever, pour dire que le Blé commence à monter',
vient de πάλλω, *vireo*, qui signifie reverdir, ainsi
que les Blez font quand ils commencent à paroître.

Le grain qu'on semera aprés le Seigle,
est le Meteil, qui est un composé de Sei-

gle & de Froment. Il ne faut femer ce grain que dans une terre qui ne foit ni trop molle ni trop feche, fi on veut que la recolte en foit abondante, à caufe des deux differens grains qui compofent ce Meteil, & qui font d'une nature toute contraire l'une à l'autre. Si l'année eft feche, le Seigle fera des merveilles, & le Froment ne fera rien qui vaille ; fi au contraire elle eft humide, le Seigle perira en partie & le Froment multipliera beaucoup. Ainfi on fera toûjours affuré de recueillir du grain.

Recolte eft un terme d'Agriculture qui fignifie cueillette, dépoüille de la terre, & ce qu'on recueille de fes fruits, comme Blez & autres grains, vins, huiles, foins, herbes medecinales & potageres, Poires, Pommes, Pêches, Abricots, Prunes, Cerifes & autres fruits. Tout le bonheur & la bonne recolte de l'Egypte, dépend du débordement du Nil (Fleuve qui traverfe prefque toute l'Afrique ;) auffi les Egyptiens font-ils fort attentifs à l'obferver. Pline en fon Hiftoire Naturelle, Livre 5. Chapitre 9. difoit que quand le Nil augmentoit feulement de douze à treize coudées, la famine étoit dans l'Egypte, parce que les terres un peu élevées ne pouvoient être couvertes de fon eau ni impregnées de fon fel nitreux. Que quatorze coudées répandoient l'eau & la joye par-tout : que quinze coudées donnoient une affurance d'une abondante recolte ; mais que feize coudées fe celebroient par des Fêtes & des joyes publiques. Que

quand ce Fleuve se débordoit de plus de dix-sept
coudées, on s'alarmoit, parce que l'eau étant
plus de temps à se retirer, & la terre à se secher
la saison de semer se passoit. Et qu'ainsi il ajoûtoit
que les Egyptiens apprehendoient également un
petit & un grand débordement.

Le grain qu'il faudra semer aprés le
Meteil, est l'Orge d'Automne, autrement dit Orge quarré ou Escourgeon.
L'Epi de la plante qui produit ce grain a
quatre coins. Ce grain doit être semé aus
8. ou 10. d'Octobre dans une terre grasse
& seche bien cultivée & amendée. Si on
le semoit dans une grasse & humide, il
y periroit. Les fumiers qu'il faut mettre
dans cette terre grasse & seche, sont ceux
de Mouton, de Vache & de Pourceau
bien consommez ensemble ; ils ont la
vertu d'ameublir, de rafraîchir & de fertiliser cette terre. On seme cet Orge
d'Automne avant l'Hiver, comme le Seigle & le Froment, parce qu'il ne craint
pas les gelées quand elles ne sont pas excessives. Ce grain est d'une grande utilité en tout temps, & particulierement
quand le Blé est rare & que la moisson
est tardive. Il gela, aussi bien que la plûpart des Blez, en Janvier & Fevrier 1709.
ce qui fit qu'on n'en put semer en Octobre suivant qu'une petite quantité ; ce

pendant la recolte qui s'en fit en Juin, fut, graces au Seigneur, tres-abondante, Il ne faut point garder ce grain d'une année à l'autre, car l'experience m'a appris qu'il se gâtoit au bout de deux ans. On mangera tout, à la reserve de ce qu'il faudra pour ensemencer la quantité de terre destinée à cela.

Le dernier grain qu'on semera avant l'Hiver, est le Froment. Comme ce grain n'est pas sujet à pourrir, comme le Seigle, il faut le semer dans une terre grasse & un peu humide, & quand il a tombé un peu de pluye. Quand l'année est extremement molle, il est sujet à se convertir en Yvroye. Le Froment resiste beaucoup mieux au froid que pas un autre grain. Je croy qu'il vaut mieux le semer en Octobre qu'en Novembre, parce qu'il ne sera pas si sujet à tant d'accidens que si on le semoit plus tard. Si on le seme en Octobre, il en faut moins mettre que si on le seme en Novembre, parce qu'il se multipliera plus aisément.

Y v r o y e est une espece d'herbe qui croît d'ordinaire parmi les Blez, & qui produit une graine noire qui enyvre quand il y en a quantité dans le pain. L'Yvroye s'engendre, selon un Moderne, des grains de Froment & d'Orge semez en des lieux trop humides, putrefiez & corrompus

de trop grande pluye. M. Liger dit que ce changement de nature n'arrive au Froment que quand
les années font extremement molles ; & qu'il a vû
d'experience prendre de l'Yvroye pour le femer,
& l'année fuivante étant extremement feche, fe
changer en beau & bon Froment. La Plante qui
produit l'Yvroye a une feuille étroite, veluë &
fort graffe. Sa tige eft plus grêle que celle du Blé
Froment ; à la cime de laquelle fort l'épi, qui eft
long & chargé de petites gouffes piquantes, où
l'on trouve trois ou quatre grains amoncelez &
couverts d'une gouffe affez forte.

Le Froment eft fort fujet à la bruine
ou Niêle, qui eft une chofe beaucoup
plus à craindre que l'Yvroye : car fi on
ne mange pas la graine d'Yvroye, elle
peut fervir en partie de nourriture à la
volaille ; mais ce Froment bruiné eft
une efpece de charbon en quoy ce grain
s'eft converti, qui non feulement en ôte
l'abondance, mais encore qui en rend
la forme tres-noire.

BRUINE, terme d'Agriculture, n'eft autre
chofe qu'une petite pluye froide, qui tombant fur
les épis de Froment, & fe formant quand la vapeur deftinée à faire de la neige, ne fe gele que
quand elle eft tombée. Le Froment bruiné, outre
qu'il n'eft pas bon à manger, c'eft qu'il noircit &
mouchete le Blé qui n'eft point gâté, quand on
les bat l'un avec l'autre. Avant de mettre au moulin le Blé moucheté, il faut avoir foin de le bien
laver, fi on veut manger de bon pain. Pour faire
du

du pain fort blanc avec du Froment moucheté, il
faut faire une espece de Bluteau, qui au lieu de
soyes & étamines, soit composé de lames de fer-
blanc, piquées & percées de dehors en dehors en
maniere de rape, dont la partie rude & mordante
est interne. En agitant le Blé dans cette machine,
on emporte les taches noires, ce qui est commode
pour avoir un pain bien blanc, quoy que fait d'un
grain moucheté. Les Reverends Peres Chartreux
de Paris se servent depuis peu d'années de cette machine, quand ils ont des Blez mouchetez. On re-
bute fort le Blé moucheté dans les Marchez, à
cause qu'il fait un pain tres-noir & de mauvais
goût. Il y a des Laboureurs qui avant de mener au
Marché leur Blé moucheté, le lavent & le font
aussi-tôt secher au Soleil. Outre que l'on n'a pas
toûjours le temps propre pour le faire secher, c'est
qu'il est dangereux qu'il ne soit pas assez sec lors
du Marché. Mais supposé qu'il fût bien sec, il est
certain qu'un Blé lavé & seché au Soleil perd une
partie de sa qualité & de sa beauté. Les Meûniers
& Boulangers le connoissent tres-bien au maniement, car il est beaucoup plus rude que celuy qui
n'a point été lavé. Pour rendre bien clair en peu
d'heures le Blé moucheté sans le faire laver, il faut
que deux Personnes prennent une Couverture bien
laineuse par chacun un bout, dans laquelle ils mettront trente-cinq ou quarante livres de ce Blé, &
ensuite ils la secoüeront avec force. Il est certain
que le noir qui est sur ce grain s'attachera à cette
Couverture, & qu'il deviendra clair & beau. Elles
jetteront aussi-tôt ce grain & secoüeront bien fort la
Couverture pour faire aller en l'air la poudre. Elles
continueront à faire plusieurs autres fois la même
chose, jusqu'à ce que tout le Blé moucheté destiné
à être transporté au Marché, soit bien clair.

Lorſque les broüillards viennent en Eté à ſe changer en une liqueur épaiſſe & onctueuſe, ils tombent ſur les Blez qui en ſont tout rôtis & alterez par les ardeurs du Soleil, leſquelles échauffent tellement cette liqueur, qu'elle brûle pour ainſi parler, tous les grains où elle s'attache; ce qui cauſe un extréme chagrin aux Gens de la Campagne, parce que le grain n'a quaſi que ſon écorce & tres-peu de farine. Ce fâcheux accident arriva aux Blez Fromens dans la plûpart des Provinces de ce Royaume en l'année 1693. ce qui y cauſa une diſette preſque generale. La cherté des Blez commença preſque auſſi-tôt que la recolte fut faite, & continua juſqu'à celle de l'année ſuivante, laquelle, graces au Tout-puiſſant, fut ſi abondante en toutes ſortes de grains, de vins & de fruits que l'on n'en pouvoit pas eſperer davantage de ſa bonté.

Il n'y a preſque point de remede naturel au mal que fait ce broüillard épais & onctueux quand il eſt tombé ſur le Blez quand ils ſont hors de fleur, & particulierement quand il eſt immediatement ſuivi des ardeurs du Soleil. Cependant la divine Sageſſe a bien voulu permettre que pour nôtre bien, il y en a

en la plûpart des accidens qui furviennent aux Plantes. Voici le remede que
j'ay découvert pour empêcher que le
Froment ne foit brûlé par le Soleil, quand
le broüillard a été precedé de fes rayons.

Il faut que deux Perfonnes un peu ro-
buftes prennent une corde de la groffeur d'un bon poûce & de la longueur
de fix à fept toifes, laquelle ils tiendront
bien tenduë à la hauteur d'un pied &
demi, & la pafferont & repafferont fur
les Plantes de ce Froment. Cette corde
faifant beaucoup remuer & agiter leur
paille & leur épi, oblige ce broüillard
de tomber. Il ne faut pas manquer de
faire ce travail avant que le Soleil paroiffe. Je fçay que ceux qui ont de grands
Champs enfemencez en Froment, ne
peuvent pas faire cela par tout ; mais
quand ils ne le feroient qu'au tiers ou au
quart de leurs Blez, ce feroit un grand
avantage qu'ils fe procureroient, puifqu'ils ne pourroient être brûlez.

L'abondance des Blez & des autres
grains a, graces à Dieu, continué jufqu'en 1708. inclufivement ; car il fit en
Janvier & Fevrier 1709. un froid fi exceffif & fi extraordinaire dans prefque
toute l'Europe, que la plûpart des Blez
de la France gelerent, ce qui y caufa une

famine prefque generale. Ce fâcheux acci-
cident obligea les Laboureurs de mettre
la Charruë dans leurs terres, & d'y femer enfuite à la place de ces Blez gelez,
toutes fortes de menus grains, fur lefquels le Tout-puiffant donna fa benedic-
tion, puifqu'on fit en Août & Septembre une recolte fi abondante en Orges,
Avoines, Sarrafins, Mays, Millet, Poifs,
Vefces & Navets, qu'il y en eut fuffifamment pour nourrir le Peuple de ce
Royaume pendant plus de dix-huit mois.
Ainfi ce divin Maître s'eft contenté pour
cette fois de nous montrer les verges de
fa colere. S'il n'y avoit point dans un Etat
de Gens avides de profiter de la mifere
publique, il n'y auroit prefque jamais de
fterilité. Ces Avares & Ufuriers publics
qui tirent de l'utilité du malheur d'un
nombre prefque infini de Perfonnes, &
qui ferment leurs Greniers à mefure que
la neceffité augmente, font affurément
des Peftes dans un Etat, qui doivent être
exterminées. Ces Malheureux nous font
gemir au milieu de l'abondance, & ne
font point contens qu'ils n'ayent mis le
Peuple aux abois, & renferment cependant les tréfors que la Clemence de Dieu
a répandus fur les Hommes, & que la
divine Providence nous avoit difpenfés

depuis quinze années avec tant de profu-
ion, qu'on se plaignoit presque de ses
bien-faits ; de sorte que par cette maniere de faire, ils ont détruit ses bontez.
Quoy que nous n'ayons pas assez de re-
connoissance des graces qu'elle nous fait
à chaque moment, elle a cependant la
bonté de nous donner ce qui nous est necessaire. En effet, si cette Providence
adorable ne laisse pas manquer de grains
aux petits Oiseaux de la Campagne, il
faut avoüer qu'elle a un soin plus grand
des Hommes que des Bêtes, & qu'elle
leur donne toûjours le necessaire, pourvû qu'ils n'en abusent pas comme les
Usuriers, qui renferment leur Blé pour
le vendre plus cher. Je voudrois que ce
que je viens de dire pût confondre ces
Avares, qui souhaiteroient qu'il n'y eût
de Blé au Monde que celuy qu'ils ca-
chent dans leurs Greniers, & qui trouvant plus de douceur à être les Meurtriers
que les Peres des Pauvres, sont dans une
perpetuelle preparation de cœur de ci-
menter le bâtiment de leur fortune du
sang des Malheureux. Ciceron range ces
sortes de Gens parmi les Scelerats qu'on
ne sçauroit trop méprifer. Saint Chry-
sostome fait beaucoup plus ; aprés les
avoir retranchez du nombre des Hom-

N iij

mes, il les place parmi les Bêtes farou-
ches & cruelles, & veut même qu'on le
haïffe comme des Demons. Qu'y a-t-il
de plus miferable, dit ce grand Saint,
qu'un Riche qui defire la famine, pour
mieux vendre fon Blé ? Ce n'eft pas un
Homme ; c'eft une Bête farouche ; c'eft
un Demon. Tout cela s'accorde parfaitement bien avec ces paroles de l'Ecriture. Celuy qui cache fon Blé, fera maudit des Peuples : *Qui abfcondit frumenta*
maledicetur in Populis, cap. 11. . 26.
Sa Majefté toûjours attentive à procurer
le bien de fes Sujets, & à leur faire joüir
de l'abondance, mit par plufieurs Arreft
rendus en leur faveur en la même année
1709. un frein à ces Gens avides de profiter de la mifere publique. Ce n'étoit
pas affez de faire rendre des Arrefts qui
puffent reparer les maux, il falloit auffi
que leur execution s'en enfuivît fans mi-
fericorde contre ces Voleurs publics,
attentifs & fi exacts à profiter du malheur du Pauvre, & à nous cacher les tréfors que la Providence avoit répandu
fur tout ce Royaume avec profufion pendant quinze années. Auffi ces Arrefts
furent executez avec tant de feverité &
de rigueur par l'ordre de Meffieurs les
Magiftrats, que le Blé & les autres Grain

ne vinrent pas à un prix si excessif qu'on se l'étoit d'abord imaginé ; ce qui sauva sans doute la France de ses Ennemis, lesquels ne manquent pas de tirer avantage de ses malheurs. Je ne me puis empêcher de dire que Messieurs de Police de la Ville d'Orleans, dont la probité, le desinteressement & l'integrité sont connus de tous les Habitans de cette Ville, furent si attentifs & si vigilans à seconder les bonnes intentions de Sa Majesté, que dans la disette presque generale du Blé, l'abondance y regna, pour ainsi parler, puisque le pain y fut moins cher qu'en la plus grande partie des autres Villes du Royaume. Je croy être obligé de dire à la loüange des Marchands de Blé de cette même Ville, qu'ils ne sont ni Avares ni Usuriers, puisqu'ils ont avec bien de la generosité & sans aucune peine, obéï à l'ordre qui leur a été donné, de faire transporter à chaque Marché, du Blé à suffire, pour substenter le grand nombre d'Habitans qu'il y a, & même d'une grande quantité de pauvres Familles de la Campagne qui s'y refugierent.

CHARRUE est un instrument de Labour qui est composé d'un Train monté sur deux roües, qui a un gros fer pointu & un autre trenchant pour

N iiij

ouvrir & couper la terre, & y faire des fillons. Il
y a auffi une efpece de Charruë à bras, qu'on nomme ainfi, à caufe qu'on ne laboure avec cette machine qu'à force de bras. On la met en ufage dans
les petits Jardins ; & ce n'eft autre chofe que trois
morceaux de bois enchaffez l'un dans l'autre, qui
luy donne une figure quarrée. Ces trois morceaux
de bois en font les trois côtez, & un fer trenchant
de deux pieds & demi de longueur, & de quatre
à cinq poûces de largeur, en fait le quatriéme : ce
fer dans l'endroit qu'il eft occupé, eft pofé un peu
en biais, afin de mordre plus aifément dans la terre.
Il y a auffi une autre efpece de Charruë dont on
fe fert pour ratiffer les Allées des Jardins qui ont
beaucoup d'efpace, laquelle eft tirée par un feul
Cheval. L'Hiftoire m'apprend que Xinung, qui
fignifie en langue Chinoife Laboureur Celefte, fecond Empereur de la Chine qui regna cent quarante ans, deux mille huit cent trente-fept ans
avant la Naiffance de JESUS-CHRIST, touché
de la mifere de fes Sujets qui s'étoient tellement
multipliez pendant fon regne, qu'apres avoir con-
fommé toutes les herbes qui avoient cru au hazard
dans les Campagnes, & dépeuplé les Forêts de
Bêtes fauvages, qu'à peine leur reftoit-il de quoy
fe garantir de la faim, s'avifa d'aider à la fecondité
de la terre, & inventa le premier la Charruë & tous
les autres Outils du Labourage ; en forte que la
terre remuée avec le fer devint beaucoup plus fertile, & produifit du Froment, du Ris, du Millet,
du Blé d'Inde, qu'on appelle à prefent Mays ou
Blé de Turquie, & toutes fortes de Legumes : Qu'en
reconnoiffance de quoy les Chinois donnerent le
nom de Xinung à ce Prince, qui fignifie Laboureur Celefte. Qu'il fit l'épreuve de la vertu de toutes les herbes fur luy-même, découvrit celles qui

pourroient servir à la digestion, leurs differentes, bonnes ou mauvaises qualitez à l'égard des maladies qui attaquent le Corps humain, & penetra si avant dans cette recherche, qu'il sembloit qu'il eût fouillé dans les plus obscures & les plus secretes parties de ce même Corps : Qu'on dit qu'il trouva dans un seul jour des Antidotes contre la violence du Poison, de soixante differentes herbes, & c'est ce qui le fait regarder parmi les Chinois comme l'Auteur & le Prince de la Medecine.

Quand on a fait quelques nouvelles découvertes, touchant le Blé sur tout, il faut d'une absoluë necessité en faire part au Public, & particulierement quand il est un peu cher, & qu'on ne peut les cacher sans crime. M. l'Abbé de Vallemont en a fait de belles dans ses Curiositez de la Nature & de l'Art sur la Végétation, & sur tout touchant la multiplication de ce grain. Voici ce que j'ay découvert pour échauler comme il faut le Blé Froment avant de le semer.

ECHAULER est un terme d'Agriculture qui signifie semer de la Chaux vive sur la semence de Blé Froment, & l'arroser ensuite avec de l'eau claire, afin d'empêcher que cette semence ne produise du Froment bruiné. Il y a des Laboureurs qui se servent de Chaux amortie pour échauler leur Froment auparavant de le semer sur la terre. Pour moy j'estime qu'il faut que cette Chaux soit vive, parce que quand elle est amortie, elle n'a pas assez de vertu pour cela.

Nouvelle maniere d'échauler le Froment.

Prenez un grand Baquet de bois, dans lequel mettrez neuf à dix seaux d'eau froide, avec demie mine de chaux vive mesure d'Orleans, pesant environ vingt-trois livres : la plus nouvelle est la meilleure. Ensuite mettez un seau d'eau chaude, & remuez bien avec un bâton cette chaux jusqu'à ce qu'elle soit entierement éteinte & détrempée. Cela fait, prenez une Corbeille d'osier bien close qui puisse entrer aisément dans ce Baquet. Mettez dans cette Corbeille du Froment qui puisse tremper dans l'eau de chaux, & ensuite tournez & remuez fortement ce grain avec un gros morceau de bois. Levez-en aprés la Corbeille, & laissez égouter l'eau dans le Baquet. Otez ce grain & le mettez sur les carreaux du Grenier. Continuez à faire de même jusqu'à ce que tout le Froment destiné à être semé soit échaulé. Quinze ou seize heures aprés remuez bien ce grain, & continuez de quatre en quatre heures jusqu'à ce qu'il soit bien sec, ce qui arrive en moins de quarante-cinq heures, parce que l'eau de chaux le desseche en peu de temps. Je sçay que cela se pratique de

puis quelques années en quelques lieux
de la Beauce & du Berry, mais je sçay
aussi qu'il y a plusieurs Climats où on
n'en a aucune connoissance.

Autre.

Prenez le plus gros & le plus meur de
vôtre Froment, faites-en un lit de l'é-
paisseur de deux bons poûces, arrosez-le
avec de l'eau claire, saupoudrez-le par-
dessus d'un peu d'Alun & d'un peu de
Chaux vive, le tout bien pulverisé. Ensuite
faites un autre lit de pareille épaisseur ;
arrosez-le aussi & le saupoudrez de cet
Alun & de cette Chaux vive pulverisez.
Continuez de même jusqu'à ce que vous
ayez échaulé tout ce qu'il vous faut de
Blé pour ensemencer vos terres. Levez
ce grain & le mettez dans un coin du
Grenier, & l'entassez bien pour le faire
tant soit peu suer. Et servez-vous-en
quand il sera temps de le semer. Cette
maniere d'échauler le Froment, fait, selon moy, un tres-bon effet.

SUER est un verbe qui signifie pousser au dehors par les pores, des humeurs ou des humiditez
attachées à la superficie des corps. La sueur du
Blé & du Foin, n'est autre chose qu'un reste d'humeur qui est au-dedans d'eux, & qui n'ayant pas

encore perdu son mouvement, acheve son action
en s'évaporant au-dehors. On dit que le Blé suë, à
cause que l'humeur qui sort de ce grain ne se fait
que par transpiration. On dit aussi qu'on fait suer
des Truffes, des Marrons & d'autres mets, lorsqu'
qu'après avoir boüilli, on les couvre bien pour faire
exhaler leur humidité.

Je ne suis pas d'avis que l'on se serve
pour ensemencer la terre, de Froment
qui ait été deux à trois mois dans la paille,
comme il y a des Laboureurs qui le laissent suer dans la grange avant de le battre. Au contraire, j'estime qu'aussi-tôt
que la recolte en aura été faite, il faut
battre les gerbes du plus meur & du plus
beau de ce grain. Aussi-tôt qu'il sera battu, on l'entassera au Grenier pour l'exciter à suer. Ce Froment sué au Grenier,
sera sans doute moins sujet à bruiner, a-
si, avant de le semer, on a le soin de le
faire échauler. Avant de sçavoir ce secret, je ne recueillois quasi tous les ans
que du Blé bruiné ou niélé, parce que
mon terroir est froid & humide; mais
depuis huit à neuf ans que je l'ay appris,
je n'en ay eu que de beau & bien clair.

PAILLE est le tuyau à l'extremité duquel est
l'Epi, qui renferme le Blé; & cette Paille dans l'A-
griculture, sert pour être mise en fumier, afin d'en
engraisser les terres. La Paille de Seigle est longue

n'fert pour lier les gerbes. Celle de Froment fert de fourrage aux Beſtiaux. Celle d'Orge n'eſt point propre, à ce qu'on dit, aux Chevaux & Vaches, à moins que l'on n'ait ſoin, avant de la leur donner, d'en ôter l'épi, la bale duquel entrant dans leurs dents, les empêche de manger. Cependant j'ay connu des Laboureurs qui n'ayant recueilli en 1709. ni Blez ni Avoines, mais ſeulement des Orges, n'ont donné à leurs Chevaux, Vaches & autres Beſtiaux, que de la Paille d'Orge, ſans en ôter l'épi. Par les Baux qu'on fait aux Fermiers, on les oblige de laiſſer en ſortant au jour de Touſſaints, les Pailles & les Pailliers dans les Métairies pour la nourriture des Beſtiaux. Les Laboureurs appellent menuës Pailles, la bale des grains. Cette bale eſt la pelicule qui environne le grain immediatement, qu'on en ſepare quand il eſt battu, par le moyen d'un Van ou d'un Crible. Ces menuës Pailles ſont tres-bonnes aux Beſtiaux.

Les Grains qu'il faut ſemer au Printemps, ſont l'Avoine, le Froment de Mars, l'Orge, le Mays, le Panis, le Millet, les Veſces, les Lentilles, les Pois, le Sarraſin, &c.

Les terres où on ſemera l'Avoine, ſeront recaſſées au mois de Decembre, afin de donner le temps à l'Etouble ou Chaume qu'on y aura enterré, de s'y conſommer. Cette façon fera meurir ces terres pendant l'Hiver, & les rendra meubles quand il faudra ſemer & enterrer ce grain.

RECASSER une terre, est un terme d'Agriculture, qui signifie luy donner un labour après
que le Blé en a été moissonné, soit pour y remettre
du même grain en Septembre ou en Octobre suivant, ou de l'Avoine, ou de l'Orge, ou tel autre
grain dans le temps de les semer. Ce mot de Ré-
casser se dit en Latin *rescindere*.

On donnera au 15. ou 18. Janvier, ou
au plus tard, au commencement de Fevrier, un second labour à ces terres, c'est-
à-dire quand elles feront un peu faines.
Au 20. ou 25. de ce dernier mois, il faudra, fans tarder davantage, enterrer l'A-
voine avec la Herfe & non avec la Charruë, parce que celle-ci fait perdre beaucoup de temps, qui est fi precieux, &
particulierement en cette faifon où l'on
travaille bien plus à la terre qu'en d'autre. L'Avoine est de tous les grains qu'on
feme aprés l'Hiver, celuy qui craint
moins le froid. Plus on en femera en Fevrier, plus la recolte en fera abondante,
pourvû que la terre ne foit pas trop humide avant de l'enterrer. Si elle l'étoit
trop, il fe perdroit plus de la moitié de
la femence. Plûtôt on femera ce grain,
moins il en faudra, parce qu'il aura plus
de temps de multiplier.

AVOINE est une efpece de grain qui fait partie
des petits Blez qu'on appelle Mars, parce que la

part des petits grains se sement d'ordinaire en ce mois. L'Avoine sert en France à nourrir les Chevaux. Ce Grain doit être bien criblé & épousseté avant de le leur donner à manger. Il faut surtout le bien flairer pour sçavoir s'il n'a point le goût de Rats ou le relent, parce qu'il dégoûte beaucoup les Chevaux.

Il survient quelquefois en Octobre ou en Novembre des temps si pluvieux, ou que les gelées surviennent de si bonne heure, qu'il y a des Laboureurs qui se trouvent pour lors dans l'impossibilité d'ensemencer en Blé toutes les terres qu'ils ont cultivées & amendées. Cet inconvenient n'arrive gueres qu'aux Paresseux. Ceux qui n'auront pu les ensemencer avant l'Hiver, y mettront au mois de Mars, aprés qu'elles auront eu un simple labour en Fevrier, une espece de Froment appellé Froment de Mars. Comme ce Grain est de la nature des autres Fromens, il ne le faut semer que dans une terre grasse & peu humide, & qui ait été bien cultivée & fumée ; on en fait d'ordinaire la recolte en Août. Tout ce qu'on peut trouver à redire en ce Froment de Mars, c'est que le temps de sa recolte est reculé jusqu'à celuy des Avoines, parce qu'il luy en faut autant pour le faire meurir. Ce Grain fait du

pain plus blanc & de plus belle pâtisse‐
rie que le Froment ordinaire. Il eſt fo
commun en Italie.

L'Orge eſt un grain des plus utiles to
des plus neceſſaires. Je conſeille à ceꞇ
qui ont beaucoup de terres à enſemen
cer, de n'y en mettre que dans la ving
cinquiéme partie au plus, parce qu
dégraiſſe extremement la terre. Cet
qui eſt forte-ſablonneuſe l'accommoc
bien. Comme l'Orge craint plus le fro
que l'Avoine, il faut attendre à le ſem
en Avril; mais auſſi il ne faut pas atte
dre plus tard, à cauſe qu'il n'auroit p
le temps de multiplier. Le Champ deſt
né à l'y ſemer, devra être bien labou
& amendé, ſi on veut qu'il y faſſe
belles productions.

CHAMP, terme d'Agriculture, eſt un eſpa
de terre plus ou moins grand qui eſt propre à ê
cultivé & enſemencé. Ce nom eſt ſynonime à terr
car les Laboureurs diſent indifferemment, J'ay a
jourd'huy enſemencé mon Champ ou ma Terre
ou bien, J'iray biner demain ce Champ ou ce
Terre : ou bien, Ce Champ eſt tout pierreux,
cette Terre eſt toute pierreuſe. Cambdenus dans
Deſcription de la Province de Cornouaille en A
gleterre, dit que les Laboureurs de ce Païs-là ſ
ſervent pour fertiliſer leurs Champs naturellemen
tres infertiles, d'Algue-marine & de Limon. Il a
ſure que par ce moyen ces Laboureurs recueillent d
Blé

...lez au-delà de tout ce qu'on peut imaginer.

ALGUE-MARINE est une herbe qui croît au ...ord de la Mer. Elle a divers noms suivant les ...ôtes. En Normandie on l'appelle *Varech*, en Bre...agne *Goefmond*, & en Poitou *Sar*. Les Medecins ...appellent *Phucus marinus*. Il y en a de large, de ...onguette, de rouge & de blanche. Elle croît feu...ement en la Mer, & eft mife au rang des herbes; ...nais le Phucus croît en Arbriffeau. Les Anciens ...n faifoient du fard pour les Dames. On ne cultive ...oint cette Plante dans les Jardins; on en voit beau...oup dans la Marne. Voyez l'Hiftoire des Plantes ...es environs de Paris, page 314.

Le temps le plus propre pour femer ...'Orge doit fe regler fur la qualité de la ...erre. On n'y devra mettre de la femence ...qu'à proportion de fa fertilité ou de fon ...nfertilité, & que la faifon eft plus ou ...noins avancée. Ce Grain demande que ...a terre foit bien meuble & bien faine ...vant de l'y épandre. Il veut auffi un ...emps fec & clair.

...'ORGE eft un des petits Grains qu'on feme d'or...inaire en Avril. La Plante de l'Orge a la feüille ...plus large que celle du Froment & plus rude. Son ...uyau eft plus court & plus frêle, quoy qu'il ait ...uit nœuds. Sa racine eft cheveluë. Son épi a une ...arbe longue & piquante pour fe défendre des Oi...eaux. Son grain a été choifi par les Geometres ...our fervir de fondement à toutes les mefures dont ...lle eft la plus petite. Il y a de l'Orge blanc, de ...'Orge rouge, & de plufieurs autres fortes fuivant

les lieux. On appelle ce Grain en quelques Païs
Marſeche. L'Orge eſt tres-dur à digerer , & ☙
tres-mauvais pour l'Eſtomac : on en met quelquol-
fois dans les ptiſannes nourriſſantes. On en fait ha
la Biere. On n'a jamais ſi bien connu de quelle u he
lité étoit l'Orge que quand preſque tous les BH
gelerent en Janvier & Fevrier 1709. car n'ayat i
plus alors aucune autre reſſource qu'en Dieu u i
qu'aux Orges , l'on en ſema , après avoir donol.
deux labours à la terre où ces Blez étoient geloz
une ſi grande quantité en Avril & May , auſſi-bi il
que du Millet , de l'Avoine , du Mays , du Sarraï n.
& d'autres petits grains , que l'on n'en pouvoit plo
eſperer davantage de la divine Bonté. Saint A ì.
guſtin auſſi grand Philoſophe que grand Theo bì
gien , a dit excellemment ſur le Miracle des ci ?
Pains d'Orge & de quelques petits Poiſſons do ì
JESUS-CHRIST raſſaſia ſur la Montagne ci ì
mille Perſonnes , qu'il eſt étonnant que les Hoì l.
mes en ſoient ſi fort frappez d'admiration , pç i
dant qu'on n'eſt point touché de ces œuvres ì i
comparablement plus merveilleuſes que Dieu f ì
tous les jours : comme ſont celles de ſa Providen ì
par leſquelles il gouverne le Monde , & preſid ì
toute la Nature. On n'en eſt pas ſurpris , ajoì ì
ce grand Saint , parce qu'on voit continuellemeì i
ces merveilles. C'eſt ainſi que perſonne n'appliì ì
ſon eſprit à ce treſor inépuiſable que Dieu a re i
fermé dans chaque grain de Blé. L'on s'étonne ì i
cinq mille Perſonnes ayent été nourries de ci ì
Pains d'Orge : c'eſt que l'on ne ſonge pas queì ì
vertu qui a multiplié ces cinq Pains d'Orge enì ì
les mains du Sauveur des Hommes , eſt la mêì ì
vertu par laquelle tous les ans quelques grains ì ì
mez dans la terre , rendent de ſi abondantes moì i
ſons. Ces cinq Pains étoient comme des ſemence ì ì

non pas à la verité dépofées dans la terre, mais entre les mains de celuy qui a fait la Terre, & qui l'a renduë enceinte de tous les fels, d'où les Grains tirent tous les ans le développement de leur fecondité.

Il y a une efpece de Grain qui eſt fort utile, qu'on appelle Mays, ou Blé d'Inde, ou Blé de Turquie. Je fuis furpris de ce qu'on cultive fi peu de Mays en ce Païs, étant d'un fi grand profit qu'il eſt, & n'exigeant pas plus de travaux que les autres grains. Il feroit à fouhaiter que les Gens de la Campagne fuffent pleinement convaincus de l'utilité qu'on en tire ; on pourroit dire que ce feroit une découverte qu'ils auroient faite contre les malheurs que pourroit caufer une difette de Blez telle qu'elle fût, puifqu'il eſt vray qu'où le Mays fe cultive, le Peuple ne fouffre pas, à beaucoup prés, de la faim comme les Païs où ce grain eſt negligé. Le Mays reduit en farine eſt propre pour faire du pain & de tres-belle pâtifferie. On en fait auffi de la pâte à engraiffer des Chapons. On cultive beaucoup de Mays en de certains lieux de la France, & particulierement en Breffe.

FARINE eſt du Blé & autres Grains reduits en poudre. On appelle folle Farine celle qui eſt

la plus fine, que le vent enleve & qui s'attache au
parois du Moulin. L'Histoire m'apprend qu'on
éleva autrefois des Statuës dans la Ville de Scolo
à l'honneur de Megarlate & de Mogalomase, pour
avoir été les Inventeurs de la Farine & du Pain,
& que l'usage de la Meule & du Moulin pour moudre les Grains, fut trouvé par Myletas fils de Mi-
leges premier Roy de Lacedemone, à ce que dit
Pausanias, quoy que Pline attribuë à Cerés l'Invention de tout ce qui regarde la Boulangerie. La
Farine vieille fait plus de profit que celle qui est
nouvellement mouluë. Pour avoir de bonne Farine, il faut choisir le Blé le plus sec & le plus meur
du Grenier. Pour la bien conserver, on la mettra
dans une Huche; & le lieu où on la posera devra
être fort sec. On aura soin de la bien fermer de
crainte qu'elle ne s'évente, & qu'il n'y tombe des
ordures. Il faudra de temps en temps la remuer
afin que l'air passant au travers, empêche qu'elle
ne s'attache l'une à l'autre, & qu'elle ne prenne un
mauvais goût. Il y a quelquefois des années si humides que le Blé germe dans l'épi, & qu'on est
obligé de le faire battre & vendre au plûtôt pour
le faire moudre & pour en faire du pain; car si ce
Blé n'est employé bien vîte, le feu s'y met si vive-
ment, que la chaleur seroit suffisante pour cuire
des œufs, de sorte qu'en mettant la main dans le
tas, on a peine à l'y tenir. Cela arrive assez souvent à la Farine, sur tout lorsque c'est du Blé
nouveau qui n'a pas ressué, car ses parties actives
sont dans un état violent, tout est en mouvement,
c'est ce qui fait que la pâte s'en tourmente au four,
& qu'elle a besoin d'un feu plus violent qu'à l'ordinaire: que le pain en est plus lourd, & que s'il
a meilleur goût, il est constamment vray qu'il
en a bien moins que si le Blé avoit plus d'âge.

Si on veut que le Mays faſſe de belles productions, il faut le ſemer dans une terre fort ſubſtantielle, à laquelle on aura donné deux profonds labours, dont le premier devra être fait au 10. ou 12. Fevrier., & le ſecond trois ſemaines aprés. Il ne faut pas que la terre ſoit toute unie quand ce grain en ſera couvert, ni auſſi y faire des ſillons trop étroits, mais ils doivent être de la largeur de quatre pieds & demi. Comme ce Grain craint beaucoup les gelées blanches, il ne le faut ſemer qu'au commencement d'Avril. Avant de le ſemer, il faut mettre dans la terre du fumier qui luy convienne, quoy qu'elle ait beaucoup de ſubſtance, car toute terre, quelque bonne & ſpiritueuſe qu'elle ſoit, ſe décharge toûjours de ce qu'elle a de plus ſubtile, à meſure qu'elle nourrit les plantes étrangeres ; & ſi par le ſecours des amendemens on ne rétablit de temps à autre ſa force & ſa vigueur, il eſt dangereux que ce qui y eſt ſemé n'y languiſſe. Pour aider au Mays à germer & à ſortir de terre en peu de jours, il faut le mettre tremper dans de l'eau claire pendant quinze ou ſeize heures. Si la terre eſt un peu humide & le temps un peu doux quand on ſemera ce grain, il levera dans quatre ou cinq

jours. Pour femer comme il faut le Mays
on fe fert d'un petit pieu éguifé, avec
lequel on fait des trous fur le fillon à droite ligne, à la diftance les uns des autres
de quatre à cinq poûces ; ou bien on le
femera fur planche dans des rayons tirez
au cordeau, & on le couvrira auffi-tôt
de terre. Si ce Grain étoit trop épais en
levant, il faudroit l'éclaircir ; la raifon eft
que s'il y avoit un trop grand nombre
d'épis, les grains ne feroient que fort
menus. Pour que l'Epi foit gros & ait
bien du grain, il faut donner à la fin de
May un petit labour avec la Serfoüette,
& arracher les méchantes herbes qui
croiffent au pied de chaque plant, lefquelles dérobent à la terre une bonne
partie de fes fels. Le Mays eft ordinairement meur au commencement de Septembre. Les Vaches & les Moutons en
mangent fort bien pendant l'Hiver la
paille.

MAYS eft une Plante dont le fruit vient en
gros bouton & en des lieux où le Froment ne peut
produire. Les Américains ne vivent quafi que de
pain fait avec du Mays. En beaucoup de lieux on
appelle ce Grain Blé d'Inde ou Blé de Turquie.
Il y en a de plufieurs fortes par la couleur de leurs
épis. Il y en a de blancs, de bleus, de rouges & de
prefque noirs, de pourprez & de bigarrez de plu-

sieurs couleurs, le tout par l'écorce, car la farine
en est toûjours jaunâtre. Le grain en est fort dur.
Le Mays a, selon un Moderne, quatre qualitez
tempérées, & est de grande nourriture. Il dit que
les Sauvages qui en usent, ne sont point travaillez
d'obstruction, & n'ont jamais mauvaise couleur ;
que c'est leur meilleur remede contre les maladies
aiguës, & qu'on en donne à toutes sortes de Malades au lieu de ptisanne.

Ceux qui ont des terres grasses & seches, devroient semer dans quelques
pieces, de la Graine de Panis. Lorsque
la terre aura été bien cultivée, amendée
& ameublie, on l'y semera comme on
fait le Blé. Pour n'en pas mettre une trop
grande quantité, il n'y a qu'à la mêler
avec de la cendre qu'on met à moitié,
& qu'on remuë bien ensemble. Comme
cette Graine craint beaucoup le froid,
il ne la faut semer qu'au commencement d'Avril.

PANIS est une Plante qui est mise au rang
des Blez. On fait avec le grain qu'elle produit, du
pain en la même sorte que du Millet. Elle ressemble en chaume, feüiles & racines, à la plante du
Millet ; mais sa chevelure est toute autre, car elle
est de la longueur d'un pied, non éparse deçà ni
delà, mais entassée & fournie de grappes fort épaisses, ayant force velus, tantôt blancs, tantôt rouges & tantôt jaunes. Il y a aussi du Panis sauvage
qui n'est pas bon à manger. Il y a encore un Panis

des Indes, qui entre en la composition du Choco
late qui est décrit amplement par Dodonné & p
Dalechamp dans le grand Herbier, & par Lob
& par Pena dans leurs Observations. La Grai
de Panis demande qu'on la fasse semer dans u
terre fort substantielle.

On moissonne & on bat le Panis com
me on fait les autres grains. Le Pai
qu'on en fait est assez nourrissant. On e
fait aussi des Gâteaux & des Tourtes
ainsi que le Ris & le Mays ; & pour s'e
servir, on le pile sous une meule de pier
re, semblable à celles dont se servent le
Huiliers pour écacher leurs Noix avan
que de les pressoirer. Voila les precau
tions que l'Homme devroit prendre pou
avoir de toutes sortes de grains en abon
dance propres pour sa nourriture ; & s'i
en manque quelquefois, il ne peut e
attribuer la disette qu'à une nonchalan
ce qui est tres-condamnable : aussi n
faut-il pas s'étonner si bien souvent il n
recueille pas suffisamment de quoy s
substenter pendant toute l'année, dan
des Climats même où le Terroir luy
donneroit assez de choses pour cela
s'il s'adonnoit à le bien cultiver.

R I S est une Plante qui a la feuille semblable
celles des Porreaux, des Cannes & des Roseaux
Soi

on tuyau eſt de la hauteur d'une coudée, & eſt
lus gros que celuy de Froment : il a plus de
œuds. Son épi ſe jette deça & delà en petits
ameaux ; & ſon grain a ſa gouſſe âpre, jaune &
annelée par petites côtes, ayant la figure d'un
œuf. On mange ce grain boüilli avec de l'eau
: du lait. On fait une eſpece de Boüillie avec du
is battu ou du Ris en grain. Les Peuples du Nord
mangent leurs Poules & les autres Viandes avec
u Ris & du Safran. Les Indiens ne vivent que
: Ris cuit dans de l'eau. La boiſſon ordinaire des
hinois eſt le Vin de Ris, qui eſt d'un blanc
ui tire ſur la couleur d'ambre, & d'un goût
auſſi bon que le Vin d'Eſpagne. Le Ris ne peut
enir que dans des terres humides & baignées
l'eau. Le grain que produit cette Plante eſt une
eſpece de Froment, qui n'eſt blanc que quand il
ſt mondé, c'eſt-à-dire, purgé de ſa petite peau qui
n fait le ſon. On n'en éleve point en France.
e Ris eſt adouciſſant, arrête le cours de ventre,
augmente la ſemence, arrête le crachement de
ang, & convient aux Etiques & aux Phitiques ;
il eſt venteux & peſe ſur l'eſtomac. L'Hiſtoire
m'apprend que ſous le Regne d'Yvo premier Em-
ereur de la Chine de la premiere Famille Royale
appellée Hiaa, un nommé Illiu inventa un breu-
age compoſé avec du Ris, lequel donna beaucoup
e chagrin à cet Empereur. Que ce Prince n'en
ut pas ſi-tôt goûté, qu'il dit avec douleur, que
cette boiſſon cauſeroit de grands maux dans ſon
impire, & qu'il prevoyoit que ſes Deſcendans
ſeroient dépoüillez de la Couronne par l'uſage ex-
ceſſif de cette dangereuſe Liqueur. Que cette pre-
diction fut accomplie dans ces deux chefs, & que
celuy qui inventa ce breuvage fut banni du Royaume à perpetuité ; qu'on défendit même ſous de

grosses peines d'en composer pendant la vie d'
l'Empereur ; mais qu'Illiu en laissa le secret dans
le Royaume, & que les Chinois l'ont si bien conservé, qu'ils en font encore aujourd'huy les dé-
lices de leurs repas. On voit par cet exemple
qu'il est plus aisé de châtier les Auteurs du Luxe
& de la Friandise, que d'en retrancher le cours &
l'habitude.

La terre destinée pour y semer du Millet, doit être bien cultivée & amendée
parce que ce grain absorbe beaucoup d
sels, & rend consequemment la terre
où il est mis, tout-à-fait épuisée de s
substance, tant par la quantité de ses racines, que par celles des méchantes herbes qui croissent en abondance. Il n
faut semer ce grain qu'avec trois doigts
si on veut qu'il fasse de belles productions. Une terre grasse & un peu humide de luy convient bien.

MILLET est le plus petit de tous les Grains
La Plante qui le produit a des feüilles semblables
à celles des Cannes & des Roseaux. Son étouble
ou chaume est de la hauteur de seize à dix-sept
poûces, gros, cotonneux & noüeux : elle jette ses
épis & chevelures deçà & delà, qui panchent de
la cime. Le Millet est rond, ferme, jaune, &
revêtu d'une gousse bien mince. Pour bien élever de petits Poulets & de petits Oiseaux, il faut
leur donner du Millet à manger. On peut faire
du Pain de ce grain, qui est excellent, pourvû
qu'il soit mangé tout chaud. Le Millet sert po

..oucir & pour détruire les âcretez de la Poi-
..ine.

Je conseille aux Laboureurs de semer
..us les ans dans une petite piece de
..rre, de la Vesce, n'y ayant gueres de
..eilleure nourriture pour les Chevaux,
..œufs, Vaches & Moutons, que le four-
..ge de la Plante que produit ce grain,
..it que ce fourrage soit fraîchement
..uché, soit qu'il soit bien fané pour leur
..n donner pendant l'Hiver. C'est par le
..oyen de cet aliment que les Bœufs &
..s Moutons se maintiennent en bon état,
..t que les Vaches ont du lait en abon-
..ance. Le Grain que produit cette
..lante, est fort propre à nourrir les
..igeons.

FOURRAGE est un terme d'Agriculture, qui
..gnifie paille ou herbe seche qui sert à la nourri-
..re des Chevaux, Bœufs, Vaches & autres Bes-
..aux. Les Fourrages sont Pailles de Blé, C..sses
.. Pois, Vesces & Lentilles : ce sont aussi des
..erbes de Pré, de Sainfoin, de Luzerne, bien
..nées & sechées au Soleil.

La Vesce veut être semée dans une
..rre bien grasse & bien ameublie. On
..oit donner le premier labour à cette
..rre dés le mois de Decembre, pour la
..ire mieux meurir. Le second au 15.

ou 20. Fevrier fuivant. Il ne faut poinr
femer la Vefce que par un temps fe
& couvert, ou bien trois heures aprée
le lever du Soleil, parce que la rofée
corrompt aifément cette femence.

VESCE eft une Plante feüillüe fe trai-
nant fur la terre, ayant plufieurs tiges & r;
meaux qui s'entrelacent & qui jettent de petite;
feüilles longuettes, étroites, & moindres qu
celles de la Lentille, dont plufieurs font atta
chées à une petite queuë. Sa fleur eft petite &;
tirant fur le rouge, & quelquefois blanche. S<
Gouffes reffemblent à celles des Pois ronds, e;
cepté qu'elles font plus courtes & plus grêles!
dans lefquelles le grain qui eft prefque rond, e
contenu. Il y a deux efpeces de Vefce, l'une e;
blanche, l'autre rouffe.

GOUSSE eft un terme de Jardinage; car o
dit voila des Pois & de la Vefce qui ont quantir
de Gouffes, & ces Gouffes font ces Fruits, q
font compofez de deux coffes plates & convexe;
qui étant appliquées l'une fur l'autre, & collé;
par les bords, laiffent entre elles un intervalle o ;
cupé par les femences.

Il y a quelquefois des années fi feche;
que quoyque la Vefce foit bien levée ;
foit même un peu forte, demeure qua;
au même état, & ne peut plus pouff;
à caufe de la fechereffe; car pour que
Vefce faffe de belles productions, il lu
faut tous les dix ou douze jours de l'ea

n abondance, particulierement quand
lle est dans une terre un peu sablon-
eufe ; & le plus souvent faute d'eau elle
erit, ou du moins on n'y recueille que
e tiers ou la moitié de la semence. J'es-
ime que pour en avoir toûjours au be-
oin, il faut en garder pour trois ou
quatre ans ; car la Vesce est aussi bonne
à semer quand elle a cinq ou six ans,
que celle de la derniere recolte, si on a
été bien soigneux de la faire remuer de
emps à autre. Il n'en est pas de même
des Blez ; car il n'y a que ceux qui sont
nouveaux & ceux de deux ans, qui soient
propres à jetter en terre, & qui puissent
dans la generation produire un effet dont
la Nature a frustré les autres.

Un moyen sûr pour avoir quantité de
Lentilles, c'est de les semer dans un fond
mediocre. Si on les semoit dans un fort
substantiel, elles n'y produiroient que tres-
peu de gousses, & si sur tout lors de leur
fleur il tomboit beaucoup de pluye froide,
ce qui les empêche de noüer. Avant de
semer les Lentilles, il faut absolument
donner deux labours à la terre : & quand
elles seront semées, on les couvrira de
terre avec la Herse. Pour qu'elles fassent
de belles productions & qu'elles levent
aisément, il n'y a qu'à les mêler pendant

quatre ou cinq jours avec du fumier f[e]
de Vache.

LENTILLE est un Legume rond & applati, qui[]
la feüille un peu moindre que celle de la Vefce, [e]
fa fleur prefque de même. Ce Legume jette de petit[es]
gouffes ferrées & plates , dans chacune defquell[es]
il y a trois ou quatre Lentilles. On mange po[ur]
l'ordinaire les Lentilles dans le Carême ; elles re[]
ferrent & appaifent le trop grand mouvement d[es]
humeurs. La décoction de Lentilles lâche [le]
ventre. Voyez le Traité des Alimens de M. Lem[e]
ry , page 100.

Pour avoir des petits Pois en abonda[n]-
ce, il les faut femer dans une terre gra[ffe]
& un peu feche, à laquelle on aura do[n]-
né un premier labour en Decembre , [&]
le fecond au commencement de Fevrie[r]
& où on aura mis des fumiers de Mou[]
ton , de Vache & de Pourceau confon[]
mez enfemble. On les y femera au [8]
ou au 10. Mars. S'il ne tombe point [de]
pluyes froides dans le temps de leur fleu[r]
ils auront quantité de gouffes. Ceux q[ui]
n'auront qu'un petit efpace de terre fem[é]
de Pois , les rameront , s'ils veulent e[n]
avoir beaucoup plus. A mefure qu'i[ls]
croiffent , ils s'attachent aux rames q[ui]
leur aident à monter , & qui les fo[u]
tiennent jufqu'à ce qu'ils foient meurs. []

Auparavant que de femer le Sarrafi[n]

il faut bien cultiver & amender la terre qui luy eſt deſtinée, & qu'elle ſoit miſe en petits ſillons & non à uni quand on aura recouvert ce grain, à cauſe qu'il apprehende beaucoup les groſſes pluyes. Ceux qui ont des terres maigres devront y en ſemer.

M A I G R E ſe dit, en terme d'Agriculture, des Païs & des Terres. La plûpart des terres de la Sologne ſont maigres & ſteriles. Le Gâtinois eſt un Païs maigre ; les os luy percent la peau, c'eſt-à-dire qu'il y a beaucoup de roches. Les Landes de Bourdeaux, qui ſont des terres vaines, vagues & maigres, & mal propres au labour, ne produi-ſent quaſi que des Genêts, Bruyeres & Broſſailles. Si on veut que des terres maigres rendent quel-que profit, il faut y faire tranſporter ou de bon fumier, ou des curures de Mares ou de Foſſez bien hivernées, ou de la Marne, ou des terres neuves. J'eſtime que ce mot de Maigre eſt bien inventé par rapport aux terres, qui étant épuiſées de ſub-ſtance, deviennent toutes à rien ; ce qui fait qu'on dit *Terra macra*, une terre maigre.

On ſeme le Sarraſin en quelques Païs en May, & on en fait le recolte depuis le 20. Octobre juſqu'au 12. Novembre, qui eſt le temps de ſa maturité. Et en quelques autres on ſeme ce grain en Avril, pour en faire la moiſſon depuis le 20. d'Août juſqu'au 15. Septembre. Pour moy j'eſtime qu'il faut le ſemer en May, parce que quand ce grain eſt tout formé, il apprehende beaucoup les groffes chaleurs & les éclairs, lefquelles brûlent & la paille & le grain. Quand la farine de Sarrafin eft mêlée avec celle du Meteil ou du Seigle, on en fait d'affez bon Pain; mais quand on fait ce Pain avec la feule farine de Sarrafin, il eft fort noir & fort amer. Ce grain eft tres-bon pour nourrir les Pigeons, la Volaille & les Pourceaux. Le fourrage que produit la Plante du Sarrafin, eft fort bon pour nourrir les Vaches.

SARRASIN, autrement dit Blé noir, eft un grain qu'on pretend être venu d'Afrique. La Plante qui le produit, a d'abord la feüille ronde, & prend enfuite la forme de celle du Liere, excepté qu'elle eft un peu plus pointuë & plus molle. Son tuyau eft frêle, rond, vuide & feüillu, d'où il fort une petite fleur blanche grappeufe, laquelle rend une graine de forme triangulaire, ayant la moelle de dedans blanche & l'écorce de deffus noire. Le Sarrafin vient affez bien dans les mauvaifes terres, & à travers les cailloux les plus épais.

Quand le mois de Mars a été trop humide, ou qu'il eft tombé beaucoup de pluyes en May, il ne manque pas de le ver dans les terres quantité de méchantes herbes, qui abforbent la plus grande partie de leurs fels & de leur fubftance. Quand ces herbes feront un peu fortes

l faudra absolument les arracher, si on
veut faire une recolte abondante de Blez
& d'autres Grains. Ces herbes sont tres-
bonnes pour la nourriture des Bestiaux,
soit qu'on leur donne en verd, soit qu'elles soient seches.

HERBE est un Etre de Nature, qui du moment qu'il commence à germer, pousse de sa racine des feüilles, dont la figure est conforme à
son espece. La terre pousse naturellement des
Herbes en petits brins verds, tendres & menus,
& par fois en feüilles, sans qu'on ait semé aucunes
graines. Il y a des Herbes Medecinales, & il y a
des Herbes Potageres. De ces premieres, il y en
a qu'on appelle Vulneraires, dont les plus excellentes sont la Sanicle, la Veronique, la Bugle,
le Scordion, la Pirole, l'Angelique, le Pied-de-
Lion, la Verge-d'or, la Pervanche, l'Aigremoi-
ne, l'Hypericon & le Camedris. M. Helvetius
en son Traité des Maladies les plus frequentes,
& des Remedes specifiques pour les guerir, dit
que ces Herbes Vulneraires sont universellement
bonnes & d'une utilité tres-grande, contre les
Maladies causées par l'alteration & par la corruption du Sang, qu'elles rétablissent dans son état
naturel. Qu'on les donne avec succés dans toutes
les Hemorragies, & lorsqu'il s'agit de consolider
les Vaisseaux rompus. Qu'elles servent encore à
dissoudre le Sang extravasé & coagulé dans la
Tête & dans tout le Corps, par des chûtes &
par des coups, & même par de grands efforts;
& qu'elles ne sont pas moins efficaces dans les
Abcés, dans les Fistules & dans les Playes recentes
& inveterées, tant internes qu'externes. Qu'on en

fait uſer aux Poulmoniques, & à ceux qui ſo
attaquez de Fiévres lentes. Que ces Herbes ſo
d'un excellent uſage contre la Dyſenterie & da
les Cours de Ventre opiniâtres, entretenus par d
Ulceres dans les Inteſtins. Qu'elles ſoulagent l
Paralytiques, les Goutteux, & ceux qui ſont ſ
jets à la Gravelle. Qu'elles ſont d'une grande u
lité dans les Hydropiſies du Foye & de la Ratt
Qu'ellent fortifient l'Eſtomac, facilitent la d
geſtion, & font ceſſer les dégoûts. Que cen
même qui jouïſſent d'une ſanté parfaite, peuve
en uſer pour ſe la conſerver; & qu'ils n'en de
vent jamais craindre aucun mauvais effet, car c
Plantes ſont toutes balſamiques, & n'ont aucu
qualité nuiſible. Qu'elles croiſſent en differens Pai
mais que les meilleures ſe cueillent en Suiſſe ſur
Montagne de Dole prés de Geneve. Le Jardini
Botaniſte compte juſqu'à vingt-neuf ſortes d'Herb
Vulneraires.

Il y a dans la plûpart des Granges
des Greniers, de petits Inſectes appe
lez Charanſons, qui s'engendrent &
nourriſſent dans les grains de Blé, do
ils mangent preſque toute la farine. C
Charanſons multiplient beaucoup, & po
tent un grand prejudice aux gerbes d
Blé entaſſées dans la Grange. Voici qua
tre moyens aiſez à pratiquer pour l
détruire.

Le premier eſt, de faire coucher, u
mois ou ſix ſemaines avant la recolte d
Blez, les Moutons dans la Grange. L'o

deur qui s'exhale continuellement du Corps de ces Animaux, ne plaisant pas aux Charansons, les oblige à sortir de cette Grange. Le second est, de laisser huit ou dix gerbes de Blé Seigle, aprés que toutes les autres auront été battuës, dans la Grange pendant neuf à dix jours sans les battre, pour donner le temps à ces Insectes de s'y fourrer ; aprés quoy on sortira ce petit nombre de gerbes de cette Grange, & on le fera brûler dans un lieu écarté. Le troisiéme, pour se défaire des Charansons qui sont dans les Greniers, est de frotter avec de l'Ail, de quart en quart d'heure, la péle avec laquelle on remuëra le Blé. Comme ces Insectes haïssent le goût d'Ail, ils s'en vont d'un autre côté chercher leur nourriture. Et le quatriéme, est de prendre de la Saumûre & de l'Ail, de chacun une quantité raisonnable, & les faire boüillir ensemble pendant trois heures. Aprés quoy on en arrosera la Grange & Grenier.

A I L est un Plante de la nature de l'Oignon, qui a une odeur tres-forte. Il y a un Ail de Jardin & un Ail d'Egypte : ce dernier n'a qu'une seule tête comme le Porreau, qui est douce, petite, & tirant sur le pourpre. Matthiole l'appelle Ail mâle. Celuy qui croît dans nos Jardins est

gros & blanc, & a pluſieurs côtes & noyaux; il
y a un Ail ſauvage, qu'on appelle Serpentii
qui croît par-tout : il n'a qu'une tête ſans côtes
& eſt beaucoup moindre que l'Ail domeſtique
toutefois il luy reſſemble en goût & en odeur ; ſ
feüilles ſont plus étroites & ſa tige eſt plus grêl
à la cime de laquelle il jette une fleur incarnate
d'où ſort une graine noire. L'Ail ſe multiplie ι
ſes Cayeux en Mars, & ſe releve en Septembr.
On le doit planter dans un terroir gras & bi
cultivé. Galien dans ſon ſecond Livre, dit que l
Aulx deſopilent les obſtructions. L'Ail eſt un ſo
verain remede contre les morſures venimeuſe
Voyez Dioſcoride Livre 2. Chapitre 146.

Le Grenier dans lequel on tranſport
les Blez & les autres grains, eſt une de
choſes qui merite le plus d'attention, ε
il faut, autant qu'il eſt poſſible, ſuivr
le conſeil de Vitruve, qui veut que no:
ſeulement on choiſiſſe l'endroit le plu
élevé de la Maiſon, mais encore qu
l'on place les ouvertures au Septentrio:
ou à l'Orient, afin que les Grains n
ſoient pas expoſez aux vents chauds o
humides, qui les feroient gâter. Le
vents contraires leur ſont tres-neceſſai
res : ils eſſorent, rafraîchiſſent & con
ſervent la ſechereſſe. Il doit y avoir a
haut des Greniers, des ſoupiraux pou
donner entrée à l'air, & laiſſer ſortir l
vapeur chaude qui s'exhale du Blé. C'eſ
pourquoy les Greniers ne doivent poir

tre lambriſſez, & ils ne ſçauroient être
trop élevez, afin qu'au travers des joints
es tuiles, la vapeur puiſſe aiſément s'é-
aporer ſans échauffer l'air. Il faut avoir
rand ſoin de faire fermer les fenêtres
quand elles ſont expoſées au Midi, pen-
ant le temps humide, la pluye & les vents
hauds. Il ne faut pas auſſi oublier de
aire une eſpece de clôture aux fenêtres,
oit avec un treillis de fer, ſoit avec des
attes, ou avec autre choſe, pour mettre
es grains à couvert du degât qu'en font
es Chats, les Foüines, les Oiſeaux &
es autres Animaux. Tous les lieux élevez
d'un grand Corps de logis, ne ſont pas
également bons pour ſervir de Greniers.
Il ne faut point placer le Blé au deſſus
des Celliers & autres endroits humides,
parce qu'il y acquiert un goût de relent
& une ſenteur méchante. Sur tout que
l'on évite de mettre les grains au-deſſus
des Etables & des Ecuries, où ils ne
manqueroient pas d'acquerir un goût infiniment plus mauvais & plus deſagrea-
ble; ils y ſont preſque toûjours gourds,
& ſe tiennent les uns aux autres.

Ce n'eſt pas aſſez d'avoir fait la recolte
du Blé & de l'avoir fait battre dans la
Grange, il faut trouver les moyens de
le conſerver dans le Grenier. Comme

ce grain eft fujet à fe corrompre, il n[
faut point l'y porter qu'il ne foit, s'il e[
poffible, bien fec ; car de cette corrup[
tion naiffent des Charanfons, des Cou[
fons qui le détruifent entierement. Pou[
empêcher qu'il ne fe gâte, il faut detemp[
en temps le remuer ; ce qui fe fait en l[
paffant à la péle, c'eft-à-dire, des Hom[
mes forts & vigoureux le paffent péle[
rée à pelerée d'une place du Grenier [
l'autre ; ce qu'ils font en jettant ce Bl[
un peu haut en l'air, en donnant un[
petite écouffe & un mouvement horifon[
tal à la queuë de la péle, afin que l[
grain s'éparpille & fe fepare, de fort[
qu'il ne retombe point en maffe, mai[
par grains feparez comme une efpece d[
grêle. Toute fimple que paroiffe cett[
manœuvre, elle eft cependant neceffaire[
pour que la pouffiere s'en échappe, &
que le grain foit fuffifamment frappé d[
l'air qui l'effore & le feche encore da-[
vantage ; car par cette mechanique l'ai[
abforbe ce qui a pu tranfpirer du grain[
& en refferrant fes pores, modere &
tempere l'action des parties fubtiles &[
actives, lefquelles quand elles ne s'échap[
pent que peu à peu, ne caufent aucun[
defordre, de forte que quand elles font[
entierement forties, elles laiffent le grain[

ns un état de sûreté. Quelque sec que
t le Blé & le mieux conditionné serré
ans le Grenier, il ne laisseroit pas de
chauffer s'il est negligé la premiere
née, sur tout les premiers six mois.
our prevenir cet inconvenient, il faut
oir soin de le remuer d'abord de quin-
e en quinze jours, ou simplement de le
ibler tous les mois. Ce soin qu'on se
onne aprés ce grain, le nettoye de la
oussiere à laquelle il est sujet ; & fait
n sorte par ce moyen qu'il n'acquiert
ucune mauvaise odeur.

Il y a des Laboureurs qui mêlent du
Millet parmi leur Blé, pour empêcher
u'il ne se gâte : & la raison qu'ils
onnent de l'effet que produit ce Millet
ans ce Blé, est à cause de sa froideur
aturelle, qui empêche que ce grain en-
assé ne s'échauffe & ne se corrompe,
equel Millet & plusieurs graines qui
aissent parmi le Blé, ils en separent avec
n Crible avant de le transporter au
Marché.

Pour détruire les Insectes qui gâtent
e Blé au Grenier, il faut prendre de la
Saumûre de Porc, en faire un cercle de
quatre doigts de large autour du monceau de Blé qui sera attaqué de ces Insectes. Peu de temps aprés on les verra

bien-tôt y courir comme à un appas q[ ]
les attire. Quand il y en aura un tres[ ]
grand nombre, il fera aifé de les fai[ ]
perir.

CHAPITRE VI.

De la maniere d'élever, planter, tail[ ]
ler, lier, amender, labourer, mu[ ]
tiplier, ébourgeonner, accoler, r[ ]
lever & rueller la Vigne : où o[ ]
apprendra un beau fecret pour em[ ]
pêcher que cette Plante ne gele a[ ]
Printemps, & qu'il n'y croiffe d[ ]
méchantes herbes. A la fin de c[ ]
Chapitre il y a la maniere de fa[ ]
çonner les Vins & le Cidre, & d[ ]
faire des Rapez.

LA Vigne eft une Plante qui croît e[ ]
Arbriffeau, que l'on éleve quelque[ ]
fois à haute & à demi-tige; on fait l[ ]
Vin avec le jus exprimé de fon fruit. I[ ]
y a plufieurs fortes de Vignes qui don[ ]
nent des Raifins differens. Il eft conftan[ ]
que la terre ne produit & ne nourrit au[ ]
cune Plante qui foit plus fujete à tan[ ]
d'accidens

'accidens, & qui foit plus fouvent af-
igée que cette Vigne, tant par la ge-
e, la grêle & la coulure, que par les
oux-vents & par les temps trop humi-
es ou trop fecs, fans compter tant d'au-
es accidens qui luy furviennent à cha-
ue moment. Mais auffi j'ofe affurer
u'il n'y a fur la Terre aucune Plante
ui fût plus heureufe que cette Vigne
ans fes productions, fi les fouhaits des
Hommes la pouvoient garentir du mau-
ais temps qui furvient prefque tous les
ois de l'année. Un moyen fûr pour la
ire réuffir fans ces accidens, c'eft de la
iller, cultiver & amender comme il
ut, & de luy donner toutes les autres
çons dont elle a befoin, fans quoy elle
e peut faire de belles productions. La
ertu du jus exprimé du fruit de cette
lante n'a été connuë à l'Homme qu'a-
rés le Deluge univerfel, & c'eft le Pa-
riarche Noé qui en a été le premier
leinement inftruit, & qui a appris à fes
Defcendans de quelle maniere il falloit
lanter & cultiver la Vigne. Voici com-
e l'Ecriture en parle. Quand Noé fut
orti de l'Arche dans laquelle il avoit été
nfermé un an entier fuivant le comman-
ement de Dieu, avec fa Femme, fes En-
ans & plufieurs Animaux, pendant le-

quel temps dura le Deluge universel,
s'exerça à planter & à cultiver la Vig
mais quand il eut bû du jus exprimé
son fruit, dont il ne connoissoit pas
core la vertu, il s'enyvra. Pendant
temps de l'yvresse, il se trouva par h
zard découvert d'une maniere indécer
& contraire à la pudeur. Cham le sec
de ses Fils, fut le premier qui s'apper
de l'indécence de son Pere; & au lieu
faire alors ce que la pieté d'un sage
luy devoit inspirer, il prit au contra
ce qu'il voyoit pour un sujet de railles
Il ne se contenta pas de se rire ainsi l
même de son Pere, il voulut encore c
ses Freres fussent en même temps
compagnons de sa joye & les compli
de son crime. Il alla promtement l
dire ce qu'il avoit vû. Mais Sem & J
phet ne pouvant souffrir ce mépris
jurieux que Cham faisoit à leur Pe
prirent un Manteau sur leurs épaules,
marchant à reculons, ils couvrirent
que l'honnêteté ne permet pas de v
Noé sçachant à son réveil ce qui s'é
passé, condamna l'action de Cham,
maudit sur l'heure son Fils Chanaan.
predit qu'il seroit éternellement le ser
teur des serviteurs de ses Freres; & il l
nit au contraire Sem & Japhet, leur p

mettant une longue & heureuse Posterité dans la suite de tous les âges.

Salomon dit que le Vin a été creé pour fortifier & pour réjoüir le Cœur de l'Homme, & non pour éteindre sa Raison & pour affoiblir son Esprit ; & que le Vin pris moderément, est la force de l'Entendement, la joye du Cœur & la santé du Corps. Les Sages usent du Vin sans difficulté, estimant que si cette Liqueur cause des effets vicieux, ce n'est pas sa faute, mais celle des Personnes qui la boivent avec excés. Il est constant que la grande quantité de Vin & de Viande rend plûtôt les Hommes pesans qu'ingenieux, parce que ne se digerant pas bien dans un Estomac qui n'a pas assez de levain pour les faire fermenter, elle ne fait qu'un sang grossier, & mal propre par consequent à le spiritualiser. Si le Vin moderément pris est profitable pour les fonctions du Corps, il cause aussi de fâcheuses suites lorsqu'on en use avec excés : car les parties spiritueuses de cette Liqueur étant montées abondamment dans le Cerveau, elles y circulent avec tant de vîtesse, qu'elles en troublent toute l'œconomie ; c'est en ce temps-là que les Objets paroissent doubles, & que les Murailles du lieu où l'on

est semblent avoir changé leur assiette
ordinaire. J'estime qu'il faut mettre le
tiers d'eau dans le Vin avant de le boire.
On peut le boire pur quand on s'est
échauffé à faire quelque chose de peni-
ble, pour provoquer la sueur. On peut
encore le boire pur à la fin du repas, pour
aider à la digestion des viandes & des
fruits crus. Le sentiment d'un grand Po-
litique est qu'une veritable maxime d'E-
tat ne doit point laisser devenir le Vin
trop commun dans un Royaume. Que
si on a trop fait planter de Vignes, il
estime qu'il en faut arracher le superflu,
car le Vin est la source des plus grands
maux parmi les Peuples ; il cause les maladies, les querelles, les seditions, l'oisi-
veté, le dégoût du travail, le desordre
des Familles, & même bien souvent la
perte de l'Ame. Il dit que cette Liqueur
doit être conservée comme une espece de
Remede, ou comme un Jus fort rare,
étant une chose excellente pour la santé
de l'Homme, pourvû qu'il en use avec
moderation. Le Vin nommé par le docte
Duret, le plus beau present que le Ciel
ait fait à la Terre, a été défendu aux
Lacedemoniens, & du depuis Mahomet
l'a aussi défendu à ses Sectateurs. Quand
le Vin a été bû, dit un Moderne, il se

ait dans le Corps une separation de ses
esprits à peu prés semblable à celle que
les Chimistes font par la distillation : car
la chaleur des entrailles l'échauffant, elle
en détache les parties spiritueuses ; & ces
esprits s'épandant de tous côtez par les
pores, une partie se mêle dans le sang
& le rarefie, d'où vient que le Vin réjoüit le Cœur, & qu'il donne des forces
à tout le Corps. Mais comme les esprits
tendent toûjours à s'exalter, la plus grande partie monte au cerveau, où elle augmente un peu le mouvement, & cause
une gayeté capable de faire naître plusieurs belles pensées. Le Vin est, selon
moy, plus vif que le Cidre, parce qu'au
lieu que les Poires & les Pommes naif-
sent d'ordinaire dans un fond gras & humide, d'où le Soleil éleve plus de phlegme que d'esprits & de sels volatils, le
Raisin se forme presque toûjours ou sur
les Montagnes ou en d'autres lieux secs
& maigres, comme sur les Côteaux, d'où
il ne s'éleve que peu ou point de phlegme
qui noye les esprits dans les autres fruits.
La difference même qu'on remarque entre le Vin qui se recueille dans un terroir gras & humide, & celuy qui sort
d'une terre seche & fort exposée au Soleil, est une preuve de cette verité. Mais

parce que le Vin le plus foible eft plus
fort que le Cidre fait dans le même lieu,
il faut que la difpofition des Plantes qui
produifent ces deux differentes Liqueurs,
contribuë beaucoup à leur difference, &
que les conduits par où la féve de la
Vigne monte, foient tellement étroits,
qu'ils ne laiffent paffer que le fuc le plus
pur & le plus fubtil de la terre ; au lieu
que les tuyaux par où le fuc des autres
Arbres s'éleve, font fi larges, qu'indifferemment ils laiffent monter les principes groffiers & les plus fubtils.

VIN eft le fuc des Raifins tiré par expreffion
& enfuite rectifié par la fermentation. On fait auffi
du Vin de Ris, du Vin de Cocos & du Vin d'Ab-
finthe. Le Vin de Raifin fe rectifie quand en fer-
mentant actuellement, il fe décharge de ce qu'il a
de plus groffier, parce que dans la fermentation
les efprits fe meuvent de telle forte, que ce qui refte
de cette Liqueur eft tres-fubtil. Les Vins font diftinguez par leurs façons. Le Vin Promt eft celuy
qu'on a tiré de la Cuve, auffi tôt que les Raifins
ont été foulez, fans y avoir boüilli. Le Vin Cuvé
eft celuy qu'on a laiffé cuver dans la Cuve. Le
Vin Bourru eft un Vin qu'on a empêché de boüillir,
& qu'on a jetté dans l'eau froide. Le Vin Doux
eft celuy qui n'a point encore boüilli. Il eft conftant que les Vins font differens par les Cuvées
differentes. On doit, felon moy, preferer les Vins
de Champagne à ceux de Beaune ; ceux-ci aux
Vins de Tonnerre ; ces derniers aux Vins de l'Or-

léanois ; ceux-ci aux Vins d'Anjou, de Poitou &
de Touraine ; ces trois derniers à ceux de l'Isle de
France & du Gâtinois, & ainsi des autres : &
toute cette difference à cause des sels dont les terres
qui produisent ces Vins sont remplies. Une Terre
étant située en un Climat plus ou moins chaud,
donne au Raisin des qualitez differentes. L'Histoire m'apprend que Winceslas Roy de Boheme
& des Romains étant venu en France pour y faire
quelque Traité avec Charles VI. se rendit à Reims
au mois de May 1397. & qu'étant en cette Ville,
il en trouva le Vin si excellent, qu'il s'en enyvra
plus d'une fois ; & qu'un jour s'étant mis par là
hors d'état d'entrer en negociation, il aima mieux
accorder ce qu'on luy demandoit, que de cesser de
boire du Vin de Reims. Il y a du Vin de liqueur,
qui est un Vin doux & piquant qu'on boit par
ragoût à la fin des grands repas, & qu'on ne boit
point à l'ordinaire, comme le Vin d'Espagne, de
Canarie, de Coindrieux, de Muscat, de Saint-
Laurens, de la Ciutad, de Genetin & de quelques
autres. Les Vins Grecs & de Falerne sont tres-de-
licieux. Le Vin de Schiras en Perse est fort exquis.

ABSINTHE est une Herbe medecinale d'une
odeur tres-forte. Il y a trois sortes d'Absinthes ; la
commune a une tige fort branchuë, des feüilles
blanches & fort découpées comme l'Artemisia ; ses
fleurs dorées & petites ; sa graine ronde & disposée
comme une grappe de Raisin ; sa racine est fort
éparpillée. Il y a une espece d'Absinthe qu'on
nomme petite Aluyne, qui ressemble à la petite
Auronne, étant toute entassée de petite graine fort
amere, qu'on appelle en Latin *Absinthium mari-*
num, ou *Scriphium*. L'Absinthe Santonique est
la troisiéme espece, qui est semblable à l'Aluyne,
mais qui est moins chargée de graine que l'autre.

L'Abſinthe vient de ſemence & de plant enracinée.
On la ſeme en Fevrier & Mars. On la leve en
Octobre, pour en ôter le Peuple, & pour le replanter auſſi-tôt dans une terre bien preparée, &
à l'expoſition du Midi ou du Levant. L'Abſinthe
eſt un Contrepoiſon pour ceux qui ont avalé de
mauvais Champignons, ou pris quelque venin.
Ses fleurs miſes en décoction avec la racine de
Chiendant, ſont bonnes pour la jauniſſe. Ses feüilles ſont aſtringentes, âcres & ameres ; on en fait
un Vin qui eſt excellent pour fortifier l'Eſtomac ;
il diſſipe les vents & les gonflemens, il appaiſe la
Colique, & facilite la digeſtion. Voici comme il
faut compoſer le Vin d'Abſinthe. Prenez, dit M.
Helvetius, des feüilles de petite Abſinthe deux
poignées ; feüilles de Camedris, de petite Centau-
rée, d'Hyſope, de Chardon-beni, de chacun une
demie poignée ; de racine de Valerienne, une demie
once ; le tout épluché bien menu ; de la graine de
Genievre, une once ; des écorces d'Orange, de
Portugal & de Citron deſſechées, de chacun une
demie-once ; de la Canelle, une once ; de la Rhu-
barbe, trois gros ; du Sucre Candi, huit onces, le
tout groſſierement concaſſé : mettez-le dans un
Matras : ajoûtez y deux pintes d'excellent Vin
blanc, & le laiſſez infuſer à froid pendant huit
jours en le remuant de temps à autre. Vous filtre-
rez enſuite la Liqueur & la garderez dans une
bouteille bien bouchée. La doſe eſt d'une cueillerée
juſqu'à deux, que l'on prend dans un Verre de vin
ou d'eau le matin à jeun, & autant deux ou trois
heures aprés avoir dîné.

La terre qui convient le mieux à la
Vigne, eſt celle qui eſt tant ſoit peu forte,
parce

parce qu'elle y réuſſit tres-bien, & qu'elle
ſubſiſte long-temps ; mais il ſeroit à
ſouhaiter que cette terre fût ſituée ſur
des Côteaux expoſez au Midi ou du moins
au Levant. Il eſt conſtant que le Vin
qui croît dans une terre graſſe & humide & en pleine Campagne, eſt le plus
ſouvent d'un bas relief, quelques années
chaudes & hâtives qui ſurviennent. Telle
terre n'eſt propre que pour y faire croître du Blé, & ne l'eſt point pour y faire
venir de bon Raiſin, parce que ce fruit
n'y peut acquerir une eau aſſez ſucrée,
ni d'un relief aſſez convenable à faire
un Vin excellent. Le Raiſin dans les terres pierreuſes ſituées ſur des Côteaux à
une expoſition favorable, vient au contraire toûjours à ſa perfection ; car le ſel
qu'il y amaſſe, & la ſubſtance qu'il y ſuce,
ont de ſi grandes diſpoſitions à le rendre
bon, que quelque année froide qu'il
laiſſe ſurvenir, le Vin qu'il produit eſt
preſque toûjours d'un goût admirable.

A l'égard des terres ſituées ſur des Côteaux expoſez au Couchant, il n'en faut
gueres faire de cas pour y élever des
Vignes. Quoyque ces Vignes ſoient bien
cultivées & fumées, leur fruit aura beaucoup de peine à meurir. Pour ce qui eſt
des terres ſituées ſur des Côteaux expo-

fez au Septentrion, il n'y faut jamais
planter aucunes Vignes, parce qu'on n'y
recueilleroit que du Verjus. Si on veut
planter à cette derniere expofition quelque plant de Vigne, on ne peut mieux
faire pour avoir de bons Verjus, que d'y
mettre du Goüais, ou du Farineau, ou du
Grey.

VERJUS eft le jus de toutes fortes de Raifins
quand ils font encore verds. Ce mot fe dit plus
particulierement des trois efpeces de Raifins dont je
viens de parler, qu'il faut élever fur des Treilles
ou bien planter auprés d'un mur fitué à l'expofition du Midi pour les y efpalier, fi on veut que
leur fruit y acquiert la parfaite maturité. Pour
faire d'excellent Verjus, il faut que les Raifins propres à le faire, ne foient cueillis ni trop meurs ni
trop verds : il faut donc choifir un milieu entre ces
deux extremitez. Il n'y a point de temps limité
pour faire le Verjus, car c'eft tôt ou tard, fuivant
que l'année eft hâtive ou tardive. Ceux qui voudront fçavoir de quelle maniere il faut faire de la
Gelée de Verjus & de la Confiture au Verjus,
n'ont qu'à lire la nouvelle Maifon Ruftique, Tom.
2. pages 420. & 421.

Je fçay que la plûpart des Perfonnes
qui ont des Vignes, fçavent qu'on le
multiplie de Croffettes, de Marcottes &
de plants enracinez ; mais je fuis affuré
qu'il y en a un grand nombre qui ignorent la maniere de faire un bon choi

e ces Croſſettes, de ces Marcottes & de es plants enracinez.

CROSSETTES ſont, en terme d'Agriculture, e certaines branches de Vigne qu'on coupe exprés our la multiplier ; on obſerve à l'extremité d'en-as de laiſſer toûjours un peu de bois de deux ans, t on experimente que ces Croſſettes miſes en terre rennent racines aſſez heureuſemment. Ce mot de roſſette eſt bien inventé, à cauſe que ces ſarmens ui ſervent de plant à la Vigne, reſſemblent à de etites Croſſes, & ſe diſent *ſarmentum capitatum*. es Croſſettes de Figuier ſont des branches coupées e deſſus un Figuier, & auſquelles on obſerve de aiſſer au talon un peu de vieux bois de l'année recedente, & ce ſont ces ſortes de branches dont n ſe ſert pour boutures. Ces Croſſettes de Figuier appellent *talca fici capitata*.

Pour avoir de bonnes Croſſettes, il aut en taillant la Vigne, les prendre ur les jets de la derniere année, & non ur d'autres, & que ces jeunes jets ayent l'extremité d'en-bas du bois de deux ns. Il ne faut jamais prendre les Croſ-ettes ſur la Souche de la Vigne, parce qu'elles ont en cet endroit les yeux plats éloignez les uns des autres. Ces Croſ-ettes priſes ſur cette Souche, tirent leur rigine d'un lieu où la ſéve n'a pu en-ore en cette ſituation leur donner des iſpoſitions propres pour fructifier en ſi

peu de temps, que fi elles étoient placées
fur du bois de deux ans. Il eft conftant
que tout bois nouveau ne produit que
rarement du fruit l'année fuivante, quand
il fort directement de la Souche. Cela
arrive plus fouvent à la Vigne noire
qu'à la blanche.

Je conseille à ceux qui defireront faire
planter de la Vigne, d'aller eux mêmes
chercher du plant dans une Vigne qui
ait fept à huit ans au plus, ou de s'en rapporter à des Vignerons fidels & experimentez. Si on prenoit ce plant fur une
Vigne de quarante à quarante-cinq ans,
il eft conftant qu'il ne pousseroit que des
jets foibles & languiffans, & qu'il periroit en peu d'années. Il faut couper ce
plant fur une Vigne plantée dans une
terre moins fubftantielle que celle où l'on
voudra le mettre. Si on le prenoit fur
une Vigne plantée dans une terre graffe
pour le mettre dans une maigre, il n'y
feroit que de foibles productions.

On connoîtra la bonté des Croffettes
& du plant enraciné quand le dedans du
bois fera d'un verd clair. S'ils font d'un
verd brun, il faut les rejetter. Quand le
Vigneron aura amaffé tout fon plant, il
prendra une Bêche ou une Pioche, avec
laquelle le long d'un Cordeau qu'il aura

endu tout du long de la piece de terre
qu'il veut mettre en Vigne, il fera une
raye de terre d'un bout à l'autre, & enfuite une autre en continuant, jufqu'à
ce que la terre foit toute tracée. Il fuffira dans une terre feche & fablonneufe,
de donner à ces rayes deux pieds quatre
poûces au plus de diftance ; car la Vigne
n'y pouffant pas beaucoup en bois, fon
fruit a affez d'air & de Soleil pour meurir parfaitement : mais dans une graffe
& un peu humide, ces rayes doivent
avoir entr'elles trois pieds & demi au
moins de diftance, de crainte que cette
Vigne qui y produit toûjours plus de bois
que dans une terre qui eft peu fubftantielle, n'empêche que fon fruit ne joüiffe
les rayons du Soleil, fans l'aide defquels
il ne peut meurir. Ces rayes étant faites,
il creufera un rayon d'un pied & demi
en quarré & autant en profondeur, &
dont le côté droit a pour bornes à droite
ligne la moitié de la raye, le long de laquelle on creufe le rayon, l'autre raye
étant emportée par la Bêche qui a fervi
à faire ce rayon.

BESCHE eft un Outil de Jardinier & de Vigneron compofé d'un fer mince & tranchant par
le bas, où il y a une efpece de petit manche de fer
rond de trois poûces de groffeur & de trois à quatre

R iij

de profondeur. Ce manche creux eſt appellé Doüille
dans laquelle on met un autre manche de bois
long de trois pieds au plus ; & c'eſt avec cet inſtrument qu'on cultive la terre des Jardins. Les
Jardiniers ſe ſervent de la Bêche pour labourer les
Poiriers greffez ſur franc un peu vieux plantez &
non les jeunes. S'ils cultivoient ces derniers & les
Poiriers greffez ſur Coignaſſier, & même les Pommiers greffez ſur Paradis, avec la Bêche, ils bleſſe-
ſeroient & couperoient une partie de leurs racines.

Quand ces Rayes & ces Rayons auront été dreſſez, le Vigneron prendra
deux Croſſettes ou deux plants enracinez
qu'il poſera en biaiſant, l'une à un des
coins du Rayon & qu'il adoſſera ſur la
Raye, & l'autre avec la même ſûreté à
l'autre coin ; puis recouvrant auſſi-tôt
ces Croſſettes, il abbatra dans le Rayon
la ſuperficie de la terre voiſine, comme
étant la plus remplie de ſels & de ſubſtance : & ce Rayon ne ſera pas plûtôt
rempli, que ce Vigneron en recommen-
cera un autre, & continuëra juſqu'à ce
qu'ils ſoient tous remplis. Cette maniere
de planter eſt appellée en l'Orleanois
planter à l'Augelot. Ce mot n'eſt pas
ſelon moy, ſi étrange qu'on pourroit s'i-
maginer, puiſque ces Rayons que fait le
Vigneron pour y mettre le plant de Vigne, ont en effet la figure d'une Auge.

Pour avoir de bon plant enraciné, il

ffira qu'il paroiffe à chacun trois ou
uatre racines pour l'obliger à bien faire.
i on veut que ce plant ait une reprife
eureufe, il ne le faut planter que dans
ne terre graffe & un peu humide , parce
ue dans une fablonneufe & feche il ne
anqueroit pas d'y perir.

REPRISE eft un terme qui fe dit affez fouvent dans le Jardinage par rapport à toutes les
Plantes tranfplantées. Un Jardinier juge de la re-
rife d'un Arbre, lorfqu'aprés l'avoir planté, il
jette du nouveau bois. Les yeux & les boutons que
produit un Arbre font des marques certaines de fa
reprife ; & cette reprife n'eft autre chofe qu'une
heureufe difpofition que trouve le fuc pourricier
à s'introduire dans les Plantes , & à produire ce
qu'on en attend. Ce mot de Reprife fe dit en Latin *reprehenfio* de *reprehendere* , reprendre.

Il y a une maniere de planter la Vigne
qu'on appelle en quelques lieux planter
au pas, on la pratique de cette maniere-ci.
Le Vigneron confiderant l'Alignement
qu'il a fait, comme une chofe qu'il ne
doit point perdre d'idée ni de vûë , &
qui luy doit fervir de regle dans fon ouvrage , & creufant groffierement un trou
de la profondeur de feize à dix-fept poûces, qui fe termine en retreciffant dans
le fond, & dont l'entaille du côté & le
long de la Raye eft taillée avec quelque

art. Ce Vigneron, aprés avoir fait ce
trou, prend une Croſſette qu'il met en
biaiſant dans ce Rayon, puis mettant le
pied deſſus, il tire auſſi de la ſuperficie
de la terre, comme étant plus ſubſtantielle que le fond, pour le remplir, aprés
quoy il porte devant le pied qu'il avoit
derriere ; puis creuſant un autre trou, il
y plante encore une autre Croſſette de
la même maniere que je viens de dire, et
ainſi du reſte juſqu'à la fin de l'Alignement : & ces pas qu'il fait ſont la diſtance
que les plants doivent avoir entr'eux.

ALIGNEMENT eſt un terme de Jardinage.
Prendre des Alignemens ſe dit parmi les Jardiniers,
lorſqu'il eſt queſtion de dreſſer des Allées, des rangées d'Arbres & d'autres Compartimens. On dit
auſſi tirer des Alignemens. Il faut que les Legumes pour être proprement plantez ſur des Planches,
ſoient mis ſur des Alignemens tirez au Cordeau.

J'eſtime que dans les terres hautes, feches & ſablonneuſes, on peut commencer à planter la Vigne depuis le 20. Octobre, qui eſt le temps auquel ſes feüilles ſont tombées, juſqu'au 15. ou 20. Avril
au plus tard, qui eſt la ſaiſon où cette
Plante commence à en pouſſer de nouvelles. Pour le temps, il n'importe, pourvû qu'il ne gele point trop fort ; car ces

fortes de terres font toûjours propres à
recevoir les Croffettes qu'on leur deftine,
en l'ameubliffant affez pour empêcher que
les racines qu'elles produiront ne s'éventent, car elles ne manquent pas d'en jetter pendant l'Hiver, & de pouffer par
leur moyen des jets affez beaux au Printemps. A l'égard des terres graffes & un
peu humides, il faut attendre à planter
les Croffettes, ou les plants enracinez,
qu'elles foient bien faines, à caufe que
fi on les plantoit de trop bonne heure
dans les fonds d'un pareil temperament,
elles feroient fufceptibles de pourriture;
ainfi j'eftime qu'il ne faut les y planter
qu'au mois d'Avril. Il ne faut jamais planter, dit Anatolius, ni Vignes ni Arbres
les deux premiers & les deux derniers
jours de la Lune, parce qu'ils ne prennent pas fi aifément racine en ce temps
qu'en un autre.

Rien n'eft plus aifé que de faire la
marcote de la Vigne. Pour y réuffir, il
faut choifir une branche de Vigne qui
forte directement de la Souche. Avant
que la Vigne commence à pouffer, on
fera en terre un trou de la profondeur
de treize à quatorze poûces, dans lequel
on couchera doucement cette branche
fans l'éclater, en telle forte que la plus

grande partie étant enterrée, l'extremité d'en-haut en sortira, laquelle on taillera à la longueur de quatre à cinq poûces au plus. Il est certain que la partie de la branche qui sera en terre, sera celle qui produira des racines par les boutons qui y sont, au lieu que la partie qui sera hors de terre, sera celle d'où les nouvelles branches & même les fruits sortiront; car la Nature en produit toûjours quand la reprise en a été heureuse.

MARCOTE est une branche de Vigne ou d'une autre Plante, dont le genie est de réüssir par ce moyen dans la multiplication de son espece. Cette branche se couche en terre à dessein de luy faire prendre racines. Les rejettons d'Oeillets qu'on couche en terre pour leur faire pousser des racines, & ensuite les arracher & transplanter, sont aussi appellez Marcotes. Quand un Oeillet est beau, il merite bien que l'on prenne la peine de le marcoter. Cette operation se fait en choisissant d'entre les branches d'un pied d'Oeillet, celles qui ont la fane la plus belle & la plus ferme, puis en la couchant aprés avoir fait une espece de petite tige, & une entaille au-dessous du nœud qu'on juge le plus à propos; cela fait on recouvre de terre cette branche, & crainte qu'elle ne se releve, on la retient avec un Crochet qu'on fiche en terre. Didimus dit que le Vin provenant d'un plant de Vigne enraciné, est meilleur que celuy de Marcote & de Crossette.

Lorsque l'on sera assuré que cette

Marcote de Vigne aura pris racine, on
a coupera d'avec la Souche qui l'a fait
naître. Il ne la faut pas couper, comme
quelques Vignerons font, au mois d'Octobre de l'année même qu'elle a été
faite, mais bien au mois de Mars de l'année suivante, afin que durant l'Hiver
cette Marcote puisse encore prendre en
terre de nouvelles forces en y produisant
d'autres racines, pour luy faire pousser
au Printemps & du bois & du fruit ; car
c'est sans doute par les racines que les
Plantes reçoivent le suc dont elles ont
besoin pour leur nourriture. Cela fait
garnir une place qui n'est point occupée.
Voila ce qu'on appelle provigner une
Vigne. On couche aussi en terre un sep
de Vigne avec toutes ses branches, quand
on veut garnir d'un seul coup trois ou
quatre places vacantes. Ou bien quand
on a dessein de renouveller toute une
Vigne qui est vieille & sur son retour,
on la provigne entierement, en couchant
avec adresse en terre, non seulement toutes ses branches, mais encore toutes ses
souches. Je croy que cela vaut mieux
que de faire arracher tout-à-fait cette
Vigne, & de faire planter à sa place des
Crossettes, parce que l'année même du
provignement, cette Vigne ancienne ac-

quiert de nouvelles forces en terre &
produit d'ordinaire du fruit. Cette operation ameublit & renouvelle fans doute
la terre, parce qu'on la tourne fens deffus deffous, ce qui eft un grand avantage.

PROVIGNER eft un terme d'Agriculture,
qui fignifie multiplier plufieurs Plantes, en couchant leurs branches dans des foffes faites exprés
fans les feparer de leur tronc, de telle forte que
toutes ces branches font couchées en terre, à l'exception de l'extremité d'enhaut qui en fort, & qu'on
coupe à la longueur de neuf à dix poûces, où il y a
trois à quatre boutons qui font les feuls endroits
qui donnent les productions qu'on en efpere, fi on
a bien fait le provignement.

Puifque je viens de parler de la Marcote de la Vigne, je croy qu'il ne fera
pas hors de propos que je donne icy des
preceptes fur la maniere de faire comme
il faut celle de Figuier. On couchera au
pied de cet Arbre une de fes plus belles
branches dans la terre, de la même maniere que l'on couche une branche de
Vigne. Pour empêcher que cette branche
couchée ne fe releve quand elle vient à
pouffer, il faut l'arrêter avec un Crochet
de bois qu'on enfoncera bien profondement dans la terre; on l'y laiffera jufqu'à ce qu'il foit temps de la feparer de

on tronc ; ce que l'on fera au mois de
Mars de l'année suivante. Ensuite on
arrachera , & on fera en sorte de ne
point du tout endommager les racines du
jeune Figuier. On prendra du terreau &
de la terre neuve qu'on mêlera ensemble, & on mettra un peu plus de cette
derniere que du premier. On mettra le
tout dans un petit Mannequin à la profondeur de sept à huit poûces. Au-dessus
de cette terre on plantera cet Arbre, dont
on aura taillé les racines à la longueur
de trois poûces au plus ; & on couvrira
ces racines avec cette même terre preparée. Si on veut que le jeune Figuier
fasse la premiere année de belles productions, il faudra faire une Couche de
fumier neuf de Cheval, au milieu de laquelle on mettra ce Mannequin, quand
on reconnoîtra que la chaleur de cette
Couche sera un peu diminuée. On aura
soin de la faire tous les quinze jours réchauffer avec de pareil fumier, afin d'entretenir cette chaleur de laquelle le Figuier est fort amateur. Pour obliger ce
jeune Arbre à pousser de beaux jets, il
faudra l'arroser avec de l'eau de mare ou
de fossé, ou de celle de puits qui ait été
exposée au Soleil pendant deux jours, une
fois la semaine, depuis le 15. Avril jus-

qu'au 20. May, & depuis le 15. Août juſqu'au 20. Septembre , & tous les deux
jours lors des chaleurs exceſſives. On
laiſſera ce Figuier dans la Couche juſqu'au 20. Octobre , qui eſt le temps où
il n'a plus de ſéve. On coupera alors ce
Mannequin, afin de pouvoir avoir ce
jeune Arbre avec ſa motte de terre toute
entiere ; & on le plantera en même
temps dans une Caiſſe , au fond de laquelle on aura mis auparavant de la terre
neuve , & au-deſſus de la motte on mettra de bon terreau. Au commencement
de Novembre on tranſportera cette Caiſſe
dans la Serre , pour garentir l'Arbre qui
y eſt planté , de la gelée d'Hiver , & on
l'y laiſſera juſqu'au 15. Avril , qui eſt le
temps où il n'y a preſque plus de gelées
blanches. On peut faire des Marcotes de
Sycomore de la même maniere que l'on
fait celles de Figuier & de Vigne.

SYCOMORE eſt un grand Arbre ſemblable
au Figuier, qui a des fcüilles qui reſſemblent quaſi
à celles du Meurier , & qui jette beaucoup de lait.
Cet Arbre eſt ainſi nommé, à cauſe qu'il participe
du Meurier & du Figuier. Il porte trois ou quatre
fois l'an du fruit qui a le même nom , qu'il produit de ſon tronc , & qui n'eſt pas attaché aux
branches, qui eſt ſemblable aux Figues ſauvages,
mais qui eſt plus doux , & qui n'a dedans aucun
grain. Il ne meurit jamais s'il n'eſt égratigné avec

es agraffes de fer, aprés quoy le quatriéme jour il
st meur. Mathiole dit qu'il demeure toûjours verd
ant coupé, à moins qu'on ne le noye dans l'eau.
e Docteur Tonge dit qu'avec le suc de Sycomore
n fait de la Biere incomparable. Avec un bois-
au d'Orge, dit-il, & une petite mesure de ce suc
oux, on fera de la Biere aussi bonne & aussi forte,
ue s'il y avoit quatre boisseaux d'Orge avec la
ule eau ordinaire : & même cette Biere sera
meilleure que celle de Mars qui est si estimée.
uis pour bien conserver ce suc qu'on veut recueil-
r durant un mois pour faire de la Biere, il faut
exposer au Soleil dans des bouteilles de verre, &
e l'en pas retirer qu'on n'ait la quantité de suc
ue l'on desire avoir. Quand on a assez de ce suc,
faut y mettre un Pain de Froment qui soit bien
mince & bien cuit, sans être pourtant brûlé; &
quand on voit que ce suc fermente & se gonfle, il
aut ôter le Pain & mettre cette Liqueur dans des
outeilles de verre que l'on bouchera bien avec du
iege & de la Cire jaune par-dessus. Si on met
quelques Cloux de Gerofle dans chaque bouteille,
e suc se conservera une année entiere; & on aura
ne boisson charmante, laquelle contribuera beau-
oup   la santé.

La Vigne, l'Osier, le Groselier, le
Coignassier, le Bouleau, le Sureau & le
Sycomore se multiplient, comme j'ay
dit, avec des Crossettes, & ces Crossettes poussent des racines en terre quand
on les y a planté comme il faut, cela
prouve qu'il y a des pores & des canaux
pour conduire la séve vers la racine, qui

entre par l'extremité des branches ; il est
aifé d'en faire l'experience. Pour cet effet on mettra en terre le bout d'en-bas
d'une branche de quelqu'un de ces Arbres ou Arbriffeaux, lequel y prendra racine. Si aprés cela on fiche en terre cette
branche qui en a déja pouffé quelques
petites par l'autre bout, il arrivera qu'elle
prendra racine par les deux bouts ; on
doit bien juger qu'étant ainfi en terre
par les deux extremitez, elle a la figure
d'un arc. Il faut couper cet arc par le
milieu à la fin d'Octobre, on aura deux
Arbres, lefquels auront chacun leurs racines ; ce qui eft une puiffante preuve de
la circulation de la féve dans les Plantes,
& qu'il y a des vaiffeaux de haut en bas
pour la defcente de la féve, comme il y
en a de bas en haut pour la faire monter.
Il eft conftant que les Plantes ont un fuc
qui circule depuis le tronc jufqu'aux feüilles, & des feüilles jufqu'au tronc ; car
fi au mois de May qui eft le temps de la
grande abondance de la féve, on ôte
toutes les feüilles d'un Arbre, il perira
peu de temps aprés. On a plufieurs fois
fait l'experience de la circulation de la
féve des Plantes fur quelques-unes qui
en ont beaucoup, comme fur le Tith-
male ; on y a fait les mêmes obfervations
quʼp

que celles qu'on fait tous les jours fur
les Veines & Arteres du Corps humain
par le moyen des ligatures. Cette circulation de la féve eft un mouvement que
fait ce fuc qui paffe plufieurs fois des racines d'un Arbre aux branches, & des
branches aux racines. M. Malpighi eft
le premier qui a reconnu la circulation
de la féve dans les Plantes; elle a été
propofée pour la premiere fois par M.
Perrault à l'Academie Royale des Sciences en l'année 1667. Les anciens & nouveaux Phyficiens ne font pas d'accord du
mouvement de la féve dans les Plantes.
Les premiers ont cru qu'elle montoit
perpendiculairement par les tubes fibreux
de la racine & de la tige, & qu'elle fe
portoit ainfi jufqu'aux extremitez des
branches & des feüilles; mais les feconds
ont reconnu que cette féve monte & def-
cend plufieurs fois avant que de fe coaguler & de fe changer en matiere végé-
tale: & ils appellent ce flux & ce reflux
de la féve, circulation, & foûtiennent
que ce fuc circule dans les Plantes, comme le fang dans les Animaux. On ne
doute plus à prefent que la féve n'y circule, en forte que ce fuc paffe plufieurs
fois par toute la Plante, allant de la racine aux branches, & des branches re-

tournant à la racine, par des vaiſſeaux
appellez circulatoires par les nouveaux
Phyſiciens, dont les uns ſervent à porter
le ſuc qui monte, & les autres ſervent à
reporter celuy qui deſcend. Ces vaiſſeaux
ſont de deux ſortes ; les uns ſont fort petits, & les autres un peu plus grands : les
ſucs qui montent des racines aux branches ſont tres-ſubtils & remplis d'eſprits,
& ceux qui deſcendent pour être derechef cuits, digerez & ſublimez, ſont
plus groſſiers & plus aqueux.

TITIMALE eſt une Plante qui jette un ſuc
blanc comme du lait & fort cauſtique, & dont il
y a pluſieurs ſortes qui ont les mêmes proprietez,
quoy que differentes en feüilles, en fleurs & en
graine. Le ſuc laiteux de cette Plante eſt à craindre, donnant la Galle, & cauſant des demangeai-
ſons inſupportables. On ne ſe ſert en Medecine que
du *Tithymalus cypariſſias*, ou *Eſula minor* pour
purger. Il y a le Titimale mâle & le Titimale femelle. Les tiges du mâle paſſent une coudée, &
ſont rouges, pleines d'un lait blanc & âcre. Ses
feüilles reſſemblent à l'Olivier, quoy que plus étroites & plus longues. Sa racine eſt dure comme du
bois. Sa chevelure reſſemble au Jonc, au-deſſous
de laquelle eſt ſa graine. La tige de la femelle eſt
haute de ſept à huit poûces au plus. Elle a ſes feüilles grandes & fermes, aiguës & piquantes au goût
& reſſemblent à celles du Mirthe. Elle porte tous
deux ans l'un, une eſpece de Noix âcre & mordi-
cante. On dit que le Titimale eſt une Medecine qui

quelques Gens de la Campagne prennent quelquefois, qui desseche tellement le Corps, qu'elle amor-
tit la puissance generative.

On pourra fort bien réussir à faire
transplanter des seps de Vigne de l'âge de
dix à douze ans, si on execute comme il
faut ce que j'ay dit à la fin du sixiéme Chapitre de la premiere Partie, au sujet des
Poiriers nains greffez sur franc qui pourront se transplanter sans motte de terre,
quoy qu'âgez de quinze à dix-huit ans.
Il est vray que ces seps ainsi transplantez
ne donnent pas du fruit dés la premiere
année ; mais il est surprenant de voir des
seps de Vigne de l'âge de dix à douze
ans qui ont eu en terre une heureuse reprise, & qui dés la seconde année produisent du fruit.

S E P, terme d'Agriculture. On dit un Sep de
Vigne, c'est-à-dire, une tige sur laquelle le sarment prend sa naissance ainsi que le pampre. Il
faut absolument tailler tous les ans les jets que poussent les Seps de Vigne, si on veut qu'ils produisent
de beaux Raisins. Ce mot de Sep vient du Latin
sipus qui dérive du Grec κυφός ; il y en a qui disent qu'il vient de *septum*, mais il n'importe l'étymologie en est toûjours bonne. Fronto, Didimus
& Florentinus disent que pour qu'un Sep de Vigne
produise des Raisins blancs & noirs de quelque espece que l'on souhaitera, il faut prendre deux sar-
mens, l'un de Vigne blanche & l'autre de noire,

lesquels on fendra par le milieu , en prenant sur
tout bien garde de ne point rompre ni endommager les boutons qui sont autour, & aussi-tôt
joindra & liera proprement ces deux differens sar-
mens.

Avant que de tailler la Vigne, qui est
une operation qu'on fait sur elle pour arriver heureusement aux fins qu'on s'est
propose , il faut la faire déchausser , afin
de couper plus aisément les petites racines qui ont l'année derniere poussé à
l'extremité d'en-haut des souches de cette
Vigne , parce que ces petites racines absorbent une partie des sels & de la substance de la terre. Ces petites racines qui
sont adherentes à ces souches , empêchent que les maîtresses racines qui sont
directement sur le tuf ne produisent de
nouvelles racines , & n'envoyent de la
séve suffisamment pour nourrir le sep , ce
qui cause souvent sa mortalité ; car quand
on vient à donner à la Vigne les labours
qui luy sont necessaires pour l'obliger à
faire des belles productions , on coupe
avec la Houë ou la Marre les petites racines qui sortent des souches.

DE'CHAUSSER signifie, en terme d'Agriculture , faire un petit cerne au pied des souches
de Vigne, pour en découvrir les petites racines qui
sont proches de la superficie de la terre , & pour

es couper toutes s'il est possible. Cela se doit faire dans les terroirs sablonneux & secs avec la Meigle, (instrument composé d'un fer large du côté du manche, & qui se termine en pointe,) & non dans les gras & humides, avant de tailler la Vigne & de donner le premier labour. Les Vignerons déchaussent d'ordinaire leurs Vignes à la fin de Janvier. Et en terme de Jardinage, Déchausser, signifie faire un petit cerne au pied d'un Arbre pour en découvrir tant soit peu les racines, afin que l'eau des pluyes & des neiges d'Hiver les humecte facilement. Il faut faire ce travail depuis le 20. Octobre jusqu'au 10. du mois suivant. C'est un grand avantage pour les Fruitiers plantez dans un terroir sec & sablonneux, au lieu que dans l'humide & gras, c'est les exposer à un fâcheux inconvenient. Ce mot de Déchausser marque bien la chose à laquelle on l'a destiné, puisqu'il est vray de dire qu'en découvrant le pied de quelque chose que ce soit, c'est la déchausser.

Rien n'est plus utile & plus necessaire que de tailler la Vigne, par la raison que si on ne la tailloit point, le fruit que cette Plante produiroit n'auroit ni la grosseur ni la qualité de celuy dont la taille auroit été faite comme il faut. Si l'Agriculture a rendu sujets à la taille les Fruitiers nains pour leur faire acquerir une belle figure & pour leur faire produire le beau fruit, j'ose assurer que la Vigne n'est pas moins sujete à cette taille, puisque c'est d'elle en partie que dépendent non seulement la fecondité de cette Plante, mais encore la grosseur & l'excellence de son fruit.

AGRICULTURE est un Art qui enseigne la maniere de cultiver la terre & la rendre feconde par la production de toutes sortes de Grains, de Fruits & d'Herbes medecinales & legumineuses. Le plus ancien, le plus noble, le plus utile & le plus innocent de tous les Arts, c'est sans doute l'Agriculture : il a été seul commandé de Dieu à nos premiers Peres. L'Histoire de la Chine m'apprend qu'Yvo premier Empereur de la premiere Famille Royale appellée Hiaa, composa un merveilleux Traité de la maniere de cultiver & ensemencer la Terre : qu'il connoissoit parfaitement la nature & l'exposition de chaque Terroir, qu'il fit conduire des eaux dans les lieux secs & arides ; & que l'on trouve dans cet Ouvrage le secret de se servir de differentes sortes de fumiers selon les Terroirs differens : que l'on engraisse les uns de fumier de Bœuf, les autres de Cheval ; que l'on se sert aussi de l'excrement des Hommes, d'os de Vaches broyez, de plumes de Volailles, de poils de Pourceaux, de Cendre & de semblables autres Engrais qui font abondamment fructifier la Terre.

Voici les maximes que j'établis sur la maniere de tailler la Vigne, lesquelles je reduits en bien plus petits nombre que ceux qui ont traité cette matiere. D'eux raisons obligent de la tailler. La premiere est celle qui regarde le motif

ont on est poussé d'avoir des Raisins
eaux, bons & en quantité, & sans quoy
il seroit inutile de la planter : & la se-
onde est celle qui a pour objet la durée
e cette Plante, qui, quand elle n'est
point taillée, ne produit qu'un fruit si
etit, qu'il n'est ni bon à manger, ni pro-
re à faire du Vin. On ne taille pas la
Vigne pour luy faire seulement produire
le gros bois, mais on la taille aussi pour
empêcher qu'elle ne porte point trop de
fruit, comme il arrive aux seps qui n'ont
point été du tout taillez, lesquels on reserve pour coucher en terre & pour garnir plusieurs places vacantes. Quand on
neglige pendant deux ou trois ans seulement à tailler la Vigne, elle déperit,
& se perd ensuite tout-à-fait par la grande consommation qu'elle fait de sa séve
pour produire & nourrir son fruit. Je ne
pretends parler icy que des Vignes bas-
ses telles que sont celles de l'Isle de France, de Bourgogne, de Champagne, de
l'Orleanois, du Gâtinois, de Touraine
& d'Anjou qui se taillent & cultivent
d'une maniere toute differente des Vignes hautes d'Italie, de Guïenne, de
Dauphiné & de Provence.

Pour tailler comme il faut la Vigne,
il faut examiner la force ou la foiblesse

de chaque fep ; cela fe connoît au nom
bre & à la groffeur des jets que le fep
produit. On doit charger ceux qui on
beaucoup de gros bois, c'eft-à-dire qu'i
faut leur laiffer deux Viétes & deux Cour
fons au moins. On obfervera de faire ei
forte que cette grande charge n'apport
aucune confufion. Et comme il faut que
les feps vigoureux, pour réuffir parfai
tement, foient taillez de cette maniere
auffi doit-on laiffer moins de Viétes &
de Courfons aux feps qui ont pouffé ave
moins de vigueur. Si on donnoit une trop
lourde charge à une Vigne foible, il fau
droit abfolument l'année fuivante cou
per tous les jets de cette Vigne & n
laiffer que les fouches feulement, lef
quelles ne peuvent produire l'année mê
me que du bois & point de fruit. Si ai
contraire on ne donnoit pas affez d
charge à la Vigne vigoureufe, elle poul
feroit beaucoup de bois & tres-peu d
fruit.

COURSON. terme ufité parmi les Vigne
rons, eft une branche de Vigne taillée & raccour
cie à quatre ou cinq yeux au plus. Les Courfon
fe doivent toûjours laiffer au pied des feps pour le
renouveller, au cas que les anciens jets viennent
manquer. Ces Courfons produifent d'ordinaire d
belles branches, lefquelles fervent de Viétes l'an
né

ce suivante. Il y a des Vignerons qui au lieu de
se servir du mot de Courson, se servent de celuy
de Recours. Il est vray que ce mot de Courson est
assez bon, mais j'estime que celuy de Recours dit
davantage, d'autant que cette petite branche qu'on
laisse exprés au pied de la Vigne, est veritablement
un bois auquel on a recours, au cas que le sep vienne à manquer, ce qui arrive d'ordinaire aprés que
le sep a porté du fruit pendant plusieurs années;
& ce mot de Recours se dit en Latin *auxiliaris*
surculus. Un Courson sur un Arbre taillé, n'est
autre chose qu'une branche de la longueur de six
à sept poûces, laissée de trois ou quatre fort belles
sorties d'une branche de l'année precedente; & à
l'égard de quelques-unes des autres qui se trouvent
à côté ou au dessous de celle qui a été conservée
pour la taille de l'année, il faut la tailler au deux
ou troisiéme nœud, dans l'esperance que l'on a d'y
en voir croître d'autres, qui successivement gar-
niront l'Arbre qu'on taille.

Damogeron dit que l'on doit prendre
garde quand on taille la Vigne, que la
coupe ne soit pas faite du côté du Septentrion, mais de celuy du Midi, & à
trois travers de doigt du dernier bouton,
& qu'on doit dessecher la playe avec de
la Saumure, de crainte que la séve venant à tomber dessus, ne fasse perir ce
bouton où est enfermé le plus beau fruit
de la Viéte. Damogeron assure que si le
Vigneron graisse la Serpette avec quoy il
taille la Vigne, avec de la graisse d'Ours

ou avec de l'huile dans laquelle on aura
fait boüillir de l'Ail ou des Chenilles qui
se trouvent sur des Rosiers, cette Vigne
ne sera point sujete à la gelée, & que ni
les Chenilles ni les autres Insectes ne
luy porteront aucun préjudice. Il dit aussi
que si on prend de la cendre de sarment
incorporée avec de l'eau de vigne & du
vin, qu'on en fasse une masse, & qu'on
en mette en plusieurs endroits de cette
Vigne, que cela fera le même effet.

VIE'TE est une branche de Vigne qu'on taille
à la longueur d'un pied & demi au plus, si on veut
l'étendre sur la perchée. Si on veut d'une Viéti
en faire un Anneau, il faut absolument qu'elle
soit taillée à la longueur de deux pieds & demi.
Cette espece de Branche est toûjours celle qui
produit les plus beaux Raisins & en plus grand
nombre.

La taille de la Vigne ne se fait pas de
la même maniere que celle des Pêchers
Abricotiers, Pruniers, Poiriers, Pommiers & de quelques autres Végétaux
car les branches petites & mediocres de
cette Vigne doivent être retranchées
comme branches infecondes, car elles
absorbent mal-à-propos du sep d'où elles
tirent leur origine, une bonne partie du
suc de la terre, qui seroit employé à u

meilleur usage si elles étoient suppri-
nées.

VE'GE'TAUX est un terme d'Agriculture
qui se dit des Arbres, de la Vigne, des Blez & des
Herbes medecinales & potageres, & generalement
de tous les autres Etres qui vivent de la substance
de la terre, où ils prennent leur naissance, leur
longueur, leur grosseur & leur étenduë; c'est de là
que sont venus les termes de végétation & de vé-
gétatif, car on dit l'Ame végétative qui est celle
des Plantes, & cette Ame n'est autre chose que
les parties subtiles de la terre, qui étant dans le
mouvement par le moyen de la chaleur, passent
au-travers les pores des Plantes, où étant ramassées, elles forment la substance qui les nourrit,
& qui après s'y être figée en grossit le volume. Il
y a, dit un Moderne, de la raison à reconnoître
une Ame & une Vie dans les Plantes; car enfin on
voit par les choses qui se passent dans le cours de
leur durée, qu'elles contribuent beaucoup d'elles-
mêmes à se nourrir & à se conserver; ce que ne
font point les Mineraux qu'on appelle Corps ina-
nimez, parce qu'ils ne contribuent rien par eux-
mêmes à leur nourriture & à leur accroissement.
Quand cet Auteur accorde une Ame & une Vie
aux Végétaux, il declare que cette Ame ou cette
Vie ne consiste que dans l'arrangement & la construction de leurs parties essentielles ou organiques,
& dans une disposition particuliere de leurs pores,
d'où il arrive que les sucs nourriciers de la terre
y entrent & s'y distribuent d'une maniere propre à
nourrir les Plantes.

Il faut commencer à tailler la Vigne
T ij

dés le fix ou huit de Fevrier. Il y a des
Vignerons qui commencent à le faire à
la faint Vincent quand il ne gele pas, y
ayant, difent-ils, un Proverbe qui dit,
A faint Vincent la Serpe eft au farment.
Dans les beaux jours on continuëra à
tailler cette Vigne jufqu'à ce qu'elle
foit tout-à-fait. Elle doit être toute-tail-
lée quinze jours au moins avant qu'elle
commence à pouffer. Si on attendoit plus
tard elle viendroit à pleurer, ce qui d'ordinaire arrive au 4. ou 6. Avril, qui eft
le premier temps de douceur. Alors la
féve monte en abondance, & fort des
feps de la Vigne par l'endroit coupé en
forme de larmes d'eau fi la taille a été
faite trop tard ; ce qui porte à cette Plante
un notable préjudice, car perdant alors
une partie du fuc de la terre, elle ne peut
produire ni beaux jets ni beau fruit. I
y a peu de Perfonnes qui ne fçachent
que quand la Vigne eft taillée dans le
temps que la féve commence à monter
elle répand auffi-tôt par la partie coupé
beaucoup de liqueur ; mais il y en a un
grand nombre qui ignorent l'ufage de
cet écoulement. Cet liqueur n'eft poin
tout-à-fait infipide, elle a feulement une
faveur aigrelete peu fenfible : elle ef
plus fluide & moins travaillée que la féve

ordinaire ; & venant peu à peu à s'épaif-
fir, elle referme & cicatrise les vaisseaux
ouverts, à peu prés de la même maniere
qu'il arrive aux playes des Animaux, que
le sang réunit sans autre secours ; & ces
canaux des parties amputées de la Vigne
ainsi fermez, la séve qui monte en plus
grande abondance étant poussée succef-
fivement par celle qui la suit, est con-
trainte d'enfiler la route des boutons,
contre lesquels toutes les parties, qui font
autant de petits coins, faisant effort, elles
les étendent & développent. M. de Vallemont dit que les sucs ou les larmes qui
coulent de la Vigne, aprés qu'elle a été
taillée, ont beaucoup d'usage dans la
Medecine. Premierement, que ce suc
pris interieurement, est un grand remede
contre la Pierre des Reins & de la Vef-
fie. Secondement, que ce suc épaissi
qu'on trouve en forme de Gomme autour de la Vigne, étant dissous dans du
Vin, & bû à jeun, pousse dehors les Sa-
bles & les petites Pierres. Troisiéme-
ment, qu'un verre de ces larmes rap-
pelle les sens & la raison d'un Homme
que la liqueur de Septembre a gâté, si
tant est qu'un Homme raisonnable puisse
noyer sa raison par l'excés du Vin. Qua-
triémement, qu'en se lavant de cette li-

queur, on se guerit de la Gale, de la Lepre & de toutes les maladies de la peau. Cinquiémement, que si on en verse quelques goutes dans l'Oreille, elles guerissent de la Surdité. Sixiémement, que ce suc éclaircit & fortifie beaucoup la vûë, en s'en mettant soir & matin quelques goutes dans les yeux. Septiémement, que l'on en compose l'excellent Baûme ἀμπλο-συλαγμα, en exposant ce suc un an durant au Soleil ; qu'il s'épaissit en consistence de miel ; & qu'alors c'est un precieux Baûme pour nettoyer & guerir toutes sortes de playes & d'ulceres. Pline dit en peu de lignes l'usage qu'on en faisoit de son temps. Il assure que les larmes de la Vigne, quand elle pleure, sont comme une espece de Gomme, qu'elles guerissent la Gale, la Lepre & les chaleurs de Foye, pourvû qu'on se lave auparavant avec de l'eau où on a mis fondre du Nitre ; & il ajoûte que ce suc mêlé avec de l'huile fait tomber les Cheveux, si on s'en frote souvent. M. Sachas celebre les vertus des sucs ou larmes qui coulent de la Vigne dans son *Ampelographia lib.* II *sect.* III. *p.* 72. Democrite dit qu'un verre d'eau ou de larmes de la Vigne qui découle quand elle vient d'être taillée, fait perdre l'envie de boire du Vin. Il y a des Perfonnes qui fe fervent de ces larmes de la Vigne pour ôter les taches de rouffeurs.

La Vigne des Efpaliers expofez au Midi, fera taillée la premiere, parce qu'elle pouffe quatre ou cinq jours plûtôt que celle des Efpaliers expofez au Levant, & que celle plantée en rafe campagne. Il y a des Vignerons qui commencent à tailler leur Vigne avant l'Hiver ; mais la plûpart ne prennent pas la precaution de laiffer du bois deux doigts au-deffus du dernier bouton qu'ils ont laiffé, de la même maniere qu'ils ont accoûtumé de faire quand ils la taillent au mois de Fevrier. Il eft certain que ce dernier bouton dans lequel eft le plus beau fruit de toute la Viéte, pourroit aifément perir par les gelées de cette froide faifon.

Il y a dans la taille de la Vigne qu'on fera en Fevrier, deux precautions à prendre qui font importantes. La premiere eft, qu'il faut laiffer du bois de l'épaiffeur d'un bon doigt après le dernier bouton ; car autrement ce bouton, fi la taille fe faifoit plus prés, en pourroit être bleffé avec la Serpette, & par ainfi il ne pourroit faire que de foibles productions. Et la feconde eft, qu'il faut que cette taille ait fa pente du côté oppofé à ce dernier

œil, afin d'empêcher que les larmes du
fep qui fortent d'abord de l'endroit coupé
quand la féve eft bien prête à monter,
ne coulent fur cet œil, parce que fi cela
furvenoit elles le noyeroient. Pour éviter
cet inconvenient, lequel n'arrive qu'aux
Pareffeux, on doit tailler la Vigne quinze
ou vingt jours avant qu'elle commence
à pouffer ; la raifon eft que la playe qui
aura été faite au bois en le taillant, aura
le temps de fe refermer avant que la féve
paroiffe. Le bois fera même fi fec à
l'extremité de la branche, que cela feul
fuffira pour empêcher que ce bois ne
vienne à pleurer par cet endroit coupé,
Voila à quoy il faut faire attention.

PLEURER fignifie, en terme d'Agriculture,
être en féve. Quand on dit qu'une Vigne eft déja
en féve, cela fignifie que le fuc nourricier y eft
déja dans une telle action, que ne pouvant y être
tout employé pour donner des productions, eft
obligé de fe faire jour pour fortir par les incifions
qu'on fait au bois, & qui eft ce que l'on voit au
farment comme une efpece de larmes ; ce qui eft
commun à tout bois qui a beaucoup de moëlle.
Ce mot de Pleurer eft, felon moy, bien inventé,
& fe dit en Latin *vitis lacrymatur* ; cette Liqueur
qui fort du bois de la Vigne reffemblant à la verité
à des larmes. Si les larmes que la Vigne verfe au
Printemps étoient bien fermentées & preparées
avec quelque peu de Gerofle, de Canelle & d'autres drogues aromatiques, ce feroit une Ambroife

qui ne feroit pas indifferente à ceux entêtez du
ſuc de la Vigne, & à qui l'eau eſt odieuſe.

GEROFLE eſt un Arbre aromatique qui eſt
gros & grand. Son écorce eſt comme celle de l'O-
livier. Il porte ſon fruit en grappe, comme le
Lierre & le Genevrier. Ses feüilles ſont aſſez ſemblables au Laurier, & ont preſque même goût que
le fruit. Il ne ſouffre aucun Arbre, ni aucune herbe
prés de luy, car ſa chaleur attire toute l'humidité
de la terre. Le fruit qui tombe de cet Arbre s'en-
racine auſſi-tôt, & porte du fruit dans huit ans au
plus tard, & dure plus de cent ans. Il eſt en forme
de Clou, & pour cela on l'appelle Clou de Gerofle. Sa tête aboutit à quatre petites dents qui font
au-dehors une forme d'Etoile diviſée en Croix de
ſaint André. Ce fruit s'engendre dans la fleur, d'où
il tombe quand il eſt meur. Aprés qu'on l'a mis
tremper dans l'eau de la Mer, on le fait ſecher avec
du feu ſur dés Clayes, & c'eſt de là que de rouge
il devient noir. Cet Arbre ne croît qu'aux Molu-
ques. On fait avec ſon fruit de l'Huile. Voici un
effet ſurprenant de cette Huile. Aprés avoir mis, dit
M. Polyniere dans ſes Experiences Chimiques,
dans un verre de l'Huile de Gerofles & de la pou-
re à Canon, ſi on met dans un autre verre de l'eau
forte rouge, ou de l'Eſprit de Nitre bien pur, à
peu prés un pareil volume que de l'Huile, pour le
jetter enſuite ſur cette Huile de Gerofles, alors il
paroît une fermentation tres-promte & tres-forte,
accompagnée de flammes; & enfin la poudre à
Canon prend feu. Il ſe forme même une eſpece
de Charbons dont on peut allumer une bougie
avec des Allumettes, pour montrer que ce feu eſt
ſemblable au feu ordinaire.

Le jet vigoureux d'une Vigne noire

forti de la fouche l'année dernieres
ne doit être confideré que comme ce
faux bois. On ne devra le tailler dab
l'esperance qu'il portera bien du fru
l'année même de la taille, mais feule
ment en la fuivante, n'y ayant que
Vigne blanche à qui eft dû cet avantag
l'experience m'ayant appris que celle
eft beaucoup plus feconde que celle-
Le Morillon noir qui eft le Raifin p
plus fucré de tous les Raifins noirs,
avec lequel on fait le plus excellent vi
eft de ce nombre. Ainfi j'eftime que
vigoureux jet forti de la fouche, dev
être taillé à la longueur de fix à fept po
ces, fur lequel il y aura trois à qua
boutons, lefquels produiront l'année
la taille deux belles Viétes aprés l'ébou
geonnement fait, dont on laiffera à
taille fuivante une Viéte & un Courfi
feulement, laquelle Viéte pourra donn
dix à douze beaux Raifins, & ce Cou
fon donnera deux belles Viétes & tr
ou quatre Raifins, qui eft tout ce qu'
peut efperer.

Souche eft generalement le tronc de qu
que gros Arbre & d'un fep de Vigne. On dit
Sauvageons de Souche, c'eft-à-dire des product
qui naiffent aux pieds des Arbres, & qui ont de
racine. Ce mot de Souche fe dit en Latin *trunc*

en Grec κορμὸς, qui vient de κείρω, qui signi-
: *abscindo*, couper, un tronc étant ordinairement coupé.

Toutes petites branches en fait de
Vigne, à la difference des Arbres à fruit,
seront absolument retranchées, comme
ne pouvant donner de fruit, & ne faisant qu'absorber une bonne partie du
suc qui doit nourrir les branches fecondes.

On observera sur tout en taillant cette
Vigne, d'être soigneux de curer toutes
les souches en ôtant tout le bois inutile
que la paresse ou l'ignorance du Vigneron y auroit l'année precedente laissé,
pour avoir mal fait l'ébourgeonnement.

CURER est, en terme d'Agriculture, ôter du
pied d'un sep de Vigne tout le bois inutile que l'i-
gnorance du Vigneron y auroit laissé pour l'avoir
mal ébourgeonné. Il faut toûjours nettoyer un sep
de tout ce qui luy peut nuire ; de telle maniere
qu'on n'y laisse que le bois propre à la taille. Ce
mot de Curer vient du Latin *curare*, qui veut dire
avoir soin ; & comme l'action de Curer est en
effet un soin qu'on se donne de cultiver comme il
faut la Vigne, on n'a point douté que ce mot ne
fût fort significatif, & par consequent bien venu
dans l'Agriculture.

Lorsque le tronc d'une Vigne est

bien découvert, il est plus aisé à taill[er]
que quand il ne l'est pas, parce qu'o[n]
ôte bien mieux la mousse qui est autou[r]
& tous les petits jets qui en sont sorti[s]
lesquels sont hors d'état de donner [du]
fruit. Quand ces petits jets ont été laiss[és]
sur ce tronc au temps de la taille, il fau[t]
en liant les gros jets aux échalas, les ôte[r]
& bien souvent on lie la Vigne quan[d]
elle est en séve.

ECHALAS est un morceau de cœur de b[ois]
de Chêne ou de Châtaignier long de trois pie[ds]
& demi qu'on fiche au pied d'un sep de Vign[e]
il est épais d'un pouce de toutes faces. Les Ech[a-]
las servent pour appuyer la Vigne, & l'on co[m]
prend aussi sous ce nom certains Echalas longs [de]
deux toises ou environ qu'on appelle Perches. [Ce]
mot d'Echalas se dit en Latin *Pedimentum*
comme si on avoit voulu dire que les Echalas t[e-]
noient lieu de pieds aux seps de la Vigne. Le Pè[re]
Labbe fait dériver ce mot d'Echelle; une Echel[le]
servant pour aider à monter, ainsi qu'un Echal[as]
sert à la Vigne pour l'élever en haut. Didim[e]
conseille aux Vignerons de poisser le bout de l'E[-]
chalas qui devra entrer dans la terre, pour emp[ê-]
cher qu'ils n'y pourrissent.

Si l'on s'apperçoit qu'un sep de Vig[ne]
espalié à un mur ne promette plus rie[n]
de bon à cause de sa vieillesse, ou qu[i]
par un genie trop dissipé, il veuille, ma[l]

é nous, paſſer les bornes qui luy ont
é preſcrites ; pour lors on doit regar-
er une branche venuë ſur le pied de ce
p comme une branche heureuſe, &
é cette conſideration on la doit tailler
ec prudence, à intention de ravaler
nnée ſuivante ſur elle tout le pied. Si
contraire ce ſep donne toûjours de
lles productions, & qu'il ſe comporte
gement, pour lors telle branche ſortie
deſſus ſon pied, & qu'on ne doit ja-
ais conſiderer que comme un ſecours
ur l'année ſuivante, au cas qu'on en
beſoin, cette branche ſera ôtée com-
e inutile.

En la plus grande partie de la Bour-
gne, on met en perches les Vignes
oyennes quand elles ont cinq à ſix
s, qui eſt d'ordinaire le temps qu'elles
mmencent à donner du fruit en abon-
nce, afin de leur donner la figure qui
ur eſt propre.

Mettre en PERCHE une Vigne, c'eſt atta-
er de travers des Perches aux Echalas qui ſont
antez au pied des ſeps à la hauteur de treize à
atorze poûces, pour y encouder les ſeps, c'eſt-
dire, pour y courber & y attacher ſes branches.
la ſe pratique en quelques Païs, & particulie-
ment en l'Auxerrois, où j'oſe aſſurer que les
gnes ont auſſi bien qu'en l'Orleanois un agré-
ent tout particulier, & que les autres en tout

autre Vignoble n'ont pas. De *Pertica* eſt venu
mot de Perche, qui ſignifie un bâton fort long,
& eſt dit χαμνω, qui veut dire *laboro*, les Perches
fatiguant, pour ainſi dire, bien ſouvent ſous un
fardeau.

Quand la Vigne ne fait que commen
cer à pouſſer, & qu'elle vient à geler en
bourre, il y a lieu d'eſperer qu'elle pour
ra produire huit ou dix jours aprés, que
l'air vient un peu à s'échauffer, quel
ques Arriers-bourgeons dans chacun deſ
quels il y aura un ou deux Raiſins. C'eſt
pourquoy j'eſtime qu'il ne faut pas d'a
bord couper le bois de cette Vigne gelée
ni y donner aucun labour, ni même la
lier, parce que toutes ces operations lui
prejudicieroient beaucoup. Il ne faudra
travailler à cette Plante que quand le
temps ſera adouci.

BOURRE ſignifie, en terme d'Agriculture,
cette premiere apparence que donnent les Bourgeons de Vigne & les boutons des Arbres fruitiers.
& pour lors ces bourgeons & ces boutons ſont
ſuſceptibles du froid, que pour peu qu'il ſe faſſe
ſentir, ils ſe trouvent endommagez. On a nommé Bourre cette ſorte de bouton, à cauſe qu'en
effet il reſſemble à de la bourre.

Mais quand la Vigne a été tout-à-fait
gelée depuis le 25. Avril juſqu'au 20

may, & qu'il n'y a plus à esperer qu'elle
pousse des Arriers-bourgeons, il faut
couper tout le bois ancien & nouveau,
& ne laisser que les souches seulement,
car le froid excessif survenu en ce temps,
a fait descendre la séve jusqu'à ses racines. Comme la saison n'est pas bien
avancée, & que le fond de la terre n'est
gueres échauffé, cette Vigne ne peut
pousser de nouveaux bourgeons que douze ou quinze jours aprés. Cette operation renouvellera entierement cette Plante, puisqu'elle se trouvera garnie d'un
grand nombre de belles branches, lesquelles produiront l'année suivante, si
c'est une Vigne blanche, du fruit en
abondance, & si c'est une Vigne noire,
elles n'en donneront que dans deux ans.
Mais si la gelée survient fort tard, c'est-
à-dire, depuis la fin de May jusqu'au 15.
Juin, j'estime qu'il ne faut couper aucun bois, parce que la saison étant alors
fort avancée, & la terre étant en-dedans
fort échauffée, la Vigne ne manque pas
de repousser quantité de nouveaux bourgeons cinq ou six jours aprés, si le temps
vient d'abord à s'adoucir.

La Grêle qui tombe en abondance
depuis le 15. Juin jusqu'au 20. Juillet,
refroidit tellement la terre, que les nou-

veaux bourgeons de la Vigne grêlée n
commencent à repouffer que dix à douz
jours aprés, quoyque la chaleur fe foi
retirée au-dedans de cette terre; cé qu
fait que la féve y étant, pour ainfi dire
detenuë prifonniere, ne peut fi-tôt mon
ter & produire de nouvelles branches
lefquelles font moins en-état de meuri
avant l'Hiver, que celles provenant d
la Vigne gelée ou grêlée en May. Quan
le farment n'a pas acquis la maturit
avant le 15. Octobre, il ne produit ja
mais de fruit.

BOURGEON, terme d'Agriculture, eft
bouton qui commence à pouffer aux Vignes &
d'autres Plantes au Printemps; il eft placé enti
la tige ou la branche dont il fort, & la bafe de
pedicules ou queuës des feüilles. Le Bourgeon, d
M. Grew, a la même peau, le même parenchy
me, les mêmes corps ligneux, les mêmes infer
tions & les mêmes moëlles que la tige, qui par l
moyen d'un nouveau fuc qui y entre continuelle
ment, reçoivent une extenfion pareille à celle d
l'or qui paffe par la filiere, & qui fe déployent
peu prés comme les tuyaux d'une Lunette d'ap
proche. Il y a beaucoûp d'apparence, ajoûte-t-il
que la plûpart des Bourgeons tirent leur origin
de plufieurs fibres du corps ligneux qui s'inferer
& qui fe mêlent avec la moëlle, comme on peu
le remarquer quand on fait la diffection d'un
racine.

INSERTION fe dit, en terme de Jardi
nage

rage, de plusieurs lignes qui vont du centre vers la circonference, & qui font des entrelassemens dans les fibres perpendiculaires du corps ligneux, qui forment comme un Roseau ou une Etoile en se croisant mutuellement. Ces parties commencent dans la radicule de la graine, & leur substance n'est point differente de celle du parenchyme. On distingue aisément dans la tige des Arbres coupez de travers, les Insertions du parenchyme de l'écorce : on y remarque aisément qu'ils vont de la circonference au centre ; & on voit que tout le corps de l'Arbre est composé de deux substances differentes, sçavoir, des cercles & des insertions ; que ces deux substances se croisent mutuellement, & qu'elles sont à peu prés disposées dans la tige des Arbres comme les lignes de latitude & longitude sont dans un Globe. M. Grew, en parlant des pores des Insertions, dit qu'il est aisé de voir dans la tige d'un Chêne comment sont situez les pores des Insertions ; car quand on regarde un gros morceau de Chêne avec ses propres yeux ou avec un Microscope, qui a déja été mis en œuvre, & dont on a fait des Lambris ou des Tables, outre les plus grands pores du corps ligneux qui s'étendent à long, qu'on voit aussi fort aisément ceux des Insertions qui s'étendent en large, & qu'ainsi on remarque que tous ces pores se croisent mutuellement : Et il ajoûte que ceux des Insertions ne sont pas longs & continus, mais qu'au contraire les Insertions étant de la même substance du parenchyme, de l'écorce & de la moëlle, que leurs pores sont aussi pareils, c'est-à-dire, qu'ils sont courts & entrecoupez.

Sans les labours toutes les Plantes periffent, fur tout quand elles font nouvellement mifes en terre. Les fels de la terre fe confument à force de produire des Plantes ; les fumiers & les autres amendemens font des fecours faciles pour les reparer. Les parties fubtiles de ces fels qui y font en abondance, n'ont pas la liberté d'agir, fi cette terre n'eft cultivée & renverfée fens deffus deffous. J'eftime qu'il ne faut donner que trois labours à la terre où la Vigne eft plantée. Si l'on en donnoit quatre ou cinq, on tomberoit fans doute dans l'inconvenient de corrompre fes vertus qu'on croiroit augmenter. Ces Labours doivent être donnez à propos. Le premier qu'on appelle Labourer devra être fait dans les terres graffes & un peu humides, depuis le 20. Mars jufqu'au 10. ou 12. Avril, par un temps fec, & quand elles feront faines. ce qui fera perir les méchantes herbes. & dans les terres fablonneufes & fecher on donnera ce premier Labour quinze jours plûtôt. Ce travail fera rechauffer le pieds des feps qui ont été déchauffer à la fin du mois de Janvier.

RECHAUSSER eft un terme d'Agriculture & de Jardinage ; car on dit rechauffer la Vigne & rechauffer un Arbre : & rechauffer l'une & l'autre de ces Plantes, c'eft remettre de la terre dans u

terne qu'on a fait autour de leurs pieds ; & ce
mot eſt, ſelon moy, aſſez bien inventé, puiſque,
comme on dit ordinairement, avant que de les
rechauffer, on les déchauſſe en mettant leurs pieds
à découvert.

Le ſecond Labour qu'on appelle Biner, doit ſe donner par un temps chaud
& ſec, & s'il eſt poſſible un peu avant
que la Vigne ſoit en fleur, l'experience
m'ayant fait connoître qu'une terre cultivée nouvellement étant ſuſceptible de
fraîcheur & d'humidité, pouvoit contribuer à faire couler & aneantir le fruit
d'une Vigne qui eſt en fleur. Ou bien
on attendra qu'elle ſoit tout-à-fait hors
de fleur.

Le troiſiéme & dernier Labour qu'on
appelle Rebiner, ne ſe doit donner que
quand le Verjus eſt tout formé & fort
gros, & par un temps humide ou fort
couvert. Si on le donnoit lorſqu'il fait
un Soleil fort ardent, ce Verjus brûle-
roit infailliblement ; mais quand il commence à tourner, il ne faut pas craindre
de donner cette façon par un temps
chaud & ſec ; c'eſt ce que l'experience m'a
appris. Il faut empêcher que les Femmes cueillent de l'herbe dans la Vigne
quand le temps eſt extremement chaud ;
& que le Verjus n'a pas commencé à

tourner, parce que pour peu qu'elle
touchent les Raisins avec leurs vête-
mens, ils font fort susceptibles de brûlure.

Ces trois differens Labours qu'il fau
donner à la Vigne font d'une grand
utilité, car ils empêchent qu'une bonn
partie des sels & de la substance de l
terre ne s'épuise à force de produire de
herbes, & ils font que ces méchante
Plantes mises & tournées au fond de l
terre y pourrissent & tiennent lieu d'u
nouvel amendement; & tels soins pri
tant la premiere année que les suivante
que la Vigne est plantée, suffisent pou
les obliger à faire d'excellentes productions.

Quand on s'appercevra que l'anné
est fort seche & hâtive, comme a été
celle de 1705. & qu'au 15. ou 20. Juille
il sera tombé quelque legere pluye, i
faudra aussi-tôt passer la Houë dans les
sentiers de la Vigne, c'est-à-dire dans les
lieux où les Vignerons se mettent quand
ils y travaillent. Ce Labour doit se donner en allant à reculons, & de la même
maniere que quand on ruelle ou pare la
Vigne. Il ne devra être fait que dans
un terroir gras & un peu humide, &
non dans un sablonneux & sec, où il est

ifé de biner & rebiner. J'ay fait faire ce Labour en cette année 1705. à la fin de Juillet, dont je me fuis bien trouvé.

Houë, autrement dit Marre, eft un Inftrument de fer large & plat comme une Bêche qui feroit renverfée ; & cette Houë doit avoir un manche de deux pieds & demi de longueur. Les Vignerons fe fervent de cet Inftrument pour cultiver la Vigne. Il y a des Païs où les Jardiniers s'en fervent pour cultiver leurs Jardins. Ce mot de Houë fe dit en Latin *marrha*, & eft dérivé de *ruegor*. Pour bien labourer une terre forte remplie de quantité de pierres ou de cailloux, il faut fe fervir de Houës qui ayent deux bras de fer un peu pointus.

J'ay plufieurs fois dit que les méchantes herbes abforboient la plus grande partie des fels & de la fubftance de la terre, mais je n'ay pas dit encore ce qu'il falloit faire pour empêcher qu'il n'en croiffe dans les terres où la Vigne eft plantée, & fur tout dans celles qui font d'une nature à en produire beaucoup. Avant de donner le premier Labour à ces terres, il faut par un temps fec y femer une bonne quantité de Vefce, & la faire auffi-tôt couvrir de terre. Cette Vefce ainfi couverte de terre fera ce premier Labour. Peu de jours aprés cette femence germe & commence à piquer

la terre d'une fane fort déliée, ce qu
empêchera les graines des méchantes
herbes de lever, parce qu'elles seront
étouffées par le grand nombre de feüilles
naissantes que cette Vesce aura produit.
Quand on s'appercevra qu'elle sera prête
à fleurir, on renversera la terre sens dessus dessous par un temps sec & clair, ce
qui fera le second Labour. L'herbe que
cette Vesce aura produit étant bien enterrée, pourrira en peu de jours, & en-
graissera la terre, bien loin d'absorber
ses sels & sa substance. Avant de donner
ce deuxiéme Labour, il faut empêcher
que les Femmes n'entrent dans la Vigne
pour y cueillir cette Vesce en herbe,
parce qu'étant cueillie, les méchantes
herbes leveroient aussi-tôt. On pourra
semer à la place de la Vesce une espece
de Pois appellez Lupins, parce que l'experience m'a appris qu'ils faisoient le
même effet.

Aprés que le premier Labour est donné à la Vigne, il la faut promptement
échalader & lier, & s'il se peut auparavant qu'elle commence à pousser, parc
ce que si les boutons dans qui est enfermé le fruit étoient aussi gros qu'un petit
Pois, on pourroit en liant cette Vigne
en faire tomber un grand nombre. Il n

faut point lier les Viétes de la Vigne
blanche que par un temps bas, humide
& couvert. Si on les lioit par un temps
sec & par un beau Soleil, on en casse-
roit un grand nombre en les pliant. A
l'égard des petites Viétes de la Vigne
noire & des Coursons qu'il ne faut point
lier, mais seulement courber en les at-
tachant aux échalas, on pourra y travailler tous les jours.

Ce n'est pas la quantité de grains que
l'on doit souhaiter à un Raisin pour faire
l'excellent Vin; c'est au contraire ce
qu'il y a le plus à craindre. Il est presque impossible d'avoir la quantité de
Vin & la qualité en même temps. Quand
la coulure survient au Raisin Muscat,
elle ne luy porte pas un grand prejudice,
à cause qu'elle fait tomber une bonne
partie de ses grains, qui est ce qu'on
doit demander de ce precieux fruit. Ceux
qui restent à la grappe étant fort eloi-
gnez les uns des autres, deviennent plus
gros, plus fermes & plus delicieux que
s'ils étoient fort serrez, & même acquierent plus aisément la parfaite maturité. La beauté & la bonté de ce Raisin ne consistent pas à avoir les grains
serrez; car étant en cet état, ils sont
toûjours menus, molasses & insipides,

quelque chaleur qu'il fasse en l'Isle d
France & aux Provinces circonvoisine
Quand on a peu de seps de Raisin Mus
cat, il faut, s'il fait d'excessives chaleur
lorsque ce fruit est en fleur; les arros
à leurs pieds avec de l'eau un peu froid
Cela fera couler une partie des grain
Comme le Muscat apprehende beau
coup le défaut & la mediocre chaleur
aussi en craint-il l'excés. Dans les Pai
qui approchent un peu du Septentrion
la Plante qui le produit a besoin, pou
luy faire acquerir la maturité parfaite
d'être attachée à un mur exposé au Midi
Et dans les Païs qui approchent un pe
du Midi, cette Plante ne demande pou
produire un fruit delicieux & gros, r
espalier ni une exposition favorable
parce que la chaleur y domine presqu
toûjours, & que dans les années chau
des & hâtives il y brûle bien plûtôt qu
d'y meurir; il n'y réussit qu'en plein
air, & que quand elles sont mediocre
ment chaudes & un peu tardives: aussi
peut-on dire veritablement que ce pre
cieux Raisin y vient excellent & admi
rable; si bien que l'art n'en peut fair
produire dans les Païs un peu Septen
trionnaux, qui approche de cette bont
& de cette délicatesse. A la verité e
l'Is

l'Isle de France & aux environs, on peut aisément se passer des Païs qui sont beaucoup plus chauds pour la plûpart des autres fruits, comme les Poires, Pommes, Coignasses, Abricots, Pêches, Prunes, Cerises, Figues, Noix, & un grand nombre d'autres fruits, aussi-bien que quantité de Plantes Medecinales & Legumineuses.

LA COULURE, en fait de Vigne & de Jardinage, n'est autre chose qu'un mouvement interrompu de la séve, qui perdant les dispositions qu'elle avoit à former du fruit par les grandes fraîcheurs, n'est plus bonne qu'à donner du bois, en achevant de se consommer toute entiere dans ces parties, mais avec moins de succés qu'on avoit lieu de l'espérer. Ce mot de Coulure se dit en Latin *deoratio*, comme qui diroit que le fruit, quand il coule, s'en va comme la rosée.

Quand le Raisin Muscat commence à tourner, il faut, si le temps est chaud & sec, donner le soir, deux fois la semaine, un arrosement un peu ample au pied du sep qui le produit, avec de l'eau de Mare ou de Fossé, ou de celle de Puits, pourvû qu'elle ait été exposée au Soleil pendant deux ou trois jours. Il ne faut point arroser ce sep quand son fruit est encore en Verjus, parce que quand l'écorce est un peu attendrie, il est beau-

coup plus sujet à brûler, que quand ell
est dure. Lorsque cet arrosement e
donné bien à propos, il fait considera
blement grossir ce Raisin si delicieux,
excellent & si estimé de Sa Majesté &
des Personnes de bon goût. Il ne fau
faire cette operation que dans un terroi
sec & sablonneux, & non dans un gra
& humide, parce qu'on feroit perdre
ce fruit une partie de sa bonté.

TOURNER, est un mot qui se prend dans
Jardinage pour la premiere marque de la matu
rité d'un Raisin, ou d'un autre fruit; ce qui sign
fie que l'un & l'autre donnent des marques
leur prochaine maturité. Ce mot de Tourner
dit en Latin *Mutare*, à cause en effet qu'un Raisi
ou qu'un autre fruit change de couleur, quand
commence à meurir.

La gelée & la grêle portent un notabl
prejudice à la vigne. La premiere fai
perir les Plantes lorsqu'elles font mouil
lées, parce que l'eau qui s'est gelée dan
leurs pores, les déchire de la mêm
maniere qu'elle fait casser les vaisseau
où elle est enfermée. Et la seconde, e
tombant sur les feüilles des Arbres & d
la Vigne, en meurtrit les fibres & fai
extravaser la séve; ce qui cause des tu
meurs. L'impression n'est pas si fort
quand elle est accompagnée de la pluye

parce que l'eau amollit les fibres, & les déterge du suc nourricier qui commençoit à s'épancher. La gelée est plus generale que la grêle, & porte quelquefois peu de prejudice à ceux qui ont des Vignes ; parce que quand elles ne sont gelées qu'à la moitié, la dépense n'est pas si considerable, tant pour l'achat des Tonneaux, que pour les frais de Vendange, que quand elles n'ont été gelées ni coulées ; & on a même beaucoup de facilité à vendre son Vin. Si la Vigne est tout-à-fait gelée, il n'y a qu'une année de perte, y ayant un Proverbe qui dit, *Vigne gelée, Vigne renouvellée ; & Vigne grêlée, Vigne perduë pour deux années.* La grêle n'est que particuliere, & malheur à ceux qui ont des Vignes où elle tombe avec force & violence depuis le 10. de Juin jusqu'à la fin de Juillet, car il y a pour lors deux années de perte. La gelée qui gâte les Vignes, & quelquefois les Blez Seigles quand ils commencent à former leurs épis, ou quand ils sont en fleur, survient, à l'égard de ces Vignes & de ces Seigles quand ils épient, depuis le 15. Avril jusqu'au 12. May ; & pour ce qui est de ces Seigles qui sont en fleur, elle arrive vingt-huit au trente jours plus tard. En Juin 1705. il survint

X ij

deux ou trois gelées affez fortes , lefquelles cauferent en quelques Provinces
du Royaume beaucoup de dommage ;
mais , graces au Seigneur , la chaleur fut
dans la fuite tres - grande , & dura fi
long-temps , que le bois que la Vigne
pouffa , meurit parfaitement avant l'Hiver , & produifit l'année fuivante quan-
té de fruit.

Puifque je viens de dire quelque chofe
de la gelée , il ne fera pas hors de propos
que j'enfeigne un fecret prefque infail-
lible pour garentir la Vigne de la gelée.
Lorfque l'on verra que le temps y fera
difpofé, ce qui fe connoît quand il a tombé le jour precedent quelques grêlons ,
& que le temps eft clair le foir & pendant la nuit , & que même les étoiles
font fort brillantes, il faudra prendre de
l'étouble ou chaume , avec de long fumier qu'on portera en plufieurs endroits
de la Vigne , du côté où le vent fouffle.
Auffi-tôt que le Soleil fera levé , on mettra le feu à cette étouble & à ce fumier , ce qui fera une fumée fort épaiffe
& comme une efpece de gros nuage. Le
Soleil ayant alors bien de la peine à penetrer cette fumée épaiffe , ne pourra en
aucune maniere brûler les Raifins & les
feüilles qui feront fortis du bois de cette

Vigne ; & la rofée qui aura été gelée par le froid du matin, fe convertira en eau. Il faut faire en forte que cette fumée dure deux heures au moins. Ceux qui ont pratiqué ce que je viens de dire au mois d'Avril 1710. fe font tres-bien trouvez de ce fecret, puifqu'ils ont été quafi les feuls qui ont fait une heureufe Vendange.

RAISIN eft le fruit de la Vigne, qui vient en grappes, qui eft bon à manger & à faire du Vin. Il y a plufieurs fortes de Raifins ; les uns meilleurs & plus agreables au goût que les autres ; les uns hâtifs, & les autres tardifs ; & les uns plus propres dans une terre que dans une autre. Ce mot de Raifin fe dit en Latin *Racemus*. Voici la lifte des meilleurs Raifins. Le Raifin Precoce, le Morillon, autrement dit Pineau ou Auverna noir ; le Raifin dit la Ciouta ; le Chaffelas blanc ou Mufcadet ; le Chaffelas noir ; le Mufcat blanc, autrement dit en l'Orleanois Frontignan ; le Mufcat noir ; le Raifin dit la Malvoifie ; le Corinthe ; le Sans-pepin, autrement dit Bar-fur-Aube ; le Genetin, appellé à Orleans Mufcat ; le Raifin Beaunée, appellé en Bourgogne le Servinien ; le Bourguignon, autrement dit Treffeau ; le Damas ; l'Abricot ; le Mêlié blanc ; le Mêlié noir ; l'Auverna blanc ; le Sanmoireau, autrement dit Quille-de-coq ; le Fermenteau ; le Roche-blanche noire ; le Bourdelas, appellé en Bourgogne Grey, & en Picardie Gregeoir ; le Noitaut, autrement dit Teint, ou Raifin d'Orleans ; le Farineau, autrement dit Rogne-de-coq ; le Formentin noir, autre-

ment dit Meûnier ; le Raifin d'Afrique ; le Raifin
d'Italie , autrement dit Pergoleife ; les Rochelle
noire & blanche ; la Blanquette de Limons ; le
Marroquin ; & le Ploqué. Le jus du Raifin ef
propre à compofer divers Remedes. Il eſt tres-excellent à boire : il réjoüit le cœur de l'Homme ; i
donne de la force & de la vigueur à ceux qui er
ufent moderément : au contraire il affoiblit l'efpri
& le corps de ceux qui en font des excés ; & i
éteint la chaleur naturelle. La frugalité , dit l
Sage , rend le corps fain & robuſte , & donne l
fanté à l'efprit. Le Raifin naît à l'oppofite de l
fûüale , ce qui paroît une chofe tres-finguliere , &
encore plus de ce qu'à la plûpart des Vignes il n
fort qu'au troifiéme , quatriéme & cinquiém
nœud d'en bas de la branche ; au lieu que tou
les autres fruits naiffent dans toute l'étenduë de l
branche qu'on appelle Branche à fruit , & naiffen
même plûtôt vers fon extrémité , que dans fo
commencement. A l'égard des Figues , elles nai
fent du nombril des feuilles ; c'eſt une condition qu
leur eſt commune avec quelques fruits , & mêm
au Jafmin. Comme chaque Poirier eſt compof
de plufieurs branches , les unes fortes & les au
tres foibles , fi on regarde en quel endroit fe for
ment regulierement la plûpart des Poires , o
trouve que ce n'eſt pas fur les groffes branches
mais au contraire fur les foibles , que la Natur
prend foin de fructifier. Toutefois fi on regarde
quel endroit de la Vigne fe forment les grappes d
Raifin , & à quel endroit d'un Figuier fe formen
les Figues , on trouve que rarement en vient-il fu
les branches foibles , & que communement il s'e
fait beaucoup fur les groffes & vigoureufes. Ainf
les petites branches de ce Poirier doivent en l
taillant être confervées , & les petites branches d

cette Vigne & de ce Figuier doivent être supprimées. Les Raisins sont aussi agreables au manger
quand ils sont secs, que quand on vient de les
cueillir ; & pour cela on s'en sert de toutes sortes, mais les meilleurs sont les Muscats : on les
met au four sur un claye pour les faire secher,
prenant garde que la chaleur n'en soit point
trop âpre, & se rendant sujet à les tourner de
temps à autre, afin qu'ils sechent également par-
tout. Pour faire devenir un Raisin blanc tout ridé
aussi beau & aussi frais que quand on vient de le
cueillir, il faut le mettre dans de l'eau tiede pendant demi-heure, & ensuite le faire secher au
soleil, ou le mettre dans un lieu un peu chaud.
Si en Hiver on met durant trois quarts d'heure
dans de l'eau tiede du Raisin blanc cuit au four,
on en tirera en pressurant, du Vin Bourru aussi
doux que du Miel.

Il ne suffit pas de tailler la Vigne, de
la labourer & de la lier aux échalas
pour luy faire faire de belles productions, il faut encore l'ébourgeonner,
l'accoler, la relever, l'amender & la
mueller. Quand on fera l'ébourgeonne-
mènt, il faut d'une necessité absoluë
abattre tous les Ecuyers qui naissent au-
dessous de la tête du sep, comme n'étant
propres qu'à absorber une partie de la
séve.

ECUYER n'est autre chose, en terme d'A-
griculture, qu'un faux bourgeon qui croît au
pied du sep de la Vigne, & qui n'est qu'un reste

du suc qui se porte à cette partie, & qui ne peut
par consequent operer qu'un effet fort mediocre
soit par rapport au fruit qui en vient, soit par
rapport à la maturité qui n'en est presque jamais
parfaite, n'ayant pas tout le temps que la Nature prescrit pour en cuire le suc. Ce mot d'Ib
cuyer par rapport à la Vigne, se dit en Latin
Oculus posterior ; & Ecuyer, suivant ce qu'il en
a été nommé ainsi par rapport au nom d'Ecuyer,
& se dit en Latin *Scutarius*, qui signifie un Gen-
tilhomme du plus bas degré, le bourgeon qu'on
nomme Ecuyer venant aprés les autres, & n'étant
pas si recommandable.

Si le sep est jeune & qu'il ait poussé
fort peu sur sa tête, on a lieu d'esperer
que l'année suivante il y donnera du gros
bois ; ainsi j'estime qu'il faut ôter tout
le bois qui est sur cette tête. Mais si le sep
est vieux, il faut ôter tous les jets qui y
sont, à la reserve de la plus belle branche qu'on laissera, en vûë qu'elle pourra servir pour renouveller ce vieux sep.

Ceux qui ont des Vignes moyennes,
comme celles qu'on éleve en quantité
dans la Bourgogne, auront soin de les
ébourgeonner jusqu'au coude du sep,
c'est-à-dire, jusqu'à l'endroit où naît le
bois qui produit le fruit. On use d'ordinaire de ce terme dans l'Auxerrois, où
on éleve les Vignes sur une perche mise
de travers à la hauteur d'un pied &

demi, sur laquelle eſt la coûtume de plier le ſep quand il a atteint le temps d'y pouvoir parvenir, d'une telle maniere qu'y étant attaché, il fait une eſpece de coude.

A la fin de Juin il ne faut pas manquer d'accoler les branches que la Vigne aura pouſſé; ſi on ne les accoloit pas, le moindre vent qui dans la ſuite viendroit à ſouffler, les feroit preſque toutes caſſer, ce qui feroit perir le fruit qui y feroit attaché.

ACCOLER, eſt un terme dont ſe ſervent ordinairement les Vignerons & les Jardiniers, lorſqu'ils arrêtent par le coû aux échalas les nouveaux jets que la Vigne a produits au mois de Juin, & à l'eſpalier ceux que les Arbres fruitiers ont pouſſé en May, afin que donnant plus d'air à cette Vigne & à ces Fruitiers, leur bois & leur fruit puiſſent plus aiſément meurir. On ſe ſert pour accoler & relever les jets de la Vigne & des Arbres, de Pleyon, ou grande paille qui n'a point été battuë au fleau, & qui a été moüillée afin qu'elle ſoit plus ſouple. Faute de paille on peut ſe ſervir de jonc, lequel aprés qu'il eſt coupé, il faut mettre au Soleil, afin que ſes rayons frappant deſſus pendant ſept ou huit heures au plus, rendent cette herbe qui croît dans les Prez, plus propre à accoler ces jets.

Il ne faut point relever la Vigne qu'au declin de la ſéve, c'eſt-à-dire, au 15. ou

20. Août. Si on la relevoit dans le temps que cette féve y est encore en abondance, ses branches produiroient des Drageons à l'endroit de leurs yeux, qui sont des especes de petits nœuds se terminant en pointe, & c'est de là d'où naissent l'année suivante les jets, les feüilles & le fruit ; lesquels Drageons feroient avorter un grand nombre de Raisins qui sont enfermez dans ces yeux.

Drageon, terme de Jardinage, est un tendre bourgeon ou bouton de l'année qui pousse aux branches de la Vigne, tout ainsi qu'il en vient à celles des Arbres. Il croît assez souvent aux pieds des Figuiers, de certaines petites branches qu'on appelle Drageons ou boutures. Ces Drageons suivant l'explication que j'en viens de faire, se disent en Latin *Pulli*, qui signifient Rejettons.

Aprés que la Vigne sera relevée, on coupera à la hauteur des échalas, le bout des branches qu'elle aura poussé. Ce travail est tres-utile, puisqu'il empêche que le peu de féve qui y reste, ne se dissipe, laquelle est bien mieux employée à alimenter & à faire grossir le bois qu'on a laissé.

Relever, est un terme dont se servent d'ordinaire les Vignerons & les Jardiniers, lors-

J'ils attachent une seconde fois aux échalas les
anches de leur Vigne, & à l'espalier celles de
urs Arbres fruitiers, parce qu'elles ne peuvent se
ûtenir d'elles-mêmes sans ce secours. C'est avec
Pleyon (grande paille coupée en deux & qui n'est
as battuë au fleau) qu'il faut relever la Vigne.

J'ay dit au Chapitre cinquiéme de la
remiere Partie, que pour ne point
manquer à l'Agriculture & au Jardinage,
l falloit d'une absoluë necessité s'attacher à bien connoître la nature & la
qualité du fond de chaque terroir, afin
l'y faire transporter des engrais propres
a la vegetation & à l'accroissement des
Plantes. Je ne feray point ici la description des engrais qu'il faut mettre dans
les differens terroirs, puisque j'ay traité
cette matiere au Chapitre sixiéme de
cette premiere Partie. On en usera de
même aux terres où les Vignes sont plantées qu'à celle où on seme des Blez
& autres Grains, & où on plante des
Arbres fruitiers. Quand on juge qu'une
Vigne a besoin d'être engraissée, il faut
luy appliquer avec prudence les Fumiers
qui conviennent le mieux à la nature de
la terre où elle est plantée.

ENGRAIS en terme d'Agriculture, est un
secours qu'on donne à la terre pour luy faire
acquerir de nouveaux sels, & cet Engrais est pro-

prement du Fumier. Ce mot d'Engrais a été ad-
mis dans l'Agriculture par rapport à graisse ; &
en effet, de l'Engrais est une matiere grasse &
remplie de beaucoup de sels & de substance.

Un autre moyen pour amender la
Vigne, c'est de la terrer & d'y transporter des curures de Marès, ou de Fosses
ou de Cours, ou bien des boües des rues
des Villes & des grands chemins de la
Campagne, qui soient bien égoutées &
hivernées. Ces secours qu'on donne à
cette Vigne, ne luy sont pas moins utiles que le fumier qu'on y met, le motif des uns n'étant point different de co-
luy de l'autre : car quand on terre la
Vigne, ce n'est qu'en vûë de fertiliser
celle qui ne l'est pas. Il faut terrer la
Vigne au mois de Novembre, afin que
l'eau des pluyes & des neiges d'Hiver,
puisse plus aisément porter aux racines
de cette plante, les sels que les terres
qui y sont transportées contiennent, &
luy fassent faire de belles productions.
Quelques grandes que soient les ressour-
ces que la Nature cache dans son sein
pour la production & l'accroissement des
Plantes, elles s'épuisent ; & quelque pe-
nible que soit la voye de terrer & de
fumer les terres pour les rétablir, on l'a
pourtant consideree comme une chose

la derniere importance. Les Curures
Mares & de Cours, dit M. de la Quin-
tiye, font comme la lie & l'égout qui
trouvent au fond des Cours & des Ma-
s qu'on nettoye ou qu'on deſſeche.
Les Curures qui ont été miſes en égout,
qui ont été hivernées & expoſées au
ſoleil, font une terre merveilleuſe à être
employé, ſoit pour produire des Blez &
autres Grains, ſoit pour mettre au pied
des Vignes & des Arbres.

TERRER, terme d'Agriculture. On dit terrer la Vigne, c'eſt-à-dire, apporter à la hottée de
terre au pied des ſeps, ce qui ſe met en pratique
lorſqu'on voit qu'elle languit ; & cette terre miſe
dans le lieu où elle eſt plantée, la fait pouſſer
avec vigueur, à cauſe que le genie de cette Plante
étant toûjours de prendre de nouvelles racines du
côté de la ſuperficie de la terre, il arrive qu'à meſure qu'elle en prend la terre devient rare deſſus,
& épuiſée conſequemment des ſels qui doit former
le ſuc qui la nourrit, ſi bien qu'y portant une
nouvelle terre, on y porte une nouvelle ſubſtance,
qui luy faiſant auſſi acquerir de nouvelles forces,
la font bien profiter. On connoît qu'une Vigne
a beſoin d'être terrée & fumée, quand on s'apperçoit qu'elle eſt un peu jaune, & qu'elle ne fait
pas de ſi belles productions qu'à l'ordinaire. Ce
mot de Terrer ſe dit en Latin *viti recentem ter-*
ram adjungere.

Par toutes ces raiſons on doit être per-
ſuadé que les terres propres à produire

des Vignes, des Blez & autres Grain
des Arbres fruitiers & des Legume
doivent être souvent terrées & amendé
pour qu'elles soient toûjours fertiles.
on ne les secouroit pas, elles se fatigu
roient, & elles seroient hors d'état
bien faire, par l'épuisement des sels
se seroit fait au-dedans d'elles, sans le
donner le temps d'en acquerir de no
veaux.

Voici la maniere d'avoir de bon Pla
enraciné de Vigne, lequel il ne fa
planter que dans une terre grasse &
peu humide, & jamais dans une sablo
neuse & seche, parce qu'il y periroit
peu de temps. Il faut faire choix d'u
terre fort substantielle, qu'on prepare
de même que si on vouloit luy fa
produire des Legumes. On y creuse
des Rigoles tirées au cordeau qui aye
sept à huit poûces de profondeur, &
à onze de largeur. Auparavant que
planter les Crossettes, il faut les fai
tremper dans de l'eau de pluye, ou da
de l'eau de puits bien claire, si on n'
a pas, pendant sept à huit heures,
l'extremité d'en-bas pour faire ouv
leurs pores; aprés quoy on les met
au fond de ces Rigoles à trois poû
de distance les uns des autres, & on

ouchera à demi. Enfuite on les couvrira
avec de la terre bien fubftantielle, faifant en forte qu'elles foient bien garnies
en pied, pour leur faire plus aifément
prendre racine. Ces Croffettes ainfi plantées, produiront l'effet qu'on en efpere;
foit par le fecours des influences du Ciel
qui les penetrent incontinent qu'elles
tombent, & des amendemens convenables à la terre où elles font plantées; foit
par celuy des labours qu'on leur donnera
de temps à autre avec la Serfoüette. Il
faudra laiffer fortir hors de terre l'extremité d'en-haut de ces Croffettes de la
longueur de quatre à cinq poûces, pour
qu'elles refpirent l'air : & deux ans aprés
on s'en fervira pour faire des Plants,
qui ayant des racines, prendront aifément en terre.

Lorfque dans un terroir gras & fec
une Vigne eft vieille & fort dépeuplée
de feps, on ne doit plus rien efperer de
bon d'elle. Ainfi bien loin de la provigner, j'eftime qu'il la faut arracher tout-
à-fait. Quand elle le fera, on preparera
la terre, & on y femera à la fin de Fevrier de la graine de Sain-foin avec autant d'Avoine. Au mois d'Août fuivant
on ne fera aucune recolte de Sain-foin,
à caufe que cette Plante n'aura produit

que tres-peu d'herbe, mais auſſi en re-
compenſe on recueillera quantité d'A-
voine. La raiſon pourquoy je dis qu'il
faut ſemer autant d'Avoine que de graine
de Sain-foin, c'eſt que ſi on ſemoit
ſeule cette graine, elle ſeroit trop épaiſſe,
c'eſt ce qu'elle ne demande point du
tout, à cauſe qu'elle multiplie beaucoup.
Ce Sain-foin ſera d'un tres-bon rapport
pendant neuf ou dix ans. Aprés quoy
on donnera au mois de Novembre à la
terre un profond labour, afin que les gelées d'Hiver meuriſſent cette terre; &
au mois d'Avril ſuivant on y plantera
des Croſſettes, & non des Plants enracinez de Vigne, dans des rayons d'un
pied & demi de large, & autant de profondeur & de pareille diſtance l'une de
l'autre.

SAIN-FOIN eſt une Plante qui jette pluſieurs tiges d'un pied de haut, rampantes à terre,
& garnies de feüilles oblongues, étroites, un pe
larges vers leur extremité, vertes en-deſſus, blanches & veluës en-deſſous, naiſſant par paires ſur
une côte, qui ſe termine par une ſeule feüille
pointuë, ainſi que les autres. Cette Plante a les
fleurs à papillon, diſpoſées en epi, fort ſerrées,
ſortant des aiſſelles des feüilles. Ces fleurs ſont legumineuſes, d'une couleur blanche, quelquefois
rouge, & ſoûtenuës chacune d'un Calice velu; au
milieu duquel s'éleve un Piſtile, qui dans la ſuite
devient une Silique (Enveloppe qui couvre ſa
graine

taine) à crête, & quelquefois garnie de pointes, remplie d'une femence en maniere de petit rein. On appelle à Paris le Sain-foin l'herbe de Bourgogne, parce qu'elle croît dans les Champs du Duché de Bourgogne, & que même la plûpart des chemins en font couverts. Pline dit qu'on appelle cette Plante *Medica*, parce qu'elle fut premiere-ment apportée de Medie. Le Jardinier Botanifte dit que le Sain-foin pris interieurement pouffe par les fueurs. Le Sain-foin fe fauche d'ordinaire trois fois l'année, à la difference du Foin qui ne fe fau-che qu'une feule. La premiere fauchaifon ne s'en fait qu'à la fin de May, & l'herbe qu'on en recueille eft fort bonne pour les Animaux. La feconde à la fin de Juillet. Comme l'herbe de cette feconde re-colte eft plus groffe que celle de la premiere, à caufe que c'eft cette herbe qui produit la graine, auffi n'eft-elle pas fi delicate pour nourrir les Beftiaux. Et la troifiéme fauchaifon s'en fait à la fin de Sep-tembre. Quoyque la derniere herbe fauchée n'ait pas tout-à-fait tant de fuc que celle qui a été fau-chée en May, elle ne laiffe pas neanmoins que d'être d'un grand fecours pour entretenir ces Bef-tiaux. Il eft conftant que le Sain-foin a des qua-litez fort recommandables, puifqu'étant dans une terre de peu de fubftance, il a la vertu de l'en-graiffer de telle forte, que fans le fecours d'aucun autre amendement, elle produit des grains pen-dant trois années de fuite fans fe repofer. L'herbe du Sain-foin rend les Vaches abondantes en lait, & fert beaucoup pour entretenir les Veaux & les Agneaux en vigueur. Elle produit une graine qui eft propre à nourrir les Poules, à les échauffer & les faire fouvent pondre.

Pour avoir des Raifins fans pepin, il

faut, dit Liebaut, ôter toute la moël
du farment qu'on veut planter dans t
terre, c'eſt-à-dire ſeulement de la parti
qui y ſera miſe, & non la moëlle de l
partie du farment qui devra être ho
de cette terre. Enſuite envelopper cet
partie avec du papier moüillé, ou bie
l'enter dans un gros Oignon, parce q:
ce Legume a la vertu de faire en pe
de temps végéter le bois de la Vign
Comme cet Oignon eſt tres-bon & tre
ſalutaire pour l'Eſtomac, il y a tres-pe
de Ragoûts où on ne le faſſe entrer.

Pour qu'un ſeul ſep de Vigne por
des Raiſins de differente eſpece, il fa
prendre deux branches de Vigne qu'o
entaillera par le milieu. On joint c
deux branches à l'endroit de l'entai
avec de bon Oſier. Si on greffe, dit M
de Vallemont, ſur le farment de cet
Vigne une troiſiéme eſpece de Raiſi,
le ſpectacle en ſera plus beau & pl
rare. On peut auſſi faire la même cho
avec un tuyau de fer de demi-pied l
long. On fait paſſer au travers de :
tuyau quatre ou cinq farmens, dont o
enleve l'écorce par l'endroit où ils de :
vent tous ſe réunir en un corps. On l
lie enſemble, on remplit les vuides :
tuyau avec de la terre d'Argille, & m

ne on l'en couvre tout-à-fait, jufqu'à ce
que tous ces farmens ne faffent plus qu'un
feul & même fep. Il donnera autant de
fortes de Raifins qu'il y a de differens
farmens.

La Nature qui agit toûjours par des
voyes fecretes & qui nous font incon-
nuës, fait pouffer aux Vignes & aux autres Plantes foibles de tige des tenons
qui fervent à les foûtenir : car leurs branches étant longues, menuës & fragiles,
leur propre poids, & encore plus celuy
du Raifin, les emporteroit & les romproit tres-fouvent, fi par le moyen de ces
tenons elles n'étoient attachées enfemble ou à quelque corps plus folide qui
pût les foûtenir. Ainfi le foin neceffaire
pour la confervation d'une Vigne eft
partagé entre la Nature : le Vigneron
met en fûreté les plus groffes branches
par les ligamens avec lefquels il les attache ; & la Nature affure les plus petites
à mefure qu'elle les forme, par ces tenons qu'elle leur fait pouffer, & par le
moyen defquels ces petites branches s'attachent & s'accrochent à tout ce qu'elles rencontrent.

TENON fe dit, en terme d'Agriculture, de
petits fions tendres que pouffent les Vignes & quel-

ques autres Plantes foibles de tige, comme le Lierre, la Vigne-vierge , &c. pour s'accrocher & se soûtenir par plusieurs circonvolutions que ces Plantes font autour du bois ou des branches que ces petits sions trouvent en leur chemin. Sans ces Tenons ces Plantes seroient obligées de ramper à terre.

VIGNE-VIERGE est une Plante qui croît en Arbrisseau , qui sert à faire des Palissades le long des murs , qui monte fort haut. La Vigne-vierge a des Tenons ou petites griffes avec quoy elle s'attache à tout ce qu'elle rencontre : sans cela elle seroit obligée de ramper contre terre. On l'appelle Vigne-vierge , à cause qu'elle vient de Virginie en l'Amerique.

J'ay oublié à dire que quand les Vignes commencent à pousser , & les Arbres viennent à fleurir , c'est-à-dire à donner des fleurs , il ne faut point du tout labourer la terre où ils sont plantez, la raison est que les exhalaisons qui s'élevent d'une terre qui est nouvellement cultivée , gâtent les tendres productions de ces Vignes & les fleurs de ces Arbres.

Peu de jours aprés que la vendange de la Vigne noire sera faite , il faudra rueller ou parer cette Plante , & particulierement celle qui est dans une terre grasse & un peu humide, afin que les pluyes qui viendront dans la suite à tomber puissent plus aisément s'écouler. A l'égard de la Vigne blanche , il ne faut point la rueller que lorsque ses feüilles sont tombées, afin qu'en relevant de côté & d'autre la terre sur les cerchées, ces feüilles se trouvent enterées, qui venant à pourrir pendant l'Hiver, feront pousser cette Vigne avec vigueur. M. de Vallemont en parlant de la Vigne & de la chûte de ses feüilles, dit que nous voyons sur la fin d'Automne tomber les feüilles des Vignes : qu'elles ne tombent que pour reporter à la terre, par la pourriture, les sels qu'elles en avoient reçûës par la végétation ; que le Nitre mis en liberté par la dissolution de ces feüilles, reparoîtra sur la scene, quand la chaleur du Soleil monté à l'Equinoxe, secondée de celle des feux soûterrains, pousseront des sucs de la terre dans la racine de la Vigne, pour former à Bachus une Couronne de Pampres nouveaux. Qu'ainsi la face de la Terre ne change que pour devenir la même. Que ses déperissemens n'arrivent que pour se reparer. Que ses pertes font sa richesse. Que rien ne se perd, & que rien ne s'aneantit. Que ce qui disparoît, se retrouve. Que ce qui change, reprend sa place. Que la Nature est toûjours la même : & que franchement qui ne connoît point cette circulation perpetuelle,

en quoy confiste toute l'harmonie du
Monde élementaire, loin d'avoir plac
parmi les Philofophes, eft indigne d'êtr
compté parmi les Hommes.

RUELLER eft un terme d'Agriculture, q
fignifie enlever avec la pane de la Houë ou de l
Pioche la terre du milieu d'une perchée de Vigne
& la relever de côté & d'autre contre les feps.
faut commencer cet Ouvrage par le haut-bout d
la perchée, en continuant jufqu'en-bas, de tel
maniere que le milieu de cette perchée devient u
rigole, & la terre mife comme j'ay dit, forn
un dos de bahu tout le long de chaque perchée;
cette façon qu'on donne aux Vignes ne fe doit pr
tiquer que dans celles qui font plantées au co
deau. On la donne peu de jours aprés la Vendang
A voir la maniere dont les Vignes font ruellées, c
peut bien juger que ce terme de Rueller a été bie
inventé; car Rueller vient de Ruelle, qui fe dit
Latin *femita*, qui fignifie proprement un fentie
ce qu'on appelle Ruelle par rapport à la Vign
n'étant autre chofe que des fentiers.

Quand on aura ruellé ou paré la Vign
il faudra la déchalader avant l'Hive
Auparavant que de mettre en un mo
ceau les Echalas, la pointe en-bas, e
plufieurs endroits de la Vigne, pour en
pêcher que les pluyes d'Hiver ne les g
tent, on doit couper & aiguifer avec
Serpe ce qui en fera pourri.

DÉCHALADER ou Décharneler, comi

n dit en l'Orleanois, eſt un verbe qui ſignifie ar-
acher un Echalas qui a été fiché en terre au pied
'un ſep de Vigne. Il ne faut point déchalader les
Vignes qu'elles ne ſoient auparavant ruellées, &
articulierement celles plantées dans un terroir gras
t un peu humide.

Je ne diray que tres-peu de choſe ſur
a maniere de façoner les Vins, de faire
lu Cidre & des Rapez, parce que M.
Liger dans ſon Oeconomie generale de
a Campagne, en a fait un Chapitre par-
iculier. Tome 2. page 332.

RAPE' eſt un Raiſin tiré dont on emplit à
demi un Tonneau pour repaſſer deſſus du Vin gâté
ou affoibli, pour luy donner de nouvelles forces.
On fait des Rapez qui ne ſervent qu'à éclaircir
promtement le Vin; ils ſe font avec des Copeaux
de bois de Hêtre ou Fouteau bien ſecs, & tirez le
plus long qu'on peut, leſquels on laiſſe tremper
l'eſpace de cinq à ſix jours dans l'eau, & qu'on
echange de deux jours en deux jours, afin d'ôter
e goût du bois; cela ſera dans la ſuite plus au
long expliqué.

Quand on voudra faire du Vin qui ait
la couleur de gris-de-perle & qui ſoit
promt à boire, il faut mettre les Raiſins
noirs ſur le Preſſoir auſſi-tôt qu'ils ſont
coupez pour les y fouler & eſſucquer;
& enſuite on entonnera le jus qui en
ſera provenu. Il en faut emplir preſque

tout à fait les Tonneaux, c'eſt-a-dire juſ
qu'à ce qu'on puiſſe aiſément toucher a ꝛ
Vin avec le bout du doigt. On aura ſoiꝛ
d'y mettre de deux jours en deux jouꝛ
deux pintes & demi de Vin, afin de l'oꝛ
bliger à jetter promtement ſon écumꝛ
au-dehors, & tout ce qu'il peut avoꝛv
d'impur. J'eſtime qu'il ne faut faire dꝛ
Vin de couleur de gris-de-perle qu'avevꝛ
des Raiſins noirs de la meilleure eſpeꝛꝛ
provenant d'une Vigne plantée ſur dꝛ
Côteaux expoſez au Midi. C'eſt en cꝛ
lieux où le Raiſin eſt le plus propre poꝛꝛ
faire du Vin de cette couleur. Quoꝛ
que cette Liqueur ne ſoit faite qu'avꝛv
des Raiſins noirs, cependant elle eꝛ
toûjours comme la couleurs de gris-dꝛꝛ
perle, tres-excellente & tres-agreable ꝛꝛ
boire quand elle eſt bien façonnée. Cettꝛ
Liqueur peut être bûë depuis le 25. Oꝛꝛ
tobre juſqu'à la fin de Mars.

ESSUCQUER eſt un terme uſité dans l'Agꝛ
culture, & qui veut dire exprimer le ſuc des Raiſinꝛ
On ſe ſert de ce mot lorſqu'il eſt queſtion dans ꝛ
Cuve de tirer le Moût & d'en preſſer pour cela ꝛ
Vendange. Ce mot d'Eſſucquer vient de ſuc, dꝛ
rivé du Latin *ſuccus*.

Pour faire du Vin clairet, il faut, poꝛꝛ
faire acquerir à cette Liqueur le poiꝛꝛ

de couleur qu'on luy demande, & luy faire avoir le relief & la delicateſſe qu'on ſouhaite, le tirer de la Cuve trois ou quatre heures aprés que les Raiſins y auront été mis pour cuver. Ce Vin clairet ſera propre à boire depuis le mois de Mars juſqu'au 15. ou 20. de celuy d'Août, qui eſt le temps où on commence à boire le Vin qui a bien boüillonné dans la Cuve, que les Pariſiens appellent Vin de arriere-ſaiſon, & qu'on continuë à boire pendant tout l'Hiver. On appelle Vin de Mere goute, celuy qui provient des Raiſins qui n'ont point du tout été preſſoirez ou tres-peu. Il eſt conſtant que le Vin le plus ſpiritueux & le plus delicieux de tous les Vins, eſt celuy qui ſort par la Canelle de la Cuve par le ſeul poids des Raiſins qui y ont été mis, ou par une legere preſſion. Le Vin oppoſé au Vin de Mere-goute, eſt celuy de preſſoirage; car c'eſt celuy où il y a moins d'eſprits, & qui par conſequent eſt le moins eſtimé de tous : il provient du marc de Raiſin qui a été fortement preſſoiré, & il n'eſt du tout propre qu'à emplir le Vin de l'arriere-ſaiſon.

CUVER eſt un terme qui eſt en uſage parmi les Vignerons, & qui ſe dit des Raiſins foulez, lefquels demeurent quelque temps dans la Cuve pour faire prendre couleur au Vin. Celuy que l'on fait avec des Raifins blancs ne doit être cuvé, car cela luy fait acquerir une couleur jaune, ce qui ne luy convient nullement. Quand on dit qu'un Vin cuve trop, c'eft-à-dire qu'il fe fait une trop grande fermentation des parties de cette Liqueur. Un Gourmet en goûtant le Vin connoît celuy qu'on a trop fait cuver.

Pour avoir du Vin rouge qui foit de garde pour boire neuf ou dix jours aprés la Vendange, il faut bien fouler les Raifins noirs & les mettre auffi-tôt dans la Cuve pour y faire boüillonner le Vin avec leur écorce & leurs grappes. Le plus ou le moins de temps fe reglera felon l'efpece du Vin, c'eft-à-dire, s'il eft fin ou groffier, ou fi l'année eft hâtive ou tardive, ou fi l'air eft chaud ou froid. Si le Vin eft fin, comme celuy provenant du Morillon noir, ainfi appellé en l'Ifle de France, Pineau en Bourgogne & Auverna en l'Orleanois, & confequemment beaucoup plus fpiritueu qu'un Vin qui provient d'autres Raifin noirs, cinq ou fix heures au plus fuffifen pour le rendre bien rouge. Si on laiffo ce Vin plus de temps dans la Cuve, prendroit le goût de la grappe. Mais ce Vin eft groffier, c'eft-à-dire peu fp

ritueux, & fait avec des-Raisins noirs de
mediocre bonté, il faut absolument le
laisser cuver pendant dix-huit ou vingt
heures; & encore si aprés ce temps on
juge que ce Vin n'ait pas assez cuvé, on
pourra encore retarder cinq ou six heü-
res à le mettre sur le Pressoir; car cette
sorte de Vin ne peut acquerir son excellence que par le corps qu'il prend dans
la Cuve, n'ayant que tres peu de qualité d'ailleurs. Je connois d'anciens Vignerons qui par une application particuliere à façonner tous les ans leur Vin,
connoissent à peu prés l'heure qu'il faut
l'ôter de la Cuve pour l'entonner, &
cela par une certaine connoissance qu'ils
se sont acquise du point de couleur que
cette delicieuse Liqueur doit avoir, suivant les années ausquelles ce cas écher.
C'est un secret important qu'il seroit besoin qu'eussent tous ceux qui font cultiver
la Vigne, & qui font façonner les Vins,
qu'ils apprendroient aisément s'ils vou-
loient s'en donner la peine.

PRESSOIR est une grande machine propre
pour pressoirer les Raisins ou autres Fruits dont on
veut tirer la liqueur, en sorte que le marc (ce qui
reste des Raisins dont on a tiré le jus) demeure
tout sec. On fait des Pressoirs à Verjus, à Vin, à
Huile & à Cidre. Ce mot de Pressoir dérive du
Grec πρέσσω, d'où vient *Prelum*.

Je conseille aux Vignerons de visiter
souvent la Cuve où leur Vin boüillonne
afin que quand ils l'en tireront il ait les
qualitez qu'on luy demande. Je leur conseille aussi de ne point laisser entrer dans
le lieu où cette Liqueur boüillonne, ni
les Femmes ni les Filles, ainsi qu'à une
contagion capable de la gâter.

Il ne faut pas faire comme quelques
Vignerons qui attendent à tirer leur Vin
de la Cuve lorsque le Marc commence à
baisser tant soit peu. Ceux qui en usent
ainsi, ôtent à ce Vin la plûpart de ses
esprits. Je sçay que le Vin qui provient
des Raisins noirs qui a cuvé pendant quarante-cinq ou cinquante heures, a beaucoup plus de couleur & se conserve plus
long-temps que celuy qui n'a cuvé que
douze ou quinze heures ; mais aussi je
sçay que le premier est plus dur, plus
grossier & plus indigeste que le dernier
qui est plus fin, plus spiritueux & plus
agreable à boire. La delicatesse du Vin
est preferable à une couleur rouge la plus
foncée. Ainsi j'estime qu'il est fort dangereux de trop faire boüillonner le Vin
dans la Cuve. Ce boüillonnement n'est
selon moy, autre chose qu'une agitation
des esprits qui sont dans ce Vin, & qui
ne permettant pas que les parties les plus

groſſieres de cette Liqueur reſtent avec ce qu'il y a de plus ſubtile, en font ex-haler une partie, & laiſſent tomber l'au-tre au fond du Tonneau, qui eſt plus matérielle, & qui eſt la lie, ſur laquelle la liqueur purifiée ſe repoſe ſans aucune alteration, juſqu'à ce que cette lie con-ſerve en ſoy ce qu'elle a contracté de bon du Vin. Aprés on éprouve ſenſible-ment le danger qu'il y a de l'y laiſſer da-vantage. Le remede ſûr & aiſé à prati-quer contre le mal que cauſe quelquefois cette lie quand elle eſt trop de temps dans le Tonneau, c'eſt de ſoûtirer le Vin clair par le Bondon. Le boüillonne-ment de cette Liqueur eſt une fermen-ation qui ſort en boüillons, ce qui fait qu'elle s'échappe du Tonneau avec im-petuoſité.

FERMENTATION eſt, en terme d'Agri-culture, une ébullition naturelle ou artificielle des plantes, qui ſe fait quand leur ſuc s'échauffe, par l'action & reaction de leurs ſels, & quand leur acide combat contre leur alkali (ſel vuide & po-reux diſpoſé à ſe joindre aiſément à tous les acides.) Ainſi le ſuc des Raiſins boût dans le Tonneau, & le Foin qu'on ſerre étant verd, s'échauffe & ſe pourrit. Nous voyons que le Blé devient par la premiere fermentation Herbe, Grain, Pâte & Biere ; que le Raiſin devient Moût, Vin & Vi-naigre : & par la ſeconde, que le Pain, le Vin

Z iij

& les autres alimens sont changez en nôtre substance, ainsi que se font les autres changemens
d'espece en espece. M. Duncan dit que l'excés de
la froideur empêche plus la fermentation que celui
de la chaleur, & qu'il n'est rien de plus nuisible
que l'abus que l'on fait de cette maniere de rafra-
chir le Vin & les autres boissons : qu'outre qu'un
trop grand froid éteint les esprits qui sont les premiers mobiles de la fermentation des alimens, les
mêmes sels qui glaçoient l'eau se trouvant dans
nôtre corps en trop grande quantité, congelent
tellement les humeurs, qu'elles ne sont plus propres à circuler par les petits vaisseaux : qu'une
quantité mediocre de ces sels est capable d'aider
même la dissolution des alimens, mais que l'excessive les coagule ; comme nous voyons en Chimie, qu'un peu d'acide divise ce que beaucoup
d'acide caille. M. Minot dit que la fermentation
est un mouvement des parties les plus subtiles & les
plus spiritueuses, lesquelles étant enveloppées &
embarrassées dans quelques matieres épaisses &
grossieres, font effort pour les rarefier & pour se
mettre en liberté. Que les fermentations sont plus
ou moins sensibles, selon qu'il y a plus ou moins
de discorde entre les principes dont les mixtes sont
composez. Que nous avons dans le Vin un exemple assez familier des fermentations sensibles Qu'a-
prés qu'on a fait la Vendange & que les Raisins
sont pressoirez, on met le Moût dans un Tonneau ; que ce Moût qui d'abord étoit froid, s'é-
chauffe peu à peu de telle sorte, qu'il bouillon-
ne & jette dehors l'écume & les impuretez qui y
étoient contenuës. Que cette action s'appelle fermentation ; & qu'elle se fait par le moyen des esprits & des principes volatils qui digerent & rare-
fient tellement les parties grossieres du Moût, qu'
en resulte une liqueur parfaite.

Le Vin appellé en l'Orleanois Lignage, est composé de plusieurs bons Raisins; çavoir d'un appellé Quille-de-Coq ou Sanmoireau-fourchu, qui est d'un noir violet, & qui a le grain un peu long, ferme & un peu pressé ; d'un appellé Formentin noir ou Meûnier, à cause que la Plante qui le produit a les feüilles un peu blanches & farineuses ; ce fruit n'est pas si sujet à geler & à couler que d'autres Raisins : & d'un autre appellé Mêlié, lequel fait du Vin blanc tres-spiritueux ; il est le mâle de tous les Vins. Le Raisin Mêlié est sujet à geler & à couler ; il est excellent à manger. Ceux qui n'auront pas du Raisin de Quille-de-Coq pour composer ce Vin de Lignage, pourront se servir d'un Raisin appellé Raisin Noiraut, autrement dit à Orleans Teint, à cause que son jus ayant un rouge tirant sur le noir, teint & donne beaucoup de couleur aux autres Vins. La Plante qui produit ce fruit est appellée Plant d'Espagne. Comme ce Noiraut n'est pas sujet à la coulure, & que ses grains sont fort serrez, il a bien de la peine à meurir. Le Vin qu'il produit n'ayant ni force ni qualité, n'est propre qu'à donner de la couleur à ceux qui en ont peu ou à ceux qui sont blancs ; car la

feule couleur blanche eft plus docile &
plus fufceptible de nos impreffions qu'aucune autre couleur. Pour bien compofée
ce Vin de Lignage, il ne faut mettre de
ce Raifin de Quille-de-Coq ou de ce No-
raut, que la neuviéme ou dixiéme partie des autres. Lorfque tous ces Raifin
auront été effucquez, on les fera boüillonner dans la Cuve pendant deux o
trois jours, peu plus, peu moins, fuivant que l'air fera plus ou moins chau-
Ce Vin de Lignage eft plus propre pou
l'ordinaire d'un Ménage bien reglé, qu
celuy provenant d'un Raifin appellé M
rillon noir. Quoyque ce dernier V
foit plus fin & plus fpiritueux que cel
de Lignage, cependant il perd une bor-
ne partie de fes qualitez excellentes quar
on y a feulement mis la fixiéme part
d'eau. Ce Vin de Lignage au contrair
a encore beaucoup de force quoyqu
l'on y en ait mis le tiers. Prefque tou
les Artifans & Gens de la Campagn
boivent leur Vin tout pur. Pour mo
j'eftime que le Vin pur eft contraire
la fanté la plus heureufe, & particulie
rement quand on en prend avec excé
Athenée a donné à Amphiction Ro
d'Athenes la gloire d'avoir mis le premier de l'eau dans fon Vin. Pline d

que Staphilus fut le premier qui trempa
on Vin, & qui le tempera avec de l'eau.
Le fentiment du Sage eft qu'il faut mettre un peu d'eau dans le Vin pour le
temperer, & que les jeunes Gens doivent beaucoup plus le tremper que les
Vieillards. Sa Majefté toûjours fage en
fes actions, met plus de la moitié d'eau
dans le Vin qu'elle boit.

Il y en a qui apprehendant de perdre
du Vin quand il boüillonne, n'emplif-
fent leurs Tonneaux pour la premiere
fois qu'aux trois quarts & demi, & difent pour leurs raifons qu'ils le font par
œconomie. J'ofe dire que l'on peut ap-
peller ces Gens avec juftice des Avares
& non de bons Ménagers, parce qu'ils
font perdre à leur Vin une bonne partie
de fa delicateffe & de fa fineffe, & même
empêchent qu'il ne s'éclairciffe comme
il faut ; car ne voulant pas que cette Liqueur boüillonne trop & jette fon écume
au-dehors, ils font caufe qu'elle ne pourra
être ni purifiée ni tranfparante dans la
fuite. Pour moy je confeille d'emplir
d'abord les Tonneaux prefque tout-à-
fait, c'eft-à-dire, jufqu'à ce qu'on y
puiffe atteindre avec le bout du doigt.

Lorfque le Vin a jetté toute fon écume
& fes principaux efprits, & qu'on s'ap-

perçoit qu'il ne boüillonne plus du tou⟨t⟩
il faut couvrir l'ouverture des Tonnea⟨ux⟩
avec des morceaux de tuile, fans mett⟨re⟩
au-deſſous, comme quelques-uns fon⟨t⟩
des feüilles de Vigne ; car l'experienc⟨e⟩
m'a appris que ces feüilles faiſoient aiſ⟨é⟩
ment aigrir ce Vin quand on les y lai⟨ſ⟩
foit trop de temps. Ces morceaux ⟨de⟩
tuile empêcheront que cette Liqueur n⟨e⟩
s'évente & que ſes eſprits ne ſe diſſipe⟨nt⟩
trop. On la laiſſera encore en cet éta⟨t⟩
avant de la bondonner, pendant ſix ⟨ou⟩
ſept jours ſi elle n'eſt pas bien ſpiritueuſ⟨e⟩
& ſi elle l'eſt beaucoup pendant dix ⟨ou⟩
onze jours, & ne pas tarder davantag⟨e⟩.
Quand elle prend trop d'air elle eſt ſu⟨⟩
jete à ſe détruire & à perdre une part⟨ie⟩
de ſes eſprits. Un Moderne dit que l'a⟨ir⟩
n'eſt point de ſoy la cauſe de la corrup⟨⟩
tion du Vin, des Fruits & autres choſe⟨s⟩
mais la ſeule facilité de l'évaporation ⟨de⟩
quelques particules de ces ſubſtance⟨s⟩
quand elles ſont expoſées au grand air⟨;⟩
que c'eſt ce qui fait paſſer les Fruits e⟨n⟩
peu de temps & éventer le Vin ; au lie⟨u⟩
que s'ils ſont enfermez avec peu d'air⟨,⟩
ils ſe conſervent aſſez long-temps. Qu⟨e⟩
ſi on laiſſe éventer l'Hydromel (Liqueu⟨r⟩
compoſée d'eau & de miel) il devien⟨t⟩
tres-aigre, parce que le temperament d⟨e⟩

rincipes qui font la douceur, se change,
& qu'il s'en separe quelques-uns par l'é-
vaporation ; de même que si on laisse
chauffer le Vin nouveau tout seul, il
perd en peu de temps toute sa douceur,
principalement si on laisse les Tonneaux
ouverts ; mais que si on le fait boüillir
sur le feu incontinent aprés que les Raisins sont pressoirez, la plûpart des principes volatils de la douceur se concen-
trent & se lient avec les parties les plus
fixes du Vin, en sorte que cette douceur
se conserve plusieurs années. Il a été experimenté qu'ayant empli deux bouteilles égales de Vin nouveau non encore
bougi, & ayant fermé l'une exactement,
& laissé l'autre ouverte, le Vin de cette
derniere bouteille aprés avoir jetté son
écume pendant six ou sept jours, se trouva
clair & lympide comme de l'eau de fon-
taine, & tres-doux, ce qui procedoit ap-
paremment de ce que celuy qui n'étoit
point fermé, avoit laissé agiter & élever
les parties volatiles, dont l'union, avec
quelques autres principes, fait la douceur, & qu'en même temps cette agitation avoit empêché les parties grossieres
de tomber en lie au fond de la bouteille
ouverte ; au lieu que dans la bouteille
scellée ces mêmes principes volatiles

étoient demeurez sans mouvement cons
siderable ; ce qui avoit produit ces der
differens effets, de laisser tomber au fon
de cette bouteille la lie , & de conserv
la douceur ; & ces differences si grand
dans une même sorte de Vin, procedoie
seulement de ce que l'un avoit été bie
bouché & scellé , & l'autre non.

J'ay oublié à dire qu'il ne faut jama
tirer trop en longueur à faire le Vin, c
il en peut arriver deux inconvenien
Le premier, si c'est du Vin rouge, qui
est dangereux que la premiere Vendang
attendant l'autre, ne s'échauffe trop,
ne prenne le goût de la grappe ; &
c'est du blanc, qu'il ne jaunisse : & le se
cond, soit Vin rouge, soit Vin blanc, qu
les meilleurs & les plus subtils esprits n
s'en évaporent, gâtant par là leur Vir
en interrompant à l'égard du rouge
fermentation qui s'en doit faire, & à l'é
gard du blanc, en le forçant de prendi
une couleur jaune qui ne luy convier
nullement : ils sont cause que ces deu
sortes de Vins prennent un goût mol
lasse qu'ils gardent toûjours, & qui le
rend de beaucoup moins de valeur qu'i
ne seroient si l'on avoit suivi une mei
leure methode à les faire.

Un Marchand de Vin qui sçait

Eelle utilité font les Rapez, en a de Raifins & de Copeaux. Un Rapé de Raifis eſt aſſurément un treſor dans une maiſon pour fournir en toutes faiſons du vin du même goût à ceux qui en acheⱦⱦt; & un de Copeaux ſert pour faire éclaircir promtement le Vin. Je ne diray point de quelle maniere il faut compoſer le Rapé de Raifins, parce que peu de perfonnes l'ignorent. Pour ce qui eſt de l'autre, il faut ſe ſervir de Copeaux de bois de Hêtre bien ſecs, & tirez le plus long qu'il eſt poſſible, leſquels on doit faire tremper pendant cinq ou ſix jours dans l'eau claire, & qu'on rechange de deux jours en deux jours, afin d'ôter le goût du bois. Enſuite on les fait bien égoutter & ſecher à l'air, & on les met dans le Tonneau qu'on remplit juſqu'à deux doigts prés du bord, & qu'on enfonce de telle maniere, que le Vin qu'on y doit mettre ne ſe puiſſe perdre. Avant de remplir de Vin le Tonneau, il faut y mettre par le bondon une chopine d'eau-de-vie; en aprés on le bondonnera bien, & on le roulera juſqu'à ce qu'on croye que cette liqueur ait imbibé les Copeaux. Enſuite on mettra ce Tonneau en la place qu'on luy deſtine, & où il le faudra auſſi-tôt remplir de Vin.

HESTRE ou Fouteau eſt un Arbre de haut
futaye qui porte un fruit appellé Faine ; il eſt com
mun dans les Forêts. Son bois eſt ſec & peti
fort dans le feu , il eſt rempli de pluſieurs per
brillans ou endroits polis. Il eſt mis au rang
Arbres qui portent du gland , & eſt pris par que
ques-uns pour une quatriéme eſpece de Chêne
quoyque ſon fruit n'en ait pas la forme ; car au-c
hors il eſt rond , mouſſu , âpre & piquant , & a
dedans il y a des petits noyaux faits en triang
qui ont une petite peau polie , liſſée & noire co
me les Châtaignes. Ce fruit eſt agreable au got
& a la vertu d'arrêter le ſang. M. Beſnier dit
les feüilles de cet Arbre ſont rafraîchiſſantes
aſtringentes , qu'on s'en ſert pour toutes ſortes d'
flammations : qu'appliquées ſur les lévres , el
gueriſſent les enlevûres. Le Hêtre eſt tres-pro
à former des Allées , des Paliſſades & des Bo
mais il eſt ſujet aux Chenilles & aux Hanneto
C'eſt avec ſon fruit qu'on en multiplie l'eſpe
Ce fruit eſt propre à faire de l'Huile , & quelqu
fois du Pain dans les temps de famine. Le bois
Hêtre ſe debite en Planches , Poteaux & Mei
brures , qui ſervent à faire divers Ouvrages
Menuiſerie. Le Hêtre , dit Vitruve , qui a bea
coup d'air avec peu d'humide , de terreſtre &
feu , eſt d'une ſubſtance ſi peu ſolide , qu'il ſe g
pour peu qu'il reçoive d'humidité.

A meſure que l'on vuide les Rapez
faut abſolument les remplir , parce q
les Raiſins & les Copeaux ſont ſujets
ſe gâter quand on les laiſſe trop lön
temps en vuidange. Quand on s'apperçe

d'un Rapé de Copeaux est long-temps à éclaircir, il faut le défoncer, & en laver les Copeaux dans de l'eau pour ôter la lie qui y est trop abondante, & les mettre sécher à l'air. Pour leur donner de la force, il n'y a qu'à les imbiber d'Eau-de-Vie, ou bien les laver dans du Vin clair. Ensuite quand les Tonneaux ont été lavez comme il faut, on y remet les Copeaux & le Vin.

Il y a quelquefois des Vignerons, & même de petits Marchands de Vin, qui étant peu fideles en la vente de leur Vin, mettent dans leurs Tonneaux dix-huit ou vingt pintes d'eau. Ces Gens sçavent que l'eau, beaucoup plus pesante que le Vin, descend en-bas, & que d'ordinaire, quand on veut goûter cette Liqueur, on perce le Tonneau à l'extremité d'en-haut. Voici sept secrets aisez à pratiquer pour connoître si l'on a veritablement mis de l'eau dans le Vin, & pour démêler & separer l'eau d'avec le Vin ; car ces deux Liqueurs ne sont pas si inséparables qu'elles paroissent à la vûë d'un chacun dans le mêlange qu'on en fait, que l'art ne vienne aisément à bout de les separer.

En premier lieu, on fera faire par un Tourneur une Tasse d'un tronc de Lierre.

Quand elle fera faite, on percera u
Tonneau de Vin à quatre ou cinq doig
de l'extremité d'en-bas, dans lequel o
doutera qu'il y a de l'eau, & on mettr
dans cette Taſſe du Vin qu'on a tir
S'il y a de l'eau dans le Vin, elle s'en ſ
pare, & paſſe & ſe filtre au travers d
pores de cette Taſſe de Lierre, & laiſ
le Vin qui ne peut paſſer par un chemi
ſi étroit & ſi ſerré, parce que la figure d
corpuſcules du Vin n'a point de propo
tion avec les pores du Lierre, & cel
des corpuſcules de l'eau l'a aſſez pour
paſſer.

LIERRE eſt une Plante qui croît tantôt
Arbre, tantôt en Arbriſſeau, dont les rameau
ſarmenteux s'étendent beaucoup en rampant,
s'attachent aux Arbres voiſins ou aux murs, s'ir
ſinuant dans les jointures des pierres où ils pre
nent de profondes racines; ſon écorce eſt rid
& cendrée; ſon bois eſt dur & blanc; ſes feüill
ſont grandes, larges, épaiſſes, dures & vertes,
même anguleuſes pendant toute l'année; ſes fleu
ſont compoſées chacune de ſix feüilles radiées,
couleur herbeuſes; elles ſont ſuivies de bayes ro
des, groſſes comme celles du Genievre, diſpoſé
en grappe, de couleur noire quand elles ſont me
res; elles renferment chacune cinq ſemences aro
dies ſur le dos, & plattes ſur les autres côtez,
moëlleuſes. Les feüilles & les bayes ou gouſſes
Lierre ſont déterſives. On applique ces feüilles ſ
les Cauteres pour les nettoyer de leur ſanie. I
décoctio

décoction de ces feüilles en Vin, eſt bonne pour toutes ſortes d'Ulceres, appaiſe la douleur de Dents, provoque les Mois. On fait uſer du Lierre dans la Colique néfretique, pour arrêter les inflammations, & pour provoquer les Urines.

RADIE' eſt un nom qu'on a donné à l'Academie Royale des Sciences, à des fleurs rondes & planes, compoſées d'un Diſque & d'un ſimple rang de feüilles longuettes & pointuës, arrangées tout autour à la maniere des rayons.

En ſecond lieu, on peut aiſément ſeparer l'eau d'avec le Vin, en mettant dedans le Vin où il y a de l'eau, un morceau de toile de coton, dont un bout ſera mis au fond du vaiſſeau, & l'autre ſortira de ce vaiſſeau. Quelque temps aprés on aura le plaiſir de voir que l'eau qui ſera au fond montera par ce morceau de toile, ſortira du vaiſſeau, & laiſſera le Vin tout pur.

COTON eſt une Plante qui provient d'une graine noire au-dehors, blanche au-dedans, de la groſſeur des petits Pois. On ſeme cette Graine au mois de Juin, & on en fait la recolte en Septembre. Cette Plante monte à la hauteur d'un Arbriſſeau, & vient par buiſſons comme font les Roſiers de ce Païs-ci. Ses feüilles ſont aſſez ſemblables à celles du Plane. Sa fleur eſt jaune; & quand elle tombe, elle forme pluſieurs gouſſes groſſes comme le poûce, pleines d'une ſubſtance humide & brune, qui groſſiſſent toûjours juſqu'à ce qu'elles ſ'ouvrent en trois ou quatre feüilles comme des

Anemones , & que ce fruit étant meur devien
blanc comme la neige. C'eft là qu'eft contenu
Coton & la graine qu'on fepare enfuite l'un
l'autre quand on en fait la recolte. Cette Plan
croiffoit autrefois en Egypte feulement ; & les S
crificateurs s'en faifoient faire des Robes par gran
fingularité. Il en vient ordinairement en Candi
en Chypre, en Sicile & en la Poüille , & fur to
aux Indes où on en fait un grand Commerce.
file cette matiere, & on en fait de belles Toile
qu'on appelle Toiles de Coton. On n'éleve poi
en France la Plante qui produit le Coton , on
envoye des femences au Jardin Royal que l'
éleve pour les démonftrations ; l'Hiver les fait
rir.

PLANE ou Platane eft un grand Arbre qu
des feüilles larges qui reffemblent à celles du S
comore ; il étend fes branches fort loin. Il y e
en Afie qui ont des feüilles beaucoup plus grand
que celles des Vignes , dont le fruit eft auffi g
qu'une Noix. La queuë de ces feüilles eft longue
rouge. Il produit une petite fleur blanche tir
fur le jaune, & des grains ronds, rudes & mouf
dont on fait de l'Huile. Cet Arbre vient de gra
en France , mais affez difficilement ; il n'eft gue
connu que des Botaniftes. Celuy qui eft au Jar
Royal a l'écorce tres-blanche & tres-unie.
Plane fe multiplie de femence ; il veut être pla
en un lieu bien airé & bien expofé. On n'en co
noît point les proprietez. On faifoit autrefoi
Rome une fi grande eftime de cet Arbre, qu'on
rofoit de Vin fon tronc, quoyqu'il aime beauc
les lieux aquatiques.

En troifiéme lieu, on prendra des P

es ou Pommes fauvages que l'on mettra
dans un vaiffeau où il y aura du Vin. Si
es fruits vont au fond de ce vaiffeau, on
peut compter que l'on y a mis de l'eau.
Si au contraire elles reftent fur la fuperficie de ce Vin, il eft tout pur ; c'eft auffi
le fentiment de Democrite.

En quatriéme lieu , on prendra un Bâton de la longueur de trois pieds , lequel
on frotera d'huile par l'extremité d'en-
bas. On le mettra à trois doigts prés du
fond du Tonneau où il y a du Vin, c'eft-
à-dire jufqu'à la lie (partie la plus craffe
& la plus groffiere du Vin , avec quoy
les Vinaigriers font du Tartre) feulement. Si quelques goutes fe trouvent attachées à l'endroit où ce Bâton a été hui-
lé, ce fera une marque tres-affurée qu'il
y a de l'eau dans le Tonneau.

En cinquiéme lieu , on prendra une
fauterelle ou une Cigale que l'on jettera
dans le Vin. Si l'une ou l'autre s'y noye,
on peut compter que l'on a mis de l'eau
dans cette Liqueur. Si au contraire elle
nage fans s'y noyer, il eft conftant qu'elle
eft pure.

En fixiéme lieu , on fe fervira d'une
éponge neuve qu'on trempera dans l'huile. On bouchera bien avec cette Eponge
le trou où on met le bondon d'un Ton-

A a ij

neau où il y a du Vin. Enfuite on tou
nera ce vaiſſeau ſens deſſus deſſous,
on le laiſſera en cet état pendant dem
heure, & on le retournera en aprés. S
y a de l'eau dedans, l'Eponge en ſe
toute pleine.

Et en ſeptiéme & dernier lieu, c
prendra un Jonc bien ſec que l'on mett
dans un Tonneau de Vin où on croi
qu'il peut y avoir de l'eau. L'experien
m'a appris que ce Jonc ſec avoit la ver
d'attirer à ſoy l'eau & non le Vin. To
ces ſecrets feront plaiſir à ceux qui ach
teront des Vins.

JONC eſt une Herbe qui croît dans les P
& dans les Marais, & qui eſt menuë, haute &
che. Cette Herbe n'eſt pas propre à nourrir
Beſtiaux ; ainſi il ne faut point la mêler avec le Foi
PRE' eſt une Terre baſſe & humide, & n
labourée, qui produit de l'herbe dont on fait
Foin, & qui ſert auſſi au Pâturage. Un Pré à
gain eſt celuy qui a une ſeconde herbe qu'on fa
che deux fois l'année. Les Prez bas manquent moi
que les Prez hauts. Pour avoir toûjours de be
Prez, il faut faire des rigoles ou ſaignées dans
Prez pour leur conſerver l'humidité. Les Prez
produiſent d'excellent Foin quand l'année eſt ſech
& les Prez hauts ne ſont bien que quand elle
humide. Dans l'Oeconomie generale de la Ca
pagne il eſt parlé des Prez ſecs & des Prez humid
de la maniere de les faire, comme il faut prepa
la terre pour les conſtruire, des fumiers proptes

toutes sortes des Prez, de la semence qu'il faut y
mettre, comme on doit les semer, des soins qu'il
faut se donner quand ils le sont, de la maniere de
semer les Prez quand ils sont vieux, & enfin comment il faut faire perir les Taupes qui les endommagent considerablement. L'experience m'a appris que l'herbe des Prez pousse avec plus de vigueur quand on y a fait transporter en Hiver quantité de Neiges. Je conseille à ceux qui ont des Arbres plantez dans une terre legere & chaude, d'en
faire ramasser pour les mettre au pied des Arbres
fruitiers. Ils n'ont qu'à se servir d'un petit Tom-
bereau à bras & les mettre par tas au pied des Arbres. Ces Neiges ne conviennent pas dans une terre
grasse & humide; la raison est que les Arbres qui
y sont plantez n'ont pas besoin des humiditez de
l'Hiver pour faire de belles productions au Printemps. L'Histoire m'apprend que l'an du Monde
2001. Saturne s'étant échappé de la Prison en laquelle son fils Jupiter Roy de Crete le detenoit
depuis quelques années, s'enfuit par Mer en Italie
vers Janus Roy de ce Païs, à qui il enseigna l'art
de faucher les Prez avec des faux, & de greffer les
Arbres; c'est pourquoy Janus le fit son Collegue
en la Royauté.

Africanus disoit que pour faire separer l'eau du Vin qui étoit dans un Tonneau, il falloit y jetter de l'Alun (espece
de sel fossile & blanc qui se trouve parmi
la terre) liquide, & boucher le trou où
on met le bondon avec une Eponge imbibée d'huile, & ensuite verser ce Tonneau sens dessus dessous, & que peu de

temps aprés l'eau en fortiroit toute pure.
Cela est aifé à pratiquer.

Je ne puis du tout approuver la maxime de certaines Perfonnes, qui pour corrompre le goût naturel du Vin fe fervent de chofes qui le rendent tout-à-fait mauvais. Nous en voyons encore à préfent qui voulant fe diftinguer des autres en matiere de Vin, pour luy donner un goût de Mufcade, prennent dix-huit ou vingt grains de grande Orvalle, qu'elles renferment dans un petit fac, & le laiffent pendre dans le Tonneau de Vin jufqu'à ce qu'elles jugent que cette Liqueur ait affez pris ce goût de Mufcade.

ORVALLE eft une Plante medecinale qui vient bien en toutes fortes de terres. Elle fe multiplie de Plant enraciné & de femence; elle veut être fouvent arrofée. Cette Plante eft bonne pour provoquer les Mois. Mizaldus dit que la Semence d'Orvalle eft bonne pour les yeux; que l'on en fait un breuvage avec du Miel & de l'eau qui eft rafraichiffant.

Pour faire promtement éclaircir le Vin, il faut jetter deffus le Tonneau de la cendre de farment ou de bois de Chêne. Ou bien il faut mettre dans ce vaiffeau du fable fricaffé bien chaud. Pour bien éclaircir le Vin, dit Fronto, on doit

rendre trois blancs d'œufs, une demie-
vre de sel blanc, & deux Hemines
(Vaiſſeau ſervant de meſure chez les Anciens, qui étoit la moitié du Septier Romain) de Vin blanc, & battre bien le
tout enſemble dans un petit vaiſſeau juſqu'à ce que le tout ſoit devenu bien
blanc ; & enſuite y remettre encore ſix
autres Hemines du même Vin qu'on remuera encore un peu, & verſer le tout
dans le Tonneau où il y a du Vin qui
n'eſt pas clair. Un autre Auteur dit qu'en
mettant deſſous ce Tonneau ſeulement
une livre de ſel blanc, il s'éclaircira en
peu de temps. Pour moy j'eſtime qu'une
demie-once de colle de Poiſſon coupée
bien menuë & miſe dans un petit vaiſſeau ſur de la cendre chaude avec un peu
d'eau, & enſuite bien battuë & délayée
dans un peu de Vin, & le tout jetté dans
le Tonneau & bien remué avec un bâton
fendu en quatre, fera éclaircir en vingt-
quatre heures un Vin trouble.

Un Ancien diſoit que pour empêcher
que le Vin ne devînt pouſſé, & faire
en ſorte qu'il pût ſe conſerver long-
temps, il falloit mettre dans le Tonneau
du ſel décrepité (ſel qui reſiſte au feu &
s'y purifie, parce que ſon humidité en
ſort) Fronto aſſuroit que le Vin pouſſé

ôté de deſſus ſa lie, & enſuite remis ſu
une nouvelle, ſe rétabliroit en peu d
temps. L'experience m'a appris qu'il fau
commencer à ôter ce Vin pouſſé de deſſu
ſa lie, & le mettre dans un autre Ton
neau qui ait été ſoufré avec une mécho
compoſée avec pluſieurs Epiceries &
Drogues, deſquelles je parleray à la fi
de l'Article ſuivant : & enſuite prendr
une demi-livre d'Alun de Rome, & au
tant de Sel de Salpêtre (Sel qui diſtil
dans les Cavernes, que l'on appelle Sal
pêtre de Roche, que Pline appelle Aphro
nitre) qu'on mettra dans le Tonnea
avant que d'y mettre le Vin.

Avant que de faire tranſporter du Vi
rouge en des Provinces éloignées, ſoi
par eau ou par terre, ou par Mer hor
du Royaume, il faut abſolument le fairi
ſoufrer, ſi on veut que ce Vin ne ſe gât
pendant les chaleurs. Je croy que la plûl
part des Marchands de Vin & des Ca
baretiers ſçavent la maniere de ſoufre
les Tonneaux où on met le Vin, mais j
ſuis aſſuré qu'il y en a un grand nombr
qui ignorent la doſe des ingrediens qu
entrent en la compoſition des Bougie
que l'on met dans les Tonneaux que l'o
veut ſoufrer avant que le Vin y ſoit mis
C'eſt ce que je vas enſeigner.

Secre

Secret pour composer les Bougies
de soufre.

Deux onces de Poivre blanc,
Une once de Gerofle,
Deux onces de Canelle,
Une once d'Anis,
Deux onces de graine de Muliseau,
Une once de Gingembre,
Une once d'Anis verd,
Une once de graine de Geniévre,
Deux onces d'Iris,
Une once de Thym;
Le tout bien battu, pulverisé & passé
par un fin Tamis (Vaisseau rond au mi-
lieu duquel il y a un tissu de toile de crin
ou de soye, par lequel on passe les Dro-
gues pulverisées, ou qu'on veut monder
& épurer pour en retirer le plus délié)
pour employer demie aûne de toile com-
mune neuve, qu'il faut absolument laisser tremper dans de bonne Eau-de-Vie.
Plus, deux livres & demie de soufre
en fleur.
Mettez ce soufre dans une Terrasse
sur un Réchaux, & le laissez fondre.
Mêlez toutes ces Drogues avec ce soufre
fondu. Passez-y ensuite vôtre toile coulée par tranches larges de trois doigts,

jufqu'à ce que vôtre foufre foit ufé.

ANIS eft une Plante qui a une tige ronde haute
d'une coudée & fort branchuë, qui porte un bouquet blanc, ayant une odeur de miel, d'où fort
une graine qui eft femblable à l'Ache, & qui eft
longuette & d'un goût entremêlé de doux, de piquant & d'amer. L'Anis vient mieux de femence
que de plant, demande un endroit tiede & peu
fujet aux froids, & veut qu'on l'arrofe fouvent.
La femence de cette Plante eft tres-bonne à ceux
qui font fujets aux tranchées de l'Eftomac & des
Inteftins; elle eft bonne aux Nourrices pour leur
faire avoir quantité de lait, & pour chaffer les
vents; c'eft un des correctifs du Sené.

ACHE eft une Plante qui reffemble un peu
au Perfil. L'Ache croît d'ordinaire dans les Marais
& produit des fleurs blanches. Il y a plufieurs efpeces d'Aches; fçavoir l'Ache de Macedoine, l'A-
che de Jardin qui eft le Perfil ordinaire, l'Ache
de Montagne, & l'Ache de Marais; celle-ci eft la
plus propre pour les Medecines.

Pour donner au Vin un goût & une
odeur agreable, il faut faire tremper de
la Racine d'Iris dans du Vin pendant tout
le temps qu'il boüillonne dans le Tonneau.

IRIS eft une fleur marécageufe qui imite en
quelque façon les couleurs de l'Iris (bande diver-
fement colorée qui paroît dans une Nuée plu-
vieufe) bleuë, blanche & jaune. Cette fleur eft
auffi appellée Flambe. Il y a des Iris d'Angleterre

Florence, de Suze, de Portugal & autres. Sa racine est odoriferante, & quand elle est broyée, on la mêle avec de la poudre appellée poudre d'Iris.

Pour bien dégraisser le Vin gras, on prendra un quarteron d'Alun blanc bien pulverisé, & deux à trois poignées de Ciment ou de Sable bien chaud & bien fricassé qu'on mettra dans le Tonneau : ensuite on remuera fortement le Vin avec un bâton fendu en quatre pendant un quart-d'heure. Il y en a qui au lieu d'Alun blanc, mettent dans le Tonneau une livre de farine de pur Froment. Ce qui fait que le Vin s'engraisse, c'est, selon moy, la trop grande maturité du raisin, laquelle n'arrive que quand l'année est seche & hâtive. Pour empêcher que le Vin rouge ne s'engraisse, il faut faire la recolte du Raisin noir, & particulierement du Morillon noir, quatre ou cinq jours avant qu'il soit meur, c'est-à-dire lorsque l'année sera seche & hâtive ; car quand elle est humide & tardive, il ne faut couper ce Raisin noir que quand il est meur, sans craindre que le Vin en provenant s'engraisse.

Varron assuroit que si on mettoit une once de sel dans dix hemines de Vin noir, il deviendroit blanc ; que si ensuite

on y mettoit du petit lait qui tombe de
fromages, ou de la cendre de farment de
Vigne rouge, cela feroit changer le Vin
blanc en Vin rouge.

Pour faire blanchir le Vin blanc quand
il est devenu jaune, il faut prendre du
lait de Vache, le laisser reposer un jou
entier, le décremer ensuite, en mettre
deux pintes, mesure de Paris, dans un
Muid de Vin, lequel en contient deux
cent quatre-vingt, si ce Vin n'est pas
beaucoup jaune; ou au moins quatre
pintes, s'il l'est beaucoup. Ensuite on re
muera bien ce Vin avec un bâton fendu
en quatre; puis mettre dans le Tonneau
quatre ou cinq poignées de sable bien
clair & bien sec, & un demi quartero
de sel commun; & on le bondonner
aprés qu'on l'aura laissé reposer pendant
vingt-quatre heures.

Pour ôter au Vin le goût du Tonneau
il faut chercher chez un Cabaretier un
Tonneau de Vin frais vuidé, y laisser la
lie, & y mettre le Vin qui a ce mauvais
goût qu'on aura tiré à clair. Quand il
sera presque plein, on y laissera pendre
pendant deux ou trois jours un petit sa
dans lequel on aura mis une livre & demi
de Froment que l'on aura bien fricassé.

Ceux qui voudront boire du Vin bien

frais pendant les chaleurs, sans le mettre à la glace, & auffi empêcher qu'il ne s'aigriffe dans les Flacons, les mettront dans un feau d'eau nouvellement tiré du puits, & dans cette eau ils jetteront environ une livre de fel-nitre, ou autant de falpêtre, ou du foufre de la groffeur du poûce. Ces ingrediens ont non feulement la vertu d'empêcher que le Vin ne s'aigriffe dans ces Flacons, mais encore celle de le congeler pendant l'Eté. Ils auront fans doute le plaifir de boire du Vin prefque auffi frais que s'ils avoient mis de la glace (eau congelée & endurcie par le froid, & qui a perdu fon mouvement) dans ce feau d'eau. Il eft agreable, mais dangereux de boire à la glace, & particulierement lorfqu'on eft en fueur. Une bonne pélée de feu bien ardent mis dans un feau d'eau nouvellement tirée du puits dans le temps de chaleur, fait auffi le même effet, pourvû que le Flacon de Vin mís dans ce feau n'y refte que quatre ou cinq minutes au plus. Cela fe fait par antiperiftafe, (c'eft l'action de deux qualitez contraires, dont l'une excite la force & la vigueur de l'autre.) Quand le Flacon qui aura dû être débouché pendant qu'il aura été dans le feau, en aura été tiré, il faudra tout auffi-tôt le re-

mettre dans un autre feau d'eau nouvel
lement tirée, pour conferver la fraîcheu
au Vin.

Didimus dit que pour remedier
un Vin qui commence à s'aigrir, il l
faut faire couler par-deffus du fable bie
net, ou bien faire tremper une quantit
de Raifins cuits, jufqu'à ce qu'ils foien
venus à leur groffeur, & en tirer le Vin
& enfuite en mettre deux hemines fu
un Muid de Vin. Fronto dit que le Plâ
tre (forte de pierre foffile qui eft mer
veilleufement commode pour bâtir) mi
dans le Vin, l'empêche de s'aigrir ; qu
le Vin devient âcre au commencement
& qu'enfuite il perd fon âcreté, & qu'
fe conferve affez long temps.

Il ne fera pas hors de propos que j
dife ici quelque chofe du Cidre, leque
eft une boiffon faite avec des Pomme
ou Poires pilées ou preffoirées. Le Cidr
peut, à bon droit, tenir le premier ran
aprés le Vin, quand on le boit dans fo
temps. Le meilleur eft, felon moy
lorfque cette Liqueur eft bien parée, &
qu'elle eft au milieu de fon âge ; ca
quand elle tire fur l'aigre & qu'elle ef
furannée, c'eft-à-dire, qu'elle eft gardéé
plus d'une année, elle eft fort domm-
mageable à la fanté. Le plus fort·& le

meilleur Cidre , eft celuy qui fe fait avec les Pommes les plus douces. Les Pommes de Coqueret & de Hurlieux font les plus propres à faire l'excellent Cidre. Le bon temps pour abattre les Pommes, eft la fin de Septembre , peu plûtôt ou peu plus tard , fuivant que l'année eft hâtive ou tardive.

Il y a deux differens temps pour faire le Cidre. Le premier eft, quand les Pommes font meures dés le commencement d'Automne , de ne point tarder de les employer auffi-tôt à faire du Cidre ; & le fecond eft, quand ces Pommes ne le font pas tout-à-fait , d'attendre pour en faire exprimer cette Liqueur , que dans quelque lieu propre où il faut abfolument les faire porter exprés , elles foient venuës au point de maturité qu'on les demande pour faire d'excellent Cidre. Il y a des efpeces de Pommes où un mois fuffit aux unes pour la leur faire acquerir ; au lieu qu'il y en a d'autres qui ne font meures qu'au mois de Mars. Les Pommes trop meures & trop vertes ne font aucunement propres à faire de bon Cidre.

Pour en faire d'excellent , il faut prendre des Pommes qu'on met dans une Auge de bois, qui ait la forme ronde,

pour les faire caſſer & meurtrir ſous la
Meule, laquelle eſt pareille à celle dont
les Faiſeurs d'Huile ſe ſervent. Cette
Meule doit être tournée par trois ou quatre Hommes ou par un Cheval. Dans le
temps qu'elle tourne, il faut remuer les
Pommes dans l'Auge à meſure qu'elles
ſont pilées, en y mettant de l'eau tant &
ſi peu que cette Liqueur ait plus ou moins
de bonté. C'eſt avec un Rateau fait exprés que ce remuëment ſe fait. Aprés
que toutes ces Pommes auront été éca-
chées, on les mettra ſur la Mer du Pref-
ſoir, & on les accommodera bien proprement à meſure qu'elles y ſurvien-
dront. Pour y parvenir, on dreſſera la
Motte avec de la paille fraîche battuë,
qu'on mettra lits par lits ſucceſſivement
avec les Pommes de l'épaiſſeur de trois
à quatre poûces, afin qu'elles ſoient plus
aiſément liées enſemble. Il faut que cette
Motte ſoit quarrée & de la même maniere que celle d'un Marc de Vin; & ſi-
tôt qu'elle eſt achevée, on charge le
Preſſoir, & on le ſerre fortement avec
l'Arbre pour en exprimer le jus.

Le Cidre des Poires ſe fait de la même
maniere que celuy de Pommes. Il ne
faut pas faire beaucoup de Cidre de Poires, parce qu'outre qu'il ne ſe conſerve

pas si long-temps que celuy de Pommes, c'est parce qu'une Poire telle qu'il la faudroit pour faire exprimer de ce jus, est bien meilleure à manger que de s'en servir à faire du Cidre. Toutes sortes de Cidres veulent boüillir dans le Tonneau jusqu'au mois de Decembre sans être bondonné ; l'experience m'ayant appris que cette Liqueur a ses esprits beaucoup plus dans le mouvement & en plus grande abondance que le Vin, & qu'il est par consequent beaucoup plus furieux dans son boüillon. M. Duncan dans sa Chimie naturelle, dit que quand le Cidre, la Biere & même le Vin boüillent avec violence, ils sont toûjours impurs & troubles ; que leur tartre ne se precipite que quand leur fermentation se calme ; & que ces Liqueurs une fois épurées, se troublent de nouveau, si on remuë les vaisseaux où elles sont, ou si elles recommencent leurs ébullitions.

M. Evelin de la Societé Royale d'Angleterre, a composé un Livre intitulé *Silva & Pomona*, qui a été reçu en Angleterre, en France, en Allemagne & ailleurs avec de grands éloges. La premiere Partie de son Livre tend à enseigner la maniere de cultiver & de conserver les Bois & les Forêts, afin que l'on ait toû-

jours en Angleterre beaucoup de bois à
bâtir, & de bois à brûler ; ce qui est
d'une confequence infinie pour l'Etat
où le bois pour faire des Navires & des
Maifons, ne doit jamais manquer. La
feconde Partie de ce Livre, c'eft-à dire
fa Pomone, excite les Anglois à faire
planter un grand nombre de Pommiers
pour avoir du Cidre : par ce moyen, dit
cet Auteur, nous aurons en Angleterre
une Liqueur plus conforme à nôtre temperament, & même plus douce & plus
agreable que plufieurs Vins qu'on tranf-
porte en Angleterre, & qu'on ne fçau-
roit boire fans fucre. Pour faire ce Cidre
charmant, ajoûte-t-il, il faut moins de
peine, moins de temps, moins de frais,
moins de Perfonnes que pour la culture
des Vignes. Et à l'exemple de Charles II.
Roy d'Angleterre, qui dés les premiers
jours de fon rétabliffement, fit planter
en beaucoup d'endroits de fon Royaume
quantité de Pommiers & de Poiriers, &
fit même conftruire un grand nombre
de Pepinieres de ces efpeces de Fruitiers,
il dit que plufieurs Perfonnes de la premiere qualité avoient fait faire la même
chofe, & qu'elles commençoient déja à
joüir du plaifir de boire cette falutaire
Liqueur, qui les dédommageoit délicieu-

fement tant de leurs frais, que de leurs travaux.

B o i s eſt un lieu planté de quantité de Pommiers, Poiriers, Neſtliers, Cormiers & quelques autres Fruitiers ſauvages cultivez des ſeules mains de la Nature ; & les Bois & les Forêts ſont d'ordinaire remplis de Chênes, Charmes, Ormes, Bouleaux, Tilleuls, Sycomores, Houx, Hêtres, Châtaigniers, Trembles, Noiſetiers & quelques autres. Quand on coupe les Bois taillis, on eſt obligé de laiſſer les jets les plus hauts & les plus droits qui ſont ſur les Souches, au nombres de ſeize par arpent, pour venir en haute futaye. Bois eſt, en terme d'Agriculture, une ſubſtance qui forme le corps des Arbres, & qui prend ſon accroiſſement du ſuc de la terre. Il y a diverſes eſpeces de Bois. Il y en a de durs, comme le Cormier, le Poirier & quelques autres ; & il y en a de legers, comme le Liege & autres. M. Grew a découvert que la partie que l'on appelle proprement le bois dans un Végétal, n'eſt autre choſe qu'une infinité de canaux fort petits ou de fibres creuſes, dont les unes s'élevent en haut, & ſe rangent en forme d'un cercle parfait ; & les autres qu'il appelle Inſertions, vont de la circonference au centre ; qu'elles ſe croiſent mutuellement, comme les lignes de longitude & de latitude ſur un Globe. Et Bois, en terme de Jardinage, ſe dit des menuës branches, ſions ou rejettons que les Arbres fruitiers pouſſent chaque année. On dit auſſi qu'un Arbre fruitier nain pouſſe trop de bois ; & qu'une Vigne eſt trop chargée de bois, pour dire qu'il faut en la taillant, luy ôter tout le bois ſuperflu.

Le Cidre pris moderément, eſt profi-

table pour les fonctions du corps. Ceux
qui se font enyvrez de Cidre ou de Biere,
ou de quelqu'autre boisson semblable,
demeurent bien plus de temps dans leur
yvresse, & ils dorment aprés davantage
que ceux qui sont yvres de Vin, parce
que l'esprit de ces Liqueurs ayant enlevé
avec luy au Cerveau un phlegme vis-
queux, il demeure plus de temps à se dé-
barrasser & à sortir par les pores. C'est
aussi la viscosité (qualité de ce qui est
gluant) de ce phlegme qui s'étant intro-
duite dans les sinuositez du Cerveau,
cause le long sommeil, parce qu'elle est
fort difficile à être rarefiée.

Je conseille aux Curieux de l'Agriculture & du Jardinage qui desireront faire
cultiver leurs terres dans des temps propres & favorables & dans les-regles que
demandent ces Arts, d'avoir chez eux
trois sortes d'instrumens de Physique &
de Mechanique, lesquels étant sans doute
les Oracles du beau & du mauvais temps,
sont tres-curieux & d'une grande utilité;
sçavoir un Thermometre, un Barrome-
tre, & un Hygrometre.

Le premier sert à connoître les degrez
de chaleur & de fraîcheur; le second aide à apprendre la pesanteur & la legereté
de l'air; & le troisiéme fait connoître la

echereſſe ou l'humidité de l'air. Je ne ſeray point ici la deſcription de ces trois ſortes d'Inſtrumens , parce qu'elle me metteroit trop loin.

CHAPITRE VII.

Moyen aiſé à pratiquer pour élever , cultiver , arroſer , amender , tailler , ébourgeonner , encaiſſer & rencaiſſer les Orangers, Citronniers & les Arbriſſeaux & Arbuſtes ſervant d'ornement aux Orangeries , & pour les maintenir long-temps en bon état.

MOn deſſein eſt de ne rien omettre ſi je puis dans ce Chapitre, de ce qui peut être utile au Public pour bien élever les Orangers , Citronniers , Grenadiers , & pluſieurs Arbriſſeaux & Arbuſtes, dont quelques-uns conſervent leur verdure pendant l'Hiver , & les autres la perdent. On pourra aiſément remarquer combien les preceptes que je donneray ſur cette matiere, feront peut-être auſſi clairs & auſſi probables que ceux que plusieurs Auteurs en ont donné. J'ay retranché autant que j'ay pû les choses inutiles ; car une telle methode d'instruire n'est propre qu'à embarrasser l'esprit bien loin d'enseigner.

Ceux qui ne se font pas leur affaire d'acquerir toute la science de l'Agriculture & du Jardinage, font quelquefois bien-aises de sçavoir seulement ce qui regarde la maniere d'élever comme il faut ces precieux Arbres, afin dé se divertir quelquefois à cette agreable occupation, & d'examiner si ceux qui les gouvernent ne font point de fautes grossieres.

La raison pourquoy les Orangers & quelques-autres Arbres conservent leurs feüilles pendant l'Hiver, c'est, selon moy, que la juste proportion qu'il y a entre les pores de ces Arbres & les corpuscules du suc nourricier, fait qu'ils penetrent & montent aux feüilles en cette saison comme en Eté ; & que la cause pour laquelle d'autres Arbres se dépoüillent de leurs feüilles, c'est qu'ils ont des pores trop larges en-haut pour retenir les corpuscules alimentaires, & trop étroits en-bas pour en laisser passer assez.

Le R. P. du Tertre Jacobin a remarqué que dans les Isles Antilles tout pousse pendant l'Hiver, & que les Campagnes

font couvertes de verdure ; & qu'au contraire la plûpart des Plantes meurent dans
l'Eté & les feüilles tombent des Arbres.
Pour moy je croy que l'excés de la chaleur fait en ces Ifles les mêmes effets que
l'excés du froid fait en Europe. Il y a
dans cette partie du Monde des Arbres
qui ne perdent point leur verdure durant
l'Hiver, ce font ceux qu'on appelle verds,
comme les Chêne-verds, Ifs, Houx,
Piceas, Mirthes & quelques autres. Leur
vie eft plus dure : leurs feüilles font d'u-
ne confiftance plus ferme, & ils refiftent
mieux aux rigueurs du froid que les Poiriers, Pommiers, Pêchers, Pruniers,
Abricotiers, Cerifiers, Coignaffiers, &c.
Les Orangers & les Citronniers font encore d'une vigueur plus forte : ils ne font
jamais fans cette admirable verdure, qui
fait l'ornement & le charme des Orangeries, durant les plus âpres gelées d'Hiver. Heureux les Climats où les Arbres
ne fe dépoüillent jamais de leurs feüilles, & où la Nature entretient un perpetuel Printemps. S. Auguftin dit que
l'Ifle de Tilos dans les Indes eft preferée
à tous les autres Climats, parce que les
Arbres y confervent toûjours leur verdure. *De Civitat. lib.* 21. *cap.* 5.

C H E S N E-V E R D eft une efpece de Chêne

qui conferve fes feüilles vertes en toutes faifons , &
& qu'on appelle autrement Yeufe. Cet Arbre porte
la graine d'Ecarlatte , laquelle produit la plus belle
des couleurs qui eft d'un rouge fort vif. Le Chêne-
verd vient de femence en Mars , en bonne terre &
à l'ombre , pour être replanté deux ans aprés qu'il
fera levé de terre en pepiniere : il ne faut le tailler
que deux fois l'an , & cela en Juin & Août. Le
Chêne-verd eft propre à former des Allées. Cet
Arbre ainfi que les autres Arbres & Arbriffeaux
verds , ont un avantage que les Poiriers, Pommiers,
Abricotiers & Pêchers n'ont pas , qui eft que la
dureté de leur bois & de leurs feüilles les garantit
de toutes fortes d'Infectes & de Vermines. Comme
le Climat de France eft bien different de celuy des
Indes pour le degré de chaleur , j'eftime qu'il vaut
mieux élever les Arbres verds de boutures & de
marcotes , que d'en femer la graine , qui fouvent
manque , ou au moins eft tres-long-temps à lever.
L'utilité qu'on peut tirer des Arbres verds , regarde plus la Medecine (qui en compofe plufieurs
Remedes) que l'ufage qu'on en fait dans le Commerce , foit pour les Bâtimens , ouvrages ou chauf-
fage , ainfi que font le Chêne , l'Orme , le Châtaignier & le Tilleau ; c'eft ce qui fait que tous ces
Arbres verds fe trouvent en grand nombre au Jardin Royal pour les Plantes medecinales.

M. de Vallemont en parlant du dé-
poüillement des feüilles des Arbres dés
que le mois d'Octobre eft venu , & de
ceux qui les confervent pendant l'Hiver,
dit qu'au Printemps toute la famille des
Végétaux engourdie durant le froid de
l'Hiver

l'Hiver qui figeoit les sucs dans les pores
de la terre, ou qui les retenoit dans les
racines, se réveille alors, & se couronne
de feüilles & de fleurs : pourquoy ? c'est
que les sucs de la terre & le sel nitre de
l'air mêlez avec les pluyes, la grêle & la
neige, se fondent & se fermentent par
la chaleur du Soleil qui s'approche de
nous ; & que dans ce mouvement ils sont
disposez à monter des racines au haut des
Plantes, où ils forment des feüilles & des
fleurs nouvelles. Que dans l'Eté on voit
secher & mourir plusieurs Plantes : pourquoy ? c'est que la chaleur de l'Eté est
quelquefois si violente, qu'elle donne
trop de mouvement aux sucs de la terre :
ce qui est cause qu'ils montent avec tant
de precipitation & avec tant de vîtesse,
des racines dans la tige, & de la tige
dans les branches, qu'ils ne s'y arrêtent
pas assez long-temps pour s'y coaguler ;
& que d'ailleurs les pores des branches
s'élargissant par la vîtesse avec laquelle
ces sucs passent, ils n'y peuvent plus
être retenus : qu'ainsi la Plante meurt
faute d'aliment. Que dans l'Automne
les feüilles & les fruits tombent ; cela
vient de ce que la chaleur du Soleil diminuant chaque jour par son éloigne-
ment, les sucs ne montent plus à l'or-

dinaire; que les feüilles & les fruits ceſ-
fant d'être humectez, ſe ſechent & tombent. Que durant l'Hiver les Arbres ſont
dans l'inaction, & ne donnent aucun
ſigne de vie : c'eſt qu'ils tirent leur nourriture des ſucs de la terre. Qu'or le
froid de l'Hiver fige ces ſucs & reſſerre
les pores de l'écorce & du bois des Arbres. Qu'il ne faut donc pas s'émerveil-
ler ſi ces Arbres privez de ce qui les
anime & les fait croître, ne font viſible-
ment aucunes des fonctions de la végétation, & s'ils paroiſſent dans une nu-
dité honteuſe.

Les Orangers & Citronniers n'exi-
gent de nous de certains ſoins qu'à cauſe
des Climats differens dans leſquels ils
ſont tranſportez ; mais auſſi ces ſoins ne
ſont pas ſi extraordinaires qu'il en faille
faire un monſtre à ceux qui prennent
envie d'en élever, la culture en étant
fort aiſée, & la conduite bien plus facile que celle des autres Arbres fruitiers
ſujets à la taille, & que l'on peut voir
ſans défauts.

On éleve ces precieux Arbres de Pepin, de Marcote & de Bouture. En voulant faire produire à la terre de tels Arbres, l'ordre veut que je commence à
donner des preceptes ſur la maniere de

femer comme il faut les Pepins qui doivent leur donner la naiffance, puifque la femence eft le principe des Plantes.

Les Pepins d'Oranges, de Citrons & de Grenades devront être pris dans ces fruits qui ont été cueillis à la parfaite maturité, & même un peu pourris, pourvû que la pourriture ne provienne pas d'avoir été meurtris ou endommagez. Ce font dans ces Fruits que fe trouvent renfermez leurs Pepins, lefquels fervent à la multiplication des Arbres qui les produifent.

PEPIN n'eft autre chofe que la graine qui eft dans les fruits, qu'on feme pour avoir des Arbres francs, fur lefquels on applique des greffes. On diftingue les fruits, en fruits à Pepin, & en fruits à Noyau. Ceux à Pepin, font les Oranges, Citrons, Grenades, Poires, Pommes, Raifins, Coins, Grofeilles & quelques-autres; & ceux à Noyau, font les Pêches, Abricots, Prunes, Amandes, Cerifes, &c.

Pour bien conferver les Pepins d'Orange & de Citron, il faut les défendre de trop d'humidité, de peur qu'ils ne fe corrompent; de trop de fechereffe, de crainte que l'humeur qui les entretient ne fe diffipe; & de trop de froid, parce qu'il éteindroit l'efprit de vie concentré dans les Pepins.

Il faut prendre les Pepins les plus gros
& les plus ronds pour femer, parce qu'ils
font plus meurs & ont plus de fubſtance.
On les femera fur une terre bien preparée, & à la profondeur de deux poûces.
Les Pots où ils auront été mis, feront
expofez au Soleil depuis dix heures du
matin jufqu'à deux aprés midi, jufqu'à
ce que leur germe paroiffe. Le foir venu
il faudra les tranfporter dans la Serre
pour y refter jufqu'au lendemain, parce
que les gelées blanches qui font en Mars
& Avril fort frequentes, pourroient bien
à caufe de leur delicateffe, les faire perir : la chaleur en ce temps les fait pouffer avec vigueur. On aura foin fur tout
de garantir ces jeunes plants des Roux-
vents. Il faudra fupprimer ceux qui feront foibles, afin que les autres faffent
de plus belles productions.

Comme les méchantes herbes dérobent à la terre la plûpart de fes fels &
de fa fubftance, il faut arracher celles
qui croiffent au pied des jeunes Orangers
& Citronniers, & changer tous les ans
de terre pour les obliger à bien faire :
car la nutrition des Plantes eft plus ou
moins bonne, qu'il y a plus ou moins de
fels dans la terre qui les contient. Quand
ces jeunes Arbres feront en état d'être

transplantez, on les mettra séparément dans des pots de terre, afin que leurs racines puissent plus aisément s'étendre qu'auparavant. Lorsqu'ils pousseront du pied quelques foibles jets, on ôtera ce superflu qui les empêche de faire de belles tiges. Cela les mettra en état d'être greffez dans quatre ou cinq ans, pourvû que l'on ait soin de les labourer & arroser quand ils en auront besoin.

NUTRITION est, en terme d'Agriculture, ce qui se fait dans les Plantes par la distribution du suc nourricier, qui se répandant dans la tissure de leurs parties, les fait gonfler, s'y fige, en augmente ou entretient le volume, en reparant ce qui s'en est dissipé. Les Physiciens ont bien de la peine à expliquer comment se fait la Nutrition & la distribution de la séve dans toutes les parties de la Plante.

Les arrosemens qu'il faut donner aux jeunes Orangers & Citronniers se peuvent faire de differentes manieres. La meilleure est, selon moy, celle qui se fait par attraction, c'est-à-dire, que l'humidité est élevée du fond de la terre à sa superficie; elle se fait ainsi. S'il y a auprés des Pots où sont plantez ces Arbres, quelque lieu où il y ait de l'eau qui soit exposée à l'air, comme Mare ou Fossé,

il faudra y faire tremper ces Pots juſqu'au milieu ſeulement. Cette maniere
d'arroſer ces jeunes Plants empêche que
la terre où ils ſont ne s'affaiſſe trop; au
contraire elle l'humecte doucement &
imperceptiblement ſans la trop laver.
Quand une terre l'eſt trop, elle perd une
partie de ſa fecondité. Lorſque la ſuperficie de la terre ſera un peu humide, elle
ſera ſuffiſamment arroſée, ce qui arrive
trois ou quatre heures aprés. Je croy
que l'on fera tres-bien d'arroſer de cette
maniere les jeunes Plants d'Orangers &
Citronniers qui ſont dans des Pots, ſi la
commodité le permet.

Il y a des Auteurs qui diſent que pour
faire réüſſir les Marcotes d'Oranger & de
Citronnier, il les faut faire deux ou trois
jours aprés la nouvelle Lune de Mars ou
d'Avril pour leur faire faire de belles productions, parce que ce temps y eſt plus
propre que les autres jours. Il y en a
d'autres qui au contraire diſent que quand
cet Aſtre feroit quelque impreſſion ſur
les Plantes, il porte ce reſpect à celuy de
qui il emprunte ſa lumiere, de le laiſſer
agir ſeul dans leur production, & ſingu-
lierement des Orangers & Citronniers
leſquels ſont les emblêmes & les fruits de
ſa chaleur. J'eſtime qu'il faut faire ce

Marcotes depuis le 12. Mars jusqu'au 5.
Avril, sans attendre plus tard. Voici
comme il faut les faire.

Quand on aura jetté la vûë sur la branche d'un Oranger ou Citronnier qu'on
veut marcoter, il faudra couper l'écorce
qui occupe le bas de cette branche à la
largeur d'un doigt, & en après envelopper cet espace avec une bande de cuir,
laquelle on serrera doucement avec un
osier. On passera cette branche par le
trou d'un pot à mettre des fleurs, & ensuite on mettra dans ce pot de bonne
terre preparée. Je suis d'avis que l'on
suspende au-dessus de ce pot un autre
petit pot dans le temps de chaleur, qu'on
remplira d'eau de pluye ou de fossé, laquelle on fera tomber goute à goute
dans le pot où est la branche marcotée,
ce qui arrosera doucement & imperceptiblement la terre. Cette humectation
insensible est d'un grand secours dans la
végétation, puisqu'elle fait produire à
cette branche marcotée beaucoup de racines. Au mois d'Octobre suivant on la
coupera auprés du trou. On ôtera du
Pot le jeune Oranger ou Citronnier, &
on le mettra aussi-tôt dans une petite
Caisse où on aura auparavant mis de bonne terre. On y arrangera bien propre-

ment ſes racines à une diſtance égale, &
on fera en ſorte, aprés y avoir mis au
deſſus de la même terre, qu'il n'y ait aucun vuide. Enſuite on achevera d'en remplir toute la Caiſſe. Ce moyen eſt plus
ſûr & plus promt pour élever un Oranger ou un Citronnier, que de ſemer des
Pepins ou de planter des Boutures. C'eſt
de cette maniere que l'on fait les Marcotes de Coignaſſier, de Figuier, de Groſelier & d'autres Plantes, dont le genie
eſt de réuſſir par ce moyen dans la multiplication de leur eſpece.

GROSELIER eſt un Arbiſſeau qui produit
des Groſeilles, leſquelles ſont rafraîchiſſantes; elle
ſont auſſi fort propres pour éteindre l'ardeur des
fiévres, pour la bile, & pour appaiſer la ſoif. Le
Groſelier veut une terre bien graſſe & bien fumée;
on le multiplie de Marcotes & de Boutures: & il
faut le replanter en Novembre en une expoſition
favorable.

Comme la maniere de multiplier les
Plantes & de les gouverner, eſt d'avoir
toûjours égard au temperament dont elles
ſont, & aux lieux d'où elles tirent leur
origine, les Orangers & Citronniers qui
viennent d'un Païs aſſez chaud, deſirent
auſſi le Soleil du Midi. Ainſi aprés que
les Marcotes d'Orangers & de Citronnier

niers auront été mifes à l'ombre pendant dix ou douze jours à la fortie de la Serre, il faudra abfolument les placer à l'expofition du Midi. Il eft conftant qu'elles y profiteront bien en peu de temps, à l'aide des labours qu'on leur donnera tous les deux mois, & des arrofemens qu'on fera de temps à autre, & beaucoup plus frequemment lors des grandes chaleurs. Cette maniere d'élever & de multiplier ces Arbres par le moyen des Marcotes, eft un expedient qui abregera bien du chemin.

CITRONNIER eft un Arbre qui produit le Citron. Il a fes feüilles prefque femblables à l'Oranger & au Limonnier, lefquelles font pertuifées de menus trous; il eft toûjours verd. Ses branches font fouples & couvertes d'une toile verte & épineufe. Il porte une fleur rougeâtre & ouverte, du milieu de laquelle fort quelque petite Capillature; & il porte du fruit en tout temps comme l'Oranger & le Limonnier. Le Citronnier fe multiplie de Pepin, de Marcote & de Bouture; il fe peut greffer au bout de trois ans. Il eft rapporté dans l'Hiftoire de l'Academie Royale des Sciences, année 1708. page 69. que M. de la Hire a fouvent obfervé que dans le Printemps il tombe des feüilles des Orangers & Citronniers, une efpece de rofée tres-fine qui s'attache fur ce qu'elle rencontre; par exemple fur des morceaux de verre que l'on me fous ces Arbres, & s'y amaffe en affez groffe goutes. Il a voulu voir de quelle nature étoit cett

rofée. Il a jugé que ce n'étoit ni une matiere fim-
plement aqueufe, parce qu'elle ne s'évaporoit point
à l'air ; ni une refine, parce qu'elle fe diffolvoit
entierement par l'eau, ce que les refines ne font
pas à caufe de la quantité de leur huile ; ni une
gomme, parce qu'étant mife fur un papier, elle
ne s'y fechoit pas tout-à-fait comme les gommes
ordinaires. Tout ce que cette Rofée n'eft pas, la
confiftance de miel liquide qu'elle a fur les feüilles
d'où elle fort, & un goût fort fucré, ont fait
croire à M. de la Hire que c'eft une efpece de
Manne. Le Citronnier produit un fruit qui a l'é-
corce ridée & odorante, & qui eft de couleur jaune.
Ce fruit eft rempli d'un jus qui a un petit acide
fort agreable au goût, & qui fert à faire la Limonade & plufieurs fauffes.

Pour ce qui eft des Orangers & Citronniers qu'on élevera de bouture, il
faudra en taillant ces Arbres, choifir les
branches les plus droites & les plus unies
& les couper à la longueur de neuf à dix
poûces. On ratiffera l'extremité d'en-bas
de leur écorce. S'il s'y rencontroit quelques fleurs on devra les ôter. Ces branches feront mifes en terre à la profondeur de cinq poûces, & à la diftance de
quinze à feize les unes des autres. Quand
elles auront pouffé quelques foibles jets
on leur donnera des labours & des arrofemens proportionnez à leur âge &
leur delicateffe. Par ce moyen on peu

avoir des Orangers & Citronniers qui puiſſent être greffez quatre ou cinq ans aprés.

Il faut prendre ces branches ſur des Orangers qu'on appelle Balotins ou Pommiers d'Adam, & non ſur d'autres, parce qu'elles reprennent aiſément en terre. Elles réuſſiſſent auſſi facilement en Italie, Eſpagne, Languedoc & Provence, que celles de Vigne, de Coignaſſier, de Figuier & de Groſelier font en l'Iſle de France & en l'Orleanois.

On pourra indifferemment greffer des Citronniers ſur des Orangers, pourvû que ceux-ci ſoient des Pommiers d'Adam, ou bien des Orangers ſur des Citronniers. Cependant j'eſtime qu'il vaut mieux mettre la meilleure eſpece ſur la moindre ; par exemple un Citronnier ſur un Limonnier, quoy qu'il y ait des Auteurs qui ſoutiennent qu'il faut greffer la moindre eſpece ſur la meilleure, pour faire, diſent-ils, rafiner la ſéve comme l'or dans la fournaiſe, & pour d'autres raiſons peu convaincantes. Pour moy je croy qu'on ne gagne rien dans ce renverſement à l'égard des Orangers. Il eſt vray qu'ils pouſſent un peu plûtôt leurs jets & leurs fleurs ſur des Sauvageons de Citronniers ou Balotins ; mais

auſſi ils ſont plus ſujets à ſe dépoüiller de
leurs feüilles. Les Citronniers au contraire, outre qu'ils ne perdent rien de leur
naturel promt & facile pour être greffez
ſur des Sauvageons de Pommiers d'A-
dam & d'autres Orangers, ont cet avantage qu'ils en reſiſtent mieux au froid &
aux injures du temps. Ainſi j'eſtime qu'il
faut greffer des Orangers ſur des Sauvageons de leur eſpece ; la raiſon eſt, que
ces derniers pouſſent d'ordinaire avec
beaucoup de vigueur, & qu'ils ſont moins
ſujets à ſe dépoüiller que les Orangers
greffez ſur Citronniers.

LIMONNIER eſt un Arbre qui produit un
fruit jaune rempli d'un jus acide appellé Limon.
C'eſt avec du jus de Limon & de Citron qu'on
fait de la Limonade. Le Limonnier ſe multiplie
de Pepin, de Marcote & de Bouture. Il demande
une terre noire & bien ſubſtantielle. Il faut le replanter au Printemps : on doit ſouvent l'arroſer,
& ſur tout lors des grandes chaleurs. Il le faut
mettre à l'abri des mauvais vents, & l'Hiver dans
la Serre.

Je ne feray ici mention que de deux
differentes ſortes de Greffes, ſçavoir de
celle de l'Ecuſſon à œil-dormant & de
celle en Approche.

La Greffe en Ecuſſon que l'on applique ſur des Orangers & Citronniers ſe

fait de la même maniere & en même temps que celle que l'on applique fur des Poiriers & Pommiers fauvages. Elle réuffit mieux quand elle eft faite dans le declin de la féve que quand elle eft abondante. Il ne faut appliquer la Greffe fur les jeunes Orangers & Citronniers qu'au bas de leur tige, afin que la branche qui en fortira faffe une tige bien droite.

La Greffe en Approche étant moins en ufage que celle en Ecuffon à œil-dormant, je diray de quelle maniere il la faut faire. Le temps le plus propre eft quand le fujet qu'on veut greffer eft en pleine féve, ce qui arrive d'ordinaire en May. Voici de quelle maniere l'on en fait l'operation.

On coupe le Sauvageon en tête, lequel doit être de la groffeur d'un bon doigt. On y fait une entaille dans laquelle on applique le rameau d'un Oranger ou Citronnier dont on veut avoir de l'efpece. On coupe un peu de bois & d'écorce des deux côtez, & on fait entrer la branche dans le milieu de l'entaille. On aura foin de boucher promtement l'ouverture avec de la terre à Potier, de crainte que la féve des deux Arbres approchez ne fe deffeche. Enfuite on fait une Poupée avec du linge & de la même

D d iij

maniere qu'on le pratique aprés qu'on a appliqué la Greffe en fente fur un Poirier fauvage. Il faut faire en forte que cette Poupée foit bien ajuftée & bien liée avec de bon ofier, parce qu'autrement elle pourroit aifément s'ébranler quand les vents viendroient à fouffler avec violence.

La feparation du *Sauvageon* greffé avec l'Oranger ou Citronnier approché, ne fe fera qu'à la fin d'Août avec la Serpette, tout auprés & au-deffous de l'endroit où la Greffe eft entrée dans l'entaille. Cette operation eft appellée par les Jardiniers fevrer un Oranger ou Citronnier greffé en approche.

SEVRER eft, en terme de Jardinage, un verbe qui fignifie feparer la branche qui fert de Greffe d'avec le corps de l'Arbre dont elle tire d'origine fa nourriture. Sevrer un Arbre greffé en approche, & fevrer une Marcote, cela fignifie les couper d'avec la tige qui les a fait naître. Ce terme qui vient fort bien au Jardinage, fe dit en Latin *disjungere*.

Une chofe à laquelle un Jardinier doit être attentif quand il fera une Greffe en Approche, c'eft de ne point penetrer jufqu'à la moëlle du Sauvageon, foit en faifant l'entaille, foit en coupant des deux côtez la branche qu'il veut approcher ; ce qui est aisé à pratiquer. La seule difficulté que je trouve dans cette espece de Greffe, est de faire l'approche avec la branche d'un Poirier ou d'un Pommier assez gros & assez haut, sans laisser encore plus de hauteur à l'Arbre qu'on desire greffer ; mais cette difficulté n'est aucunement à craindre pour les Orangers & Citronniers plantez dans des Caisses, parce qu'ils peuvent facilement être élevez autant qu'il faut par le moyen ou de quelque grosse piece de bois ou de quelque petit Chevalet.

Je conseille à ceux qui auront appliqué des Greffes en Ecusson à œil-dormant ou en Approche sur des Orangers sauvages, d'être plus soigneux à les labourer & à les arroser qu'ils n'ont ci-devant fait, & d'ôter tous les petits jets & les feüilles qu'ils auront poussé au pied de leur tige, parce qu'ils absorbent une partie du suc qui les nourrit.

Les Marchands Genois peuvent aisément soulager les Jardiniers de la peine de greffer ces precieux Arbres, en ce qu'ils la prennent en leur Païs avec bien de la facilité & assez heureusement, tant pour leur profit, que pour nôtre propre satisfaction ; car ils viennent nous ven-

dre à un prix fort raifonnable dans les
mois de Fevrier, Mars & Avril, tant en
motte de terre que fans motte, un grand
nombre d'Orangers, Citronniers, Li-
monniers, Grenadiers & autres Arbres,
Arbriffeaux & Arbuftes qui font raifon-
nablement gros.

Pour n'être point trompé en l'achat
des Orangers, Citronniers & autres, foit
qu'ils foient en motte ou non, il faut,
en premier lieu, examiner fi ceux qui
ont des feüilles & qui font avec leur motte, paroiffent avoir bien de la vigueur;
ce qui fe connoît quand leur écorce eft
d'un verd jaunâtre, ferme & non mol-
laffe, & qu'elle quitte aifément le bois.
Si la féve leur manque, elle fera dure,
ridée & deffeché, telle qu'elle devient
quand elle n'y eft plus. Si au contraire
ils en font beaucoup remplis, l'écorce
fera humide & huileufe, comme eft celle
de l'Olivier. Si on y voyoit trop d'humidité, elle ne pourroit provenir que de
ce qu'ils auroient été trop arrofèz en
chemin, & alors l'écorce en feroit comme pourrie, & le bois auroit en dedans
une couleur livide & noirâtre; cette couleur eft une marque certaine de leur
mort. En fecond lieu, fi ces Arbres font
fans motte, il faudra avant de les en-

caisser, laver leurs racines avec de l'eau claire, afin d'ôter le peu de terre qu'il y a autour. Si on n'ôtoit pas cette terre, elle empêcheroit ces racines de faire leur devoir à l'endroit où elle seroit attachée. Les racines de ces Arbres seront taillées de biais & en-dessous, comme celles des Poiriers & Pommiers. On retranchera entierement les branches mortes & le chevelu. A l'égard des meurtries on les coupera jusqu'au vif. Si ces Arbres ont quelques branches, il faut les tailler à la longueur de trois à quatre poûces. Pour encore mieux connoître si ces Arbres sont bien vifs, il n'y qu'à couper ou écorcher tant soit peu la tige ou les branches en des endroits qui ne leur portent aucun prejudice, & qu'aprés les avoir transplanté, on puisse couper ces endroits à cette tige ou à ces branches.

OLIVIER est un grand Arbre qui porte pour fruit des Olives. Il jette des feüilles longües qui se terminent en pointe, & qui vont en diminuant. Elles sont vertes par-dessus, blanchâtres par dessous, grosses & grasses, & d'un goût amer & brusque. Il porte au mois de Juin des fleurs blanches & grappuës en forme de Raisins, d'où vient un fruit qui est d'abord verd, puis pâle, & étant meur, pleinement noir. On le cueille en Novembre ou Decembre au plus tard. On le laisse sur terre jusqu'à ce qu'il se ride. Le bois de l'Olivier est beau,

veineux & madré, & brûle auſſi bien verd que ſec:
Il n'eſt point ſujet à ſe gâter par la vermoulure ni
par l'humidité. Cet Arbre ſe plaît beaucoup dans
les lieux chauds, c'eſt pourquoy il y en a quantité
en Provence & en Languedoc : il ne vient pas dans
les Païs Septentrionáux tels que ſont ceux-ci, ſans
ſoin & ſans culture ; il ſe plaît dans une terre bien
labourée & bien amendée ; il ſe multiplie de ſemence & de marcotes qui ne ſe ſeparent de leur
pied qu'au bout de cinq ans : on le greffe comme
les autres Arbres, pour l'obliger à fructifier : au
mois de Novembre on le mettra dans la Serre pour
le garantir des gelées. Les feüilles de l'Olivier, dit
M. Beſnier, ſont aſtringentes & propres pour arrêter les Hemorragies & les Cours de Ventre. Les
Olives, ajoûte-t-il, donnent de l'appetit, reſſer-
rent & fortifient l'Eſtomac. L'huile que l'on en
tire eſt adouciſſante, émolliente, reſolutive, ano-
dine, déterſive & propre pour la Colique & la
Dyſenterie.

J'ay dit au Chapitre quatriéme de la
ſeconde Partie qu'on pouvoit élever des
Figuiers nains par un moyen aiſé à pratiquer ; j'eſtime que par le même moyen
on peut auſſi élever des Orangers & Citronniers qui ſoient toûjours nains, ce
qui eſt curieux.

Ces derniers Arbres ſont d'une nature
ſi forte & ſi vigoureuſe, qu'ils reparent
aiſément tout ce qu'une nourriture peu
conforme à leur eſpece ſeroit capable
d'y gâter & corrompre. En effet il n'eſt

pas de ces Orangers & Citronniers comme de quelques autres Fruitiers ou des Legumes, dont les uns ne peuvent faire de belles productions que dans une terre graſſes & humide, & les autres dans une ſeche & ſablonneuſe ; car ces precieux Arbres ne manquent pas de bien faire dans toutes les terres compoſées, pourvû que les Caiſſes où ils ſont plantez ſoient miſes à de bons abris durant l'Eté, qu'ils ſoient arroſez dans le beſoin, & labourez trois fois l'année.

Si on veut que les Orangers & Citronniers faſſent de belles productions, il faut mettre dans les Caiſſes où on les plantera, d'une terre compoſée avec ces Ingrediens-ci ; ſçavoir d'un bon terreau, d'une terre forte-ſab'onneuſe de gris-noirâtre, d'un peu de fumier de Mouton un peu conſommé, de quelque reſte de vieille couche, de feüilles d'Arbres pourries dans un trou, de boües des rües bien deſſechées & hivernées, de fumiers de Cheval, Mulet, Vache, Cochon & Poule conſommez enſemble ; & enfin de la graiſſe que les torrens d'eaux laiſſent d'ordinaire ſur le ſable, qui eſt ce qu'on appelle communément Vaſe. Tous ces Améndemens mêlez & conſommez enſemble, compoſeront une terre fort ſub-

ftantielle & propre à la végétation & à
l'accroiffement de ces Arbres. Un Curieux doit toûjours en avoir bonne provifion. Mon intention n'eft pas d'affuje-
tir ceux qui éleveront des Orangers &
Citronniers, à mêler & à faire confom-
mer enfemble toutes ces fortes d'Ingrediens pour compofer cette terre, car je
fçay qu'il eft quafi impoffible de les avoir
tous en même temps & en même lieu ;
il fuffira donc d'en mettre une partie.

Si un Jardinier n'avoit pas fait bonne
provifion de ces Ingrediens, je luy con-
feillerois de prendre une terre qui par fes
productions feroit connoître fa fertilité,
telle que pourroit être une terre neuve,
une des bois, & une à Chenéviere. Quand
le Jardinier l'employera, il ne devra
prendre que la fuperficie de chacune de
ces terres, & non celle du fond, parce
qu'elle n'a jamais reffenti la chaleur ni
les douces influences du Soleil, ni reçu
la douce humeur des pluyes.

Il ne faut jamais planter les Orangers,
Citronniers & Grenadiers dans le terreau tout pur ni dans la poudrette. Cependant il y a des Jardiniers peu inftruits
dans la maniere d'élever ces Arbres, qui
en les rencaiffant, ne mettent prefque
point d'autres terres. Je conviens que

ces Arbres réuſſiſſent aſſez bien dans ces
Ingrediens les deux ou trois premieres
années ; mais il y a un inconvenient à
craindre quand on les change de caiſſes,
qui eſt que, comme ils n'y peuvent former de motte ſolide, on court riſque de
n'avoir plus autour de leurs racines d'ancienne terre, laquelle leur eſt abſolument neceſſaire pour bien faire ; car l'année du rencaiſſement ils ne pouſſent que
de foibles jets, & ſe dépoüillent fort ſouvent de leurs feüilles, ce qui empêche
leur fruit de groſſir & de meurir. Au lieu
que ceux qui ſont d'abord encaiſſez dans
une terre forte compoſée avec les Ingrediens dont j'ay ci-devant fait mention,
font dans la ſuite une motte de terre
bien ſolide, de laquelle il faut retrancher
une bonne partie, en telle ſorte que tant
la vieille terre que les anciennes racines,
ſoient diminuez du tiers aprés qu'elles
ſeront retranchées.

ENCAISSER eſt un terme de Jardinage qui
ſignifie proprement parlant, mettre une Plante dans
une Caiſſe, il s'employe principalement à l'égard
des Orangers, Citronniers & des Arbriſſeaux &
Arbuſtes. L'étymologie de ce verbe eſt Caiſſe, qui
vient de *capſa*, dérivée de καψα, venu de καμπτω
flecto, les Caiſſes ſe faiſant il y a long-temps avec
un bois qui étoit flexible.

Avant de planter les Orangers & Citronniers, il faudra mettre leurs racines dans de l'eau claire pendant six ou sept heures, parce que cette eau ouvre les pores de l'écorce, & donne à la séve la facilité de sortir du lieu où elle a été comme prisonniere : & cependant on preparera les Caisses où on voudra les mettre. Avant de les y planter, on pressera & foulera fortement avec les mains la terre que l'on aura mise au fond. On plantera ensuite ces Arbres un peu haut, afin que leurs racines puissent joüir plus aisément de l'aspect du Soleil, qu'un plus grand enfoncement pourroit leur dérober : & qu'étant ainsi élevez, il leur reste davantage de terre dans le lieu le plus profond de ces Caisses. On arrangera avec la main à une égale distance, ces racines, afin qu'elles puissent plus aisément recevoir tout le suc de la terre pour leur faire pousser de vigoureux jets. Feu M. Tournefort disoit que l'on tiroit beaucoup plus de fruits des Orangers & des Figuiers qui étoient plantez dans de petites Caisses, parce que l'on empêchoit par là que la séve ne s'étendît trop dans les racines.

Quand on aura mis de la terre sur les racines de ces Arbres, & que les Caisses

en feront remplies , on leur donnera une
ample moüillure , afin que là terre fe
joigne plus aifément à leurs racines. Enfuite on placera ces Caiffes pendant quinze jours à l'ombre du Soleil , parce que
les Arbres qui y font plantez, ayant dans
ces commencemens fur tout, plus de befoin de fraîcheur & d'humidité , qu'une
chaleur exceffive , doivent donc être mis
à l'expofition du Septentrion , ou tout au
plus à celle du Couchant , comme étant
les lieux qui leur conviennent le mieux.
Ce temps paffé , on ne devra plus faire
de difficulté de les mettre au Midi , parce
qu'ils demandent alors plus de chaleur.

Auparavant que d'encaiffer les Orangers & Citronniers , il faut que les Caiffes ayent eu quelques couches de Vernis
(Gomme qui fort du bois de Genievre
au feu) en-dehors , parce qu'elles refifte-
ront mieux à la pluye , à la pourriture ,
& feront plus agreables à la vûë. Cette
precaution ne peut porter aucun prejudice à ces Arbres par la qualité & l'odeur
de ce Vernis ; au contraire c'eft ufer d'œ-
conomie , parce qu'on ne fera pas fi fouvent obligé à faire faire des Caiffes & à
rencaiffer ces Arbres. Quand on ne les
rencaiffe pas fouvent , ils s'en portent
mieux.

ORANGER eſt un Arbre qui croît fort haut, & dont la tige ſe diviſe en pluſieurs rameaux partagez en d'autres, garnis de feüilles longues comme la main, larges de deux à trois doigts, de couleur d'un beau verd clair & qui dure toûjours: le long & à l'extremité de ces tiges, naiſſent des fleurs compoſées de cinq feüilles diſpoſées en rond du calice deſquelles s'éleve un piſtile accompagné de petites feüilles, qui ſe terminent en étamines; ce piſtile devient enſuite un fruit preſque rond couvert d'une écorce charnüe d'un jaune doré, & diviſé en-dedans en pluſieurs loges pleines de jus; il y a auſſi de petites veſſies remplies de ſemences raboteuſes. L'Oranger porte du fruit toute l'année. Il y a une eſpece d'Oranger qu'on appelle de la Chine, à cauſe qu'il en vient, lequel on peut élever en pots fort commodément; il porte beaucoup de fleurs, & ſert d'un grand ornement dans une Chambre, lorſqu'il en eſt chargé; ſon fruit n'eſt gueres plus gros qu'une Ceriſe, & ſa tige eſt toûjours baſſe. On la cultive de même que les autres Orangers. Le jus qui eſt dans le fruit de toutes ſortes d'Orangers ſert à faire des Confitures, & celuy de l'Orange amere ſert à étancher la ſoif des Febricitans. On juge de la quantité du jus des Oranges, à leur écorce fine & déliée, & même parmi les Bigarrades & leurs ſemblables qui l'ont cornuë & mal unie; celles dont l'écorce eſt plus épaiſſe & plus groſſiere, en ont moins, quelques peſantes qu'elles paroiſſent à la main.

ETAMINE ſe dit chez les Fleuriſtes, de ces petites parties qui ſont dans les Tulipes, les Lys, les Fleurs d'Orange & autres, autour de leur graine, ſuſpendües ſur de petits filets. Les Tulipes les plus eſtimées, ſont celles qui ont le fond bleu, & les étamines noires. Ce mot d'Etamine ſe dit en Latin *Stamina.* Pour

Pour obliger les jeunes Orangers &
Citronniers nouvellement encaissez à
faire de belles productions, il faut mettre autour des Caisses du fumier un peu
chaud. Si la chaleur étoit trop forte, les
racines ne pourroient se former ; & si
elle étoit trop foible, la végétation ne se
feroit pas. Il faut donc chercher le degré de chaleur qui leur est propre. Pour
parvenir à le trouver, on prendra une
cheville de bois qu'on piquera à la profondeur de quatre à cinq poûces dans le
fumier, & l'ayant retirée on y mettra le
doigt. S'il y a trop de chaleur, on la
moderera avec une bonne moüillure ; &
s'il n'y en a pas assez, on mettra encore
autour des Caisses du fumier neuf de
Cheval, lequel a la vertu d'échauffer. On
observera sur tout de mettre ces Arbres
nouvellement encaissez à l'endroit où les
rayons du Soleil ne les frappent que foiblement, & de les y laisser pendant vingt
ou vingt-cinq jours ; & ensuite on devra les transporter à l'exposition du Midi,
ou du moins à celle du Levant, parce
qu'ils sont fort amateurs de la chaleur.

Avant que d'encaisser ces precieux
Arbres, il faut que les Caisses qu'on leur
destine soient proportionnées à leur grosseur & à leur hauteur. Il faut que les

Caiſſes ſoient conſtruites avec du bois de
Chêne où il n'y ait point d'Aubier du
tout, les autres bois n'y étant aucunement propres.

Aubier ou Aubour eſt la partie blanche &
molle qui eſt entre le vif de l'Arbre & l'écorce, que
la ſéve de chaque année produit, pendant que celuy qui joint le vif ſe tourne en la qualité de l'Arbre. L'Aubier de Chêne a un poûce & demi d'é-
paiſſeur autour de l'Arbre quand cet Arbre a toute
ſa groſſeur. Il eſt défendu par les Statuts des Char-
pentiers, Menuiſiers & Tonneliers d'employer du
bois où il y ait de l'Aubier, parce qu'il ſe corrompt trop tôt. Pline dit que l'Aubier eſt la graiſſe
du bois, qui eſt immediatement ſous l'écorce, ainſi
que la graiſſe eſt ſous la peau; & que de même
qu'elle eſt une partie moins ferme que la chair,
& qui ſe conſume la premiere, auſſi l'Aubier eſt
la partie du bois qui ſe carrie & qui ſe pourrit plus
aiſément. Mais s'il eſt permis, à l'exemple de Pline,
de rapporter les parties des Plantes à celles des Animaux, j'aimerois mieux dire que dans quelques
Plantes l'Aubier tient lieu de Veines, & que l'of-
fice des Arteres eſt fait par l'écorce qui reçoit la
nourriture de la racine, comme les Arteres reçoivent le Sang du Cœur, & qu'elles le portent à toutes les parties de l'Arbre; que ce que l'écorce contient eſt un peu plus parfait, mieux cuit & deſtiné à
la nourriture, & que le reſte de cette nourriture
eſt renvoyé à la racine par l'Aubier, afin d'être de
nouveau cuit & perfectionné pour remonter par l'é-
corce, & ainſi par une circulation continuelle, imi-
ter celle qui ſe fait dans le Corps des Animaux.
L'écoulement de cette humeur aqueuſe qui arriv

quand on a cerné l'Arbre jusqu'au cœur, fait con-
cevoir de quelle maniere se fait ce different mouvement de diverses liqueurs, qui est, que la disposition des pores & des fibres de l'Aubier est telle,
qu'elles laissent aisément couler l'humeur en-bas,
& que les pores & les fibres de l'écorce ont une
disposition contraire, qui fait que quoyque ce cerne
coupe l'écorce aussi-bien que l'Aubier, neanmoins
il ne tombe que l'humeur aqueuse & cruë, de même qu'à l'amputation d'un membre d'un Animal
il ne coule qu'une espece de sang, sçavoir l'arte-
riel, l'autre espece étant retenuë & suspenduë par
les valvules qui sont dans les veines. Un Moderne
assure que dans les écorces des Arbres il y a une
humeur qui leur tient lieu de sang, les corps des
Arbres étant composez comme ceux des Animaux,
c'est-à-dire, de peau, de sang, de chair, de nerfs,
de veines, d'os & de moëlle, & que l'Aubier est
comme la graisse sous l'écorce qui est aux Arbres,
comme la peau est aux Animaux.

Une des meilleures & des plus utiles
operations du Jardinage est la culture de
la terre. Plus on la remuë, plus l'Arbre
qui y est planté fait de belles productions.
Il ne faut donc pas negliger de labourer
trois ou quatre fois par an les Orangers
& Citronniers quand ils seront hors de
la Serre. Ces Arbres quoyque plantez
dans des Caisses, ne laissent pas d'exiger
que nous les bequillions comme il faut,
afin que par ce remuëment qu'on fait,
les sels & la substance qui sont contenus

dans la terre foient plus en état d'agir, & par confequent de fe mieux introduire dans leurs racines, qui pour lors leur fait pouffer de plus beaux jets : cette culture donne la facilité à l'eau qu'on leur donne, de penetrer jufqu'à leurs racines, maintient la terre en fraîcheur, & leur procure l'évafion de l'air qui la deffechoit trop. Une terre nouvellement remuée eft plus agreable à la vûë qu'une pleine de crevaffes & fort feche. Le bequillement empêche que la terre ne devienne trop pefante, & l'arrofement qui luy fuccede fait que les racines de l'Arbre font plus aifément & plus promtement leur devoir, tant par la nourriture qu'elles reçoivent, que par la chaleur qui les penetre, laquelle leur eft fi neceffaire pour leur faire pouffer de beaux jets & mieux groffir le fruit.

BEQUILLER, terme de Jardinage, eft le labour qu'on fait avec une Houlette dans les Caiffes d'Orangers & Citronniers, ou celuy qui fe pratique avec la Serfoüette dans une Planche de Bettes-raves, de Laituës & de Chicorées, & autres, qui demandent qu'on remuë de temps à autre legerement la terre où elles font plantées.

Il faut mêler deux fois l'année à la terre ancienne des Orangers & Citron-

niers, des amendemens qui foient con-
formes au temperament de celle où ils
font plantez, & qui puiffent aifément
reparer ce que cette terre dénuée d'une
bonne partie de fes fels, peut avoir ou
de trop fec ou de trop froid.

La culture de ces precieux Arbres eft,
felon moy, beaucoup plus heureufe que
celle des autres Plantes, parce que la
condition ou le fort de celles-ci eft de ne
durer en leur perfection que fix mois au
plus ; car, en premier lieu, les fleurs des
Pêchers, Abricotiers, Pruniers, Poiriers,
Pommiers & autres Fruitiers à Noyau &
à Pepin, fe fanent & periffent prefque
auffi-tôt qu'elles font épanoüies. En fecond lieu, les Plantes legumineufes n'ont
qu'une faifon tres-courte. Et en troifiéme lieu, toutes fortes d'Arbres qui ont
une grande vigueur, ne font en cet état
vigoureux qu'une partie de l'année, mais
ne la paffent pas. Tous ces Végétaux fe
dépoüillent en ce Païs-ci de leurs feüilles & de leurs fruits aux approches de
l'Hiver, c'eft-à-dire dés la fin d'Octobre, & font comme obligez de fe repofer pour reprendre au Printemps une
nouvelle vigueur. Il n'en eft pas ainfi
des Orangers, Citronniers, & même
des Ifs, Houx, Piceas, Genevriers, Mir-

thes, Lieges & Boüis, car ils se renou-
vellent & se perpetuent d'année en année, leur séve étant continuellement
dans l'action. Il est vray que ce suc agit
bien moins l'Hiver que l'Eté ; & quoyque ces Arbres ne reçoivent que pendant quatre mois & demi au plus qu'ils
sont hors de la Serre, des secours du
Ciel & des influences qui s'écoulent toûjours des Astres ; cependant ce temps suffit pour resister au changement extraordinaire qui se fait dans le reste de la Nature. Il est constant qu'il n'y a presque
point de Plantes dans toute l'Europe qui
vivent plus long-temps que les Orangers, quand on a soin de les bien tailler,
labourer, amender, arroser & rencais-
ser, quand ils en ont besoin.

LIEGE est une espece de Chêne-verd qui vient
dans les lieux remplis de sable, & dont la seconde
écorce est fort spongieuse & legere. Il a les feüilles
plus courtes que le Chêne-verd, & elles vont en
arrondissant. Cet Arbre ne croît point en France
ni en Italie ; il y en a cependant un au Jardin Royal.
On le multiplie de Gland comme le Chêne. Il ne
meurt point, à ce qu'on dit, quand il est dépoüillé
de son écorce, comme font d'ordinaire les autres
Arbres. On se sert de sa seconde écorce pour mettre sous les Pantoufles & pour mettre à des filets
pour pêcher. Le Gland que le Liege produit n'est
pas propre à nourrir les Bestiaux.

Les arrosemens ne sont pas moins necessaires aux Orangers & Citronniers que les labours, avec cette difference qu'il faut donner des arrosemens plus frequens en des lieux où sont situées les Orangeries qu'en d'autres. Les Orangers & Citronniers plantez dans des Caisses doivent plus souvent être arrosez que ceux qui le sont dans des Vases. Il ne faut point que l'eau dégorge trop, car elle noyeroit les racines & empêcheroit l'effet de la végétation. Pour faire les arrosemens à propos, il faut plus de sagesse & de prudence qu'il n'en paroît dans la conduite ordinaire de beaucoup de Jardiniers. Je dis en general qu'il faut presque tous les jours arroser sur le soir ces precieux Arbres lors des chaleurs excessives; & si on ne le faisoit pas, il vaudroit autant les mettre au feu.

On connoît le besoin qu'il y a d'arroser les Orangers & Citronniers quand la terre se fend & se desseche trop, & que leurs feüilles se ferment, se flétrissent, & sont mollasses & recoquillées; cela se découvre aisément en touchant & pliant ces feüilles. Si ces Arbres se portent bien & ne manquent point d'eau, on sent entre le doigt & le poûce un petit bruit que fait la feüille en se cassant, qui marque

fa fermeté. Si au contraire cette feüille
fe plie fans fe caffer, on doit croire que
l'Arbre & fes racines fouffrent quelque
difette. Il eft vray que ce n'eft pas toûjours faute d'eau ; la fechereffe ne met
pas regulierement ces Arbres en cet état.
Ils fe fanent quelquefois quand on eft
menacé d'un Orage, ou quand n'étant
pas encore bien établis en racines & bien
repris, on les expofe avec trop peu de
ménagement à toute la chaleur du Soleil. Quand leurs feüilles font pleines de
fucs, elles font ouvertes à merveille ;
l'humidité en eft-elle évaporée, elles fe
ferment & fe recoquillent d'une maniere
étonnante. Si elles font fermées, il n'y
a qu'à arrofer la terre où l'Arbre eft
planté, avec de l'eau de pluye, ou avec
celle de marre ou de foffé, ou bien de
celle de puits qui ait été quelque temps
expofée au Soleil ; on verra une heure
ou deux aprés qu'elles fe développeront
& fe r'ouvriront à proportion que l'humidité qui remonte par les pores dans
toutes les racines, & de là à la tige, aux
branches, aux feüilles & au fruit, fera
plus ou moins grande.

Si, par exemple, dans l'Ifle de France
& autres lieux circonvoifins, les arrofemens fe font deux ou trois fois la femaine,

plus

plus ou moins suivant que la chaleur se fait rudement ou foiblement sentir, on doit dans les Climats qui sont plus chauds, les reïterer & plus souvent & plus amplement.

Pour sainement juger du besoin que les Orangers & Citronniers ont d'être arrosez, il faut leur donner un foible labour. On connoîtra pour lors si leur langueur provient directement de secheresse ou de quelque maladie interne. Si la terre est encore un peu humide, on ne les arrosera pas si-tôt; & si elle est bien seche, on leur donnera une ample moüillure. Les arrosemens doivent être plus frequens depuis le 10. de Juin jusqu'au 15. Août qu'en d'autre temps, parce que non seulement il fait plus chaud, mais encore à cause que ces Arbres sont dans leur plus forte pousse, & que c'est le temps qu'ils sont en partie en fleur, ce qui consume une partie des sels de la substance & de l'humidité de la terre. Aprés quoy on diminuëra les arrosemens, & on en sevrera peu à peu ces Arbres jusqu'à ce qu'on les transporte dans la Serre.

J'estime qu'il faut faire sur la superficie de la terre où sont plantez les Orangers & Citronniers, un cerne autour de

leur tige, qui ne foit point trop profond,
mais dont les bords de ce cerne étant re-
levez, puiffent aifément retenir l'eau
qu'on y jette; & outre cela pour foute-
tenir ces bords, on met des douves de
Tonneau qui fervant de hauffes & étant
mifes tout de leur long & au-deffus des
bords des Caiffes, empêchent que la terre
ne s'écarte de quelque côté que ce foit.

Les Orangers, Citronniers, Grenadiers, & les Arbriffeaux & Arbuftes ne
devront être arrofez que le foir, fi la chaleur eft fort grande, & depuis dix heures
& demie du matin jufqu'à deux aprés
midi, fi le temps eft couvert & un peu
froid. Les habiles Jardiniers connoiffent
aifément la neceffité qu'il y a de procurer à ces precieux Arbres un fecours fi
utile & fi neceffaire.

ARBUSTE eft un petit Arbre nain par fa nature, & qui tient le milieu entre l'Arbriffeau &
la Plante. Les Arbuftes qui ornent beaucoup les
Parterres, font les Lilas communs & de Perfe, le
Rofiers de Gueldres & de tous les mois, les Jafmins communs, les Chevrefeüilles, les Seringals
les Jonquilles, les Troefnes, les Genêts d'Efpagne
les Romarins, &c.

Venons prefentement à la taille de
Orangers & Citronniers. Cette taille ef

absolument neceffaire fi on veut qu'ils foient bien plus agreables à la vûë, & les difpofer à produire de beau & excellent fruit. Il ne faut donner d'autres figures à ces Arbres que celles de Haute tige & de Buiffon, & non de celle d'Efpalier ou de Contre-efpalier, à moins qu'on n'ait deffein de les planter en pleine terre le long & auprés d'un mur, ou pour en faire des Berceaux, des Cabinets & des Allées couvertes, telles qu'on en voit communément du côté de Genes & de Nice, & qu'on en a vû autrefois dans les Jardins de Trianon. Pour conferver ces Arbres plantez en pleine terre pendant l'Hiver, il faut une trop grande dépenfe; il n'y a que les Rois & les Princes qui puiffent la faire. Je n'entreprendray point ici de decider fi les Orangers & Citronniers réuffiffent mieux en la figure de Haute tige qu'en celle de Buiffon, y ayant eu plufieurs Auteurs qui pour appuyer leurs fentimens, ont tous montré fur cela leur experience & leur capacité, & n'ont pas manqué de folides raifons pour attirer dans leur parti ceux qui les ont examinez.

CONTRE-ESPALIER, en terme de Jardinage, veut dire des Arbres plantez en rangées

sur le bord des quarrez d'un Jardin, & aufquels
on donne la même figure qu'aux Efpaliers ; & ce
mot de Contre-efpalier eft ainfi dit, à caufe que les
Arbres qui font mis de la forte font oppofez à l'Efpalier & tout proche. Il fe dit en Latin *conferta*
ramis Arbores, qui veut dire des Arbres qui ont
des branches de côté & d'autre.

Comme la Nature ne rend jamais fes
productions plus excellentes que quand
l'Art vient à fon fecours, auffi les Orangers & Citronniers ne donnent jamais de
plus beau fruit, & ne paroiffent plus
agreables dans la figure qu'on veut leur
donner, que quand on les taille dans les
regles.

Ces Arbres ne feront pas gouvernez
de la même maniere que les aures Fruitiers à Pepin & à Noyau, pour ce qui
concerne plufieurs fortes de branches ;
car les groffes que j'ay dit en la premiere
Partie qu'on appelloit branches gourmandes, font tres-fouvent pernicieufes
à ces derniers Arbres, & qu'en quelque
endroit qu'elles s'y forment, il faut abfolument les retrancher prefque tout-à-
fait, parce qu'elles ne produifent point
de boutons à fruit ; c'eft pour cette raifon
que l'on a tant de foin de conferver les
branches fecondes & d'efperance. Il n'en
eft pas de même des Orangers & Citron-

niers qu'il faudra tailler tout autrement,
car il ne faut s'attacher qu'à les avoir
beaux & vigoureux tant en leurs jets
qu'en leurs feüilles, sans s'inquieter de
leurs fleurs, lesquelles ne viennent d'ordinaire qu'en trop grand nombre, car
on est souvent obligé d'en ôter plus de
moitié pour ne point trop charger les
Arbres. Ainsi j'estime qu'il faut conferver leurs plus fortes branches & même
les gourmandes, pourvû qu'elles soient
bien placées & qu'elles contribuent à
leur beauté. En effet, il n'y a que les
grosses & fortes branches qui produisent
le beau fruit.

Il y a des Jardiniers qui ne suivant
que leur caprice, coupent le bois des
Orangers & Citronniers, qui est quelquefois le principal sujet sur lequel ils
ont seulement droit de fonder leurs es-
perances. Ce n'est pas que tous les Jardiniers soient à blâmer en cela ; on peut
dire que s'il y en a qui tiennent cette
connoissance comme indifferente, on en
trouve aussi qui avec toute la passion
imaginable cherchent les moyens d'en
être instruits. C'est donc pour ces derniers
que je veux bien écrire ceci, les premiers
n'étant pas dignes qu'on leur apprenne
quelque chose.

Il ne faut jamais tailler les Orangers
& Citronniers quand le temps eſt trop
humide ou trop chaud, mais bien par un
ſec & temperé. La taille de ces Arbres
a un avantage que celle de beaucoup
d'autres Fruitiers n'a pas, & ſur tout à l'é-
gard des Pêchers, Abricotiers & Pruniers. Il arrive ſouvent qu'une branche
de ces derniers Arbres étant taillée, ne
repouſſe rien, parce que la Gomme la
fait perir; mais en fait d'Orangers, quelque branche forte ou foible que l'on ait
coupée ou pincée à un qui a bien de la
vigueur, elle ne manque preſque jamais
d'en repouſſer d'autres, & cela ſelon
qu'elle eſt plus ou moins forte.

La principale beauté des Orangers eſt
que leur tête ſoit bien remplie, ſans que
le dedans ſoit trop confus. Il ne faut pas
que ceux en buiſſon ayent le milieu trop
vuide, comme on a coûtume de gouverner les Poiriers en buiſſon plantez en un
terroir gras & humide. Les Orangers à
haute tige doivent être garnis de pluſieurs
branches bien nourries, quaſi égales en
groſſeur, & qu'on puiſſe aiſément voir
de tous côtez. Voila en quoy conſiſte la
beauté de ces Arbres; & c'eſt ce qui n'eſt
pas commun; car la plûpart de ceux qui
les gouvernent n'obſervent gueres ces
formalitez.

Il faut laisser en liberté les jeunes jets des Orangers & Citronniers depuis peu de temps encaissez, sans les trop contraindre, afin de leur faire dans la suite acquerir une belle tête. S'il se trouvoit de nouvelles branches plus fortes & plus vigoureuses que les autres, il faudroit les pincer. L'operation s'en fera quand elles seront de la longueur de quatre à cinq poûces ; ce qui arrêtera leur vigueur, & donnera plus de force aux foibles, & fera que toutes les jeunes branches auront rapport à la grosseur & à la hauteur de leur tige.

Il faut supprimer plus de bois & faire la taille plus forte aux Orangers & Citronniers nouvellement rencaissez, qu'à ceux qui ne l'ont été que depuis trois ans, parce qu'on a coupé une partie de leurs racines en les changeant de Caisses ; ainsi on leur laissera moins de branches, afin que ces racines puissent plus aisément les nourrir. On doit d'abord commencer à couper les plus fortes branches, à cause que la séve y est plus abondante qu'ailleurs, & faire en sorte que ces Arbres ayent la figure ronde & presque platte.

On devra juger de la longueur qu'il faudra donner aux branches d'un Oranger par la grosseur de sa tige, ou par sa

F f iiij

force ou ſa foibleſſe. Si les branches
étoient trop foibles, elles ne pourroient
ſe ſoutenir d'elles-mêmes, & ne pourroient luy faire faire une belle figure. Ces
foibles branches ſeront taillées plus courtes que celles qui ſont un peu vigoureu-
ſes. Il faudra ébourgeonner cet Arbre
dix ou douze jours aprés qu'il aura commencé à pouſſer, parce que les jets foibles & mal placez emportent & abſorbent une partie de la ſéve, ce qui preju-
dicie aux vigoureux & bien placez.

Les ouvrages qu'il faut abſolument
faire aux Orangers, Citronniers & Grenadiers ſont la taille, l'ébourgeonnement
& le pincement. Cette taille doit ſe faire
en deux differens temps. Le premier, peu
de jours aprés qu'ils ſont ſortis de la Serre;
& le ſecond, ſix ou ſept jours avant qu'ils
y ſoient remis. Cette ſeconde taille ôte
tous les défauts de la premiere. L'é-
bourgeonnement & le pincement doivent ſe faire preſque en même temps.
Celuy-là ſe fait en ôtant les jets inutiles
qui dérobent aux autres l'aliment qui
leur eſt neceſſaire. Et celuy-ci ſe fait avec
l'ongle, peu de jours aprés l'autre, afin
que les jets vigoureux ne montent pas
plus hauts que les foibles. Pour mieux
joüir de tout ce qu'il peut y avoir d'a-

greable dans ces beaux Arbres, on doit chercher, comme j'ay dit, une rondeur un peu platte.

Il faut donc pratiquer tous les ans ces trois sortes d'ouvrages, parce que outre que les jets taillez & pincez deviennent dans la suite plus vigoureux & plus feconds, c'est que les fruits qui en proviennent sont mieux nourris, & que les feüilles sont plus vertes, plus larges & plus épaisses ; ce qui est la principale beauté des Orangers & Citronniers. Les jets foibles ne peuvent produire que de petits fruits, lesquels viennent à tomber, aussi-bien que la plûpart des feüilles, dés le 12. ou 15. Juin ; ce qui fait que ces Arbres étant dépoüillez de leurs fruits & de quantité de leurs feüilles, se trouvent privez d'un ornement qui les rend si estimables.

On voit souvent des Orangers qui finissent en pointe, & d'autres qui s'étendent plus d'un côté que de l'autre. Dans le premier cas j'estime qu'il faut ravaler avec art tout ce qui excede, de telle sorte que d'une figure presque pyramidale que ces Arbres avoient, ils en acquierent une qui soit ronde, mais de maniere que cette rondeur soit large, étenduë, presque platte & approchante de la figure d'un

Champignon nouveau-né, & que cependant ce ne ſoit point une rondeur af-
fectée : & que dans le ſecond cas qu'il
faut rogner le côté qui eſt le plus éten-
du, & le proportionner à celuy qui l'eſt
moins. S'il y a des branches qui ſe ſoient
trop allongées, on les ravalera juſqu'à
celles qui ſont plus foibles. On en uſera
de même ſi l'un des côtez eſt plus plat
que l'autre, ſoit que cela provienne de
ce que quelque branche ſe ſera rompuë,
ou du peu de ſcience & d'habileté de celuy qui aura taillé ces Arbres. Et ſi les
branches en ſont panchées, aprés avoir
examiné ſi ce n'eſt point par le défaut
d'un bon aliment, on retranchera toutes
celles qui ſeront les plus foibles, à moins
qu'elles ne contribuent à la perfection de
la forme que l'on deſire.

Il faut abſolument couper la plus grande partie des petites branches, parce
qu'étant d'ordinaire chargées de petites
feüilles qui viennent fort prés les unes
des autres, elles font bien de la confu-
ſion & gâtent la figure des Orangers &
Citronniers; c'eſt pourquoy j'eſtime qu'il
en faut ſupprimer un grand nombre. Par
exemple, ſi en quelques endroits il y en
avoit quatre ou cinq, il n'en faudroit
laiſſer que deux au plus. Cela ſans doute

acquerera à ces Arbres cette belle figure, à laquelle on doit beaucoup plus s'attacher qu'à les rendre feconds. Les branches qui resteront, recevront seules tout l'aliment dont les autres auroient mal-à-propos profité.

Ces petites branches venuës confusément & chargées de quantité de petites feüilles, sont appellées Toupillons par les Jardiniers. C'est d'ordinaire en ces endroits où il s'amasse quantité d'ordures, & où il s'engendre des Punaises, des Chenilles, des Vers & des Pucerons; ce qui dérange beaucoup, non seulement la beauté des Orangers & Citronniers, mais encore diminuë confiderablement l'excellence de leurs fruits, parce qu'ils demandent beaucoup d'air & d'être frappez des rayons du Soleil.

Toupillon se dit proprement en fait d'Orangers, & signifie une confusion de petites branches chargées de petites feüilles, & venuës fort prés les unes des autres. C'est ainsi que d'ordinaire du nombril de chaque feüille des branches d'Oranger de l'année precedente, il en sort beaucoup de petites que les habiles Jardiniers ôtent en partie, n'en conservant qu'une ou deux au plus de celles qui paroissent les mieux placées pour la figure de l'Arbre, lesquelles restant seules, reçoivent toute la nourriture dont celles qu'on a supprimées profitoient mal-à-propos ; ce qui fait qu'elles en vien-

nent plus belles, plus groſſes & plus longues, &
ces Toupillons ſont l'endroit où il s'amaſſe d'ordinaire beaucoup d'ordures, & où il s'engendre
un grand nombre de Punaiſes & d'autres Inſectes.
Ce mot de Toupillon ſe dit en Latin *multitudo
folliculorum*, & vient de Toupet, qui eſt un petit
bouquet de cheveux ou de barbe.

Il faut ôter beaucoup plus de bois aux
Orangers qu'aux Citronniers & aux Li-
monniers. Si à ces deux derniers Arbres
on faiſoit la taille & l'ébourgeonnement
auſſi forts qu'à ces premiers, on les fruſ-
treroit d'une bonne partie de leurs fruits.

On doit auſſi éplucher & couper juſqu'au vif tout le bois mort & les jets
qui ſeront tant ſoit peu éclatez, & ſupprimer les épines & les petites queuës
où il y a ci-devant eu des fruits. Les
Orangers & Citronniers ſont des Arbres
ſi precieux & ſi eſtimez qu'ils meritent
bien que l'on ait pour eux ce ſoin. Si
on ne l'avoit pas, ces Arbres deviendroient en peu de temps tout défigurez.
Ceux qui ont pratiqué ce que je viens de
dire, s'en ſont bien trouvez.

Quand on a coupé les groſſes branches des Orangers & Citronniers, il faut
couvrir la playe avec de la Cire faite
exprés pour cela, afin de la garantir de
la pluye, du froid & de l'ardeur du So-

leil. On compofe cette Cire de cette maniere - ci. Prenez de la Cire jaune, dont vous en mettrez autant qu'il faudra dans un pot de terre, dans qui vous ajoû-terez un tiers pefant d'huile d'Olive, & à fon défaut de celle de Navette ; mettez ce pot fur le feu, & remuez bien le tout pendant demi-heure ; retirez-le du feu, & le verfez tout chaud dans une terrine où vous aurez mis de l'eau froide, pour vous en fervir au befoin. Il y en a qui y ajoûtent de la Poix-refine, ayant re-marqué que cette Cire ne demeure pas long-temps fur la coupure, parce que les Abeillès qui viennent ramaffer leur miel fur les fleurs des Orangers, la prennent & la tranfportent dans leurs Ruches. Cette Cire ainfi compofée fera directe-ment mife fur les endroits qu'on aura coupé. Elle empêchera que la féve, fi elle eft un peu abondante dans ces Arbres, ne s'évapore.

NAVETTE, felon M. Furetiere, eft une pe-tite graine venant d'une Plante du même nom, laquelle on donne à manger aux Linottes & à quelques autres petits Oifeaux ; & felon M. Le-mery, c'eft la femence de Choux qu'on appelle en Flandre Colfa. On fait en plufieurs lieux, & par-ticulierement en Normandie, un grand commerce d'huile de Navette. Je croy qu'il n'eft pas à prefent neceffaire de grandes raifons pour perfuader combien il feroit utile de faire femer beaucoup de cette graine pour en faire dans la fuite de l'huile. Le froid exceffif qu'il fit en Janvier & Fevrier 1709. fit mourir la plus grande partie des Noyers, non feulement de la France, mais encore de plufieurs autres Etats de l'Europe, ce qui y caufa une difette prefque generale des Noix, laquelle par un malheur étrange doit, felon toutes les apparences, durer beaucoup de temps. Ceux qui cultiveront beaucoup de Navette, en tireront fans doute un grand profit; car à quel ufage ne va-t-on pas employer l'huile de cette graine au défaut de celle des Noix, qui la rendra abfolument neceffaire, & confequemment d'une vente aifée ? Il n'eft pas difficile de faire venir de la Navette, car il fuffit de donner à la terre où on veut la femer, deux feuls labours. On feme cette graine comme le Millet avec deux doigts feulement, & on la recouvre de terre avec la Herfe.

Il ne fera pas hors de propos que je dife quelque chofe des fleurs que les Orangers & Citronniers produifent. Ces fleurs viennent en deux faifons, l'une eft à la premiere pouffe, & l'autre eft à la feconde. Les premieres fortent en abondance fur les jets de la derniere année, font plus petites & tiennent moins à ces Arbres que les fleurs qui paroiffent à l'extremité des jets au mois de Juillet. Ces dernieres font à la verité plus groffes, mais en bien moindre quantité que les autres qui fortent des jets au mois de May. J'eftime que tant les unes que les autres, il n'en faut conferver que trespeu. Sur-tout on obfervera de n'en laiffer jamais deux enfemble, à caufe qu'elles fe nuiroient trop. Cela empêcheroit le fruit en provenant, de devenir auffi gros qu'il devroit, & feroit même que la branche où il fe trouveroit attaché, pourroit bien fe rompre, ou du moins fe courber beaucoup, à caufe qu'elle en feroit trop chargée, ce qui arrive quand il fait grand vent. Pour prevenir cet inconvenient, il ne faut laiffer des fleurs qu'aux fortes branches. Il arrive fouvent que faute d'avoir pris ces precautions, on a tout lieu de s'en repentir, puifque l'on voit avec déplaifir, qu'au lieu d'avoir de beau fruit, on n'en a que de petit & méprifable. Les Orangers & Citronniers ont des fleurs beaucoup audelà de ce qu'ils en peuvent nourrir, la Nature, ou pour mieux dire, fon adorable Auteur, l'ayant ainfi difpofé, afin que de ce fuperflu l'Homme en fît des eaux de fenteur & des parfums.

On voit quelquefois des Orangers & Citronniers paffer des deux ou trois années fans rien faire après avoir été nouvellement encaiffez. Je croy qu'il ne faut

pas d'abord s'en chagriner, ni fe dégoû-
ter de les cultiver, ni même prendre le
parti de les rencaiffer une feconde fois;
car fi la tige & les branches demeurent
bien vertes, on peut bien fe perfuader
que ce n'eft qu'une efpece d'affoupiffement, dont on vient aifément à bout
avec un peu de perfeverance.

RENCAISSER eft un terme de Jardinage,
qui fignifie mettre un Oranger dans une autre
Caiffe plus grande & plus étenduë, afin que fes
racines y puiffent tenir plus commodement. Lorfqu'un Oranger a épuifé le fel de la terre où il eft
planté, ou quand il devient infirme, on le rencaiffe ; foit pour le mettre plus au large, etant
devenu plus grand ; foit pour luy donner un meilleur aliment, en fubftituant une terre nouvelle à
celle qui eft ufée. Il faut, en le levant, conferver
une partie de la motte qui enveloppe les racines,
afin de l'obliger à pouffer dans la fuite de beaux jets.

Si l'on n'a pas negligé de tailler,
amender, labourer & arrofer ces Arbres
encaiffez depuis trois à quatre ans, &
qu'aprés tous les foins que l'on a pris
pour leur faire faire de belles productions, ils ne répondent pas à nos defirs,
ce fera une marque affurée qu'ils pechent
dans leur principe, ou qu'ils manquent
de bons alimens. Ainfi il faut aller au remede promt, qui eft de les rencaiffer,

ſi leurs racines ſont encore bonnes, &
de retrancher une partie des racines &
des branches. Il faudra auſſi les renouveller de terre, car, ſelon toutes les apparences, celle qui étoit dans l'ancienne
Caiſſe étoit tout à-fait dénuée de ſels &
de ſubſtance, ou n'en avoit pas à ſuffire
pour nourrir toutes ces racines & toutes
ces branches.

PRODUCTION eſt, en terme d'Agricul-
ture, une Plante telle qu'elle ſoit, produite par les
ſeules mains de la Nature. Ce mot de Production ſe dit en Latin *fœtura*, qui ſignifie la portée
d'un Animal; & comme la Production eſt la portée d'une Plante, ce terme a été avec raiſon ad-
mis dans l'Agriculture.

L'experience m'ayant appris que l'on
devoit de temps à autre changer de Caiſſes les Orangers & Citronniers, j'eſtime
qu'il faut le faire tous les cinq ans au
plus tard, c'eſt-à-dire auparavant que
l'on s'apperçoive du beſoin qu'ils ont
d'être changez. Je conſeille de faire faire
des Caiſſes qui ayent des Vis pareilles à
celles que l'on met aux Bois de lit; leſquelles Caiſſes on pourra, par le moyen
de ces Vis, monter & démonter quand
on voudra le faire. Auparavant que de
décaiſſer ces Arbres, il faudra leur donner

une ample moüillure, afin que la terre
se tienne plus aisément à leurs racines,
& qu'elle puisse faire une motte bien
ferme. Ensuite on détachera avec la Bêche la terre qui se trouvera attachée au
bois de ces Caisses. Ce changement de
Caisses n'endommagera presque point
ces Arbres, & ne retardera que bien peu
l'effet de la végétation.

Auparavant que de rencaisser les Orangers & Citronniers, l'on aura soin de tenir tout prêt d'autres Caisses plus grandes que celles où ils sont plantez; au fond
desquelles l'on substituera à la place de
l'ancienne de la terre bien preparée, laquelle, avant que de les y mettre, on
battera & pressera avec force. Ensuite
l'on y plantera ces Arbres avec leur motte. L'on aura soin d'y arranger leurs racines à une distance égale, & l'on mettra
sur chacunes de la terre avec les mains,
afin qu'elles ne prennent point l'air. Cela
fait l'on emplira tout-à-fait ces Caisses
avec de pareille terre que celle qui aura
été mise au fond. Ainsi ces precieux
Arbres seront renouvellez de terre, sans
qu'ils ayent été déplacez de leur terre
naturelle.

MOTTE n'est autre chose, en terme de Jardinage, qu'une certaine quantité de terre ramassée

& adherente autour de fes racines, de telle maniere que les enveloppant toutes, elles en forment
dans la fuite un corps folide, qui eft ce qu'on
appelle Motte. Si l'on veut que les racines d'un
Arbre ne s'éventent point quand on le mettra
dans la Caiffe, il faut le lever en motte. On peut
lever un Poirier en motte, quoy qu'âgé de quarante à cinquante ans, pourvû que la terre foit
forte; car une terre fablonneufe ne fe pourroit
tenir à fes racines comme feroit la forte. Si cela
n'étoit pas obfervé, il ne pourroit avoir une heureufe reprife.

Il faut planter dans la Caiffe la motte
de terre d'un Oranger, de telle maniere
que la tige fe trouve directement au milieu de cette Caiffe, & qu'elle foit bien
droite. Pour y parvenir il faut être exact
à prendre l'alignement en diagonale
(ligne qui paffe d'un angle à l'autre dans
une figure de plufieurs côtez) de coin
en coin de la Caiffe, jufqu'à ce que l'œil
foit fatisfait de la fituation droite & à
plomb que l'Arbre doit avoir. Pour bien
remplir les places qui font vuides autour
de cette motte, il faut faire entrer avec
force autant de terre preparée qu'on a
befoin; & par cette belle méthode on
affure fi bien cet Arbre, que fans perdre
fon à-plomb, il eft dans le moment même en état de refifter aux vents & au
tranfport des Caiffes.

On ne peut fi bien faire en décaiffant un Oranger, qu'il n'y ait bien fouvent des racines qui fe trouvent à découvert. Quand on s'en appercevra on les coupera en-deffous en pied de biche directement à l'endroit où la motte aura été retranchée ; cela empêchera que cet Arbre ne fe dépoüille de ces feüilles. Si on n'en ufoit ainfi, il eft conftant qu'il ne produiroit la premiere année que de foibles jets, & qu'il feroit hors d'état de nourrir fon fruit. Pour prevenir cet inconvenient, je ferois d'avis qu'avant de décaiffer un Arbre, on donnât la veille du décaiffement, une ample moüillure. Il ne faut pas manquer d'ôter une bonne partie de la terre, & même tout le gravier qui eft autour de fes racines, parce qu'ils font prefque tout-à-fait dénuez de fels & de fubftance. Voila ce que les Jardiniers appellent égravillonner. Aprés que l'on aura retranché plus de la moitié de la motte de cet Oranger, il faudra mettre, comme j'ay dit, à la place de l'ancienne terre, d'autre qui ait été bien preparée. J'eftime qu'aprés le retranchement de cette motte, on doit retirer avec quelque inftrument, un peu de terre qui eft entre les racines découvertes, afin que fe trouvant enfuite garnies d'une nouvelle terre, elles foient plus en état de profiter des fels & de la fubftance qu'elle contient, & de donner de belles productions.

EGRAVILLONNER eft un terme de Jardinage qui fe dit par rapport à tous les Arbres qu'on leve en motte, aprés en avoir tout autour & au-deffous retranché la motte de plus de moitié; & pour lors, avec la pointe de la Serpette ou avec une cheville de fer, on retire d'entre les racines un peu de la terre qui y étoit, afin que ces racines fe trouvant dans la fuite garnies d'une nouvelle terre, puiffent profiter des fels qui y font contenus, & par ce moyen prendre de nouvelles forces. Ce mot d'Egravillonner vient de Gravier, puifqu'il eft vray de dire que cette terre qu'on ôte d'autour des racines d'un Oranger, eft comme du Gravier, fans aucune fubftance, & toute dépourvûë de fels; & on dit *malum auream glareare*, Egravillonner un Oranger. Ce terme eft bien trouvé, & vient de *glarea*, qui veut dire gravois.

Il y a des Auteurs qui difent que le mois d'Octobre eft le temps le plus propre pour rencaiffer les Orangers & Citronniers, en ce que ces Arbres font alors en leur plus grande vigueur, la chaleur de l'Eté precedent y ayant beaucoup contribué. Il y en a d'autres qui au contraire foutiennent que le rencaiffement de ces Arbres ne doit fe faire qu'au 8. ou 10. d'Avril, puifque la féve ne fait

point encore en ce temps fes fonctions;
étant dans une efpece d'affoupiffement.
Pour moy je fuis du fentiment des derniers; car l'experience m'a fait connoître
que le rencaiffement fait en Avril ne
leur portoit gueres de prejudice, & ne
retardoit que bien peu l'effet de la végétation.

Comme vers le 12. ou 15. du mois
d'Octobre les nuits commencent pour
l'ordinaire à être affez froides, il ne faut
pas differer à les mettre dans la Serre,
& on doit attendre à le faire que le temps
foit ferain & tranquille. Auffi-tôt qu'ils
y feront transportez, on leur donnera
un ample arrofement, parce que fi on
avoit trop ébranlé les racines de ces
Orangers & Citronniers, cette humectation les rétabliroit infailliblement; mais
auffi après cela il ne faudra plus les arrofer qu'à la fin de Mars.

SERRE eft à proprement parler, un Edifice
conftruit & deftiné pour mettre des Orangers, Citronniers, Grenadiers & autres Arbres, Arbriffeaux & Arbuftes fufceptibles de froid. Une Serre
doit être expofée le plus qu'il eft poffible au Midi;
de forte que le Soleil la regarde & la frappe de fes
rayons depuis neuf heures & demie du matin,
jufqu'à une heure auparavant que cet Aftre fe couche. Ou du moins expofée au Levant, de forte
que fes rayons la frappent depuis fon lever jufqu'à

deux heures & demie aprés midi. Il faut que cette Serre soit adossée à quelque Bâtiment, ou à une Montagne seche, ou du moins à quelque bois de haute-fûtaye qui la mettent à l'abri des incommoditez des vents froids.

Le profit que produit cette moüillure, est de réunir & réjoindre les terres aux racines, qui par le remuëment ou le transport des Caisses où ces Orangers sont plantez, ont pû s'en separer, sans quoy elles ne pourroient faire leurs fonctions, ni attirer cette continuation de séve qui fait que les feüilles & les fruits prennent toûjours leur aliment, & se conservent pendant l'Hiver. Cet arrosement est, selon moy, suffisant; car comme il n'y a plus dans la suite de chaleur qui puisse dessecher l'humidité qu'il a portée dans le fond de la terre, aussi ne doit on plus apprehender qu'il arrive aucune alteration qui puisse en interrompre considerablement l'action, étant bien moindre en Hiver que quand le Pere des Plantes les a échauffé de ses rayons.

Je suis d'avis que l'on mette en Hiver en quelques endroits de la Serre, plusieurs petits vases pleins d'eau, ou quelques petits linges moüillez, & particulierement auprés des fenêtres & des portes, ou sur le bord de quelques Cais-

ſes , afin de pouvoir remarquer ſi la geꝰ
lée aura penetré dans cette Serre.

Pour avoir pendant la nuit une foible
chaleur dans la Serre , il faut y allumer
en divers lieux de petites lampes. Il ſuffira de les mettre, ſoit dans l'entredeux
des chaſſis oppoſez aux fenêtres , ſi on
remarque que cet endroit eſt celuy où
la gelée a penetré , ſoit aux portes ou à
l'étenduë de toute la Serre. On doit empêcher que la flamme ne porte aucun
prejudice aux Arbres qui y ſont, & faire
en ſorte que cette foible chaleur ne diſ-
continuë point. J'eſtime que cela vaut
mieux que l'uſage du feu que quelques
Jardiniers peu aviſez, qui ſouvent ſont
les choſes ſans y penſer, affectent de
faire dans pluſieurs lieux de cette Serre,
car il attire à ſoy trop d'inconveniens.

Quand le Printemps ſera venu , &
que l'on verra que la ſéve des Orangers
& Citronniers qui ſont dans la Serre,
commencera un peu fortement à s'é-
mouvoir , car ce ſuc eſt continuellement
en action dans ces Arbres , on recom-
mencera à arroſer. Comme au Printemps
on n'a accoûtumé d'ouvrir les portes &
les fenêtres de cette Serre, que depuis dix
heures du matin juſques à trois aprés
midi, afin que l'aſpect du Soleil échauffe
doucement

doucement ces Arbres & leur donne de nouvelles forces ; & comme l'agitation de leur séve est alors un peu forte, aussi ne faut-il pas leur refuser ce rafraîchissement, lequel on ne leur donnera d'abord que mediocrement. On attendra à leur donner une ample moüillure quand on les aura fait sortir hors de la Serre. Il ne faut pas cependant que les premieres moüillures soient trop abondantes, parce qu'elles dépoüilleroient ces Arbres d'une partie de leurs feüilles & de leurs fruits, en empêchant la séve de faire ses fonctions, & en faisant perdre à la terre une partie de ses sels & de sa substance. Si au contraire elles n'étoient pas assez abondantes, leurs racines se dessecheroient trop. Comme il n'y a que l'excés de chaleur & l'excés de froideur qui font perir les Plantes, aussi n'y a-t-il que l'excés de secheresse & l'excés d'humidité qui les empêchent de pousser avec vigueur.

J'ay fait observer au sixiéme Chapitre de la premiere Partie, qu'il étoit de l'usage, auparavant que de planter des Poiriers, Pommiers & Pruniers à haute tige, de tenir la terre qui devoit les contenir plus haute de trois poûces que la terre voisine, & sur-tout quand les trous étoient nouvellement faits, crainte que venant à s'affaisser trop, l'on n'eût dans la suite des Arbres trop enfoncez. J'estime aussi que la terre qu'on mettra dans les Caisses pour y planter des Orangers & Citronniers, doit être tenuë plus haute de trois poûces que ces Caisses, parce qu'elle s'affaisse toûjours beaucoup.

Puisque l'on sçait que ces precieux Arbres viennent naturellement en pleine terre en Espagne, Portugal, Italie, Provence, Piémont & Languedoc, qui sont des Climats chauds & temperez, & que ce n'est que par l'art qu'on en fait élever en Caisses dans les Païs sujets à de grosses gelées, on doit se persuader que ces Arbres réussissent mieux en pleine terre que dans ces Caisses, parce que leurs racines ayant plus de liberté en pleine terre qu'ailleurs, elles y prennent plus de nourriture. Si l'on veut que ces Arbres plantez en pleine terre réussissent dans des Climats un peu froids, il faut absolument leur procurer des abris si bien construits, & d'une épaisseur si forte, que les gelées d'Hiver ne puissent les penetrer. Ces Abris sont capables de rendre agreables par dehors ces Arbres quand des Jardiniers experimentez les gouvernent. On a autrefois vû avec étonne-

-ment de ces Abris à Trianon, où il y avoit le long des murailles des Espaliers d'Orangers plantez en pleine terre, aussi-bien que des Berceaux, des Cabinets & des Allées couvertes.

Comme la nature des Orangers & Citronniers est assez differente, je con-seille à ceux qui ont la conduite de ces Arbres de les placer dans l'Orangerie les uns entre les autres. Il faut qu'ils les y mettent de telle sorte, qu'à tous les coins de l'Orangerie il y ait toûjours un Oran-ger. Il est aisé de le faire, parce que l'on a d'ordinaire plus d'Orangers que de Citronniers. Cette diversité fait plai-sir à la vûë. Les premiers s'écartent plus que les derniers.

Les plus grands accidens qui puissent survenir aux Orangers & aux Citron-niers quand ils sont hors de la Serre, sont la grêle & les grands vents ; car ils cassent souvent de forts jets, découpent & fracassent la plûpart de leurs feüilles. Comme cette grêle & ces vents ne por-tent jamais de prejudice aux racines de ces Arbres, il ne faudra pas les rencais-ser ; il suffira d'ôter les feüilles qui seront déchiquetées. A l'égard des jets rompus, on les coupera à un poûce au-dessous des playes. S'il y avoit plus de jets cassez

d'un côté que d'un autre, on devra en
ôter autant fur celuy qui n'aura pas été
endommagé. Si on ne faifoit pas cela,
les Arbres feroient tout défigurez. S'ils
ont bien de la vigueur, ils fe rétabliront
en peu d'années; & s'ils font langoureux,
il faudra l'année fuivante les rencaiffer à la fortie de la Serre. Si la grêle eft
tombée en grande quantité à la fin de
May, il faudra auffi-tôt faire le rencaiffement, & retrancher une partie des
branches; mais fi elle eft tombée en
Août, on coupera ce qui fe trouvera
être à moitié rompu à un poûce au-
deffous.

Dans les terrains fort élevez, comme
eft celuy de l'Orangerie du Château de
Châteauneuf fur Loire, il faut que le
lieu où on veut mettre des Orangers,
Citronniers & autres Arbres, Arbriffeaux & Arbuftes fufceptibles de froid,
foit clos de murs conftruits avec du moi-
lon & du mortier, qui foient de la hauteur de treize à quatorze pieds, & de l'é-
paiffeur de deux & demi. En dedans &
à un pied de ces murs, on mettra en terre ou du plant de Charme ou de jeunes
Ifs, lefquels on aura deux fois par an foin
de tondre ou d'efpalier à ces murs. Ces
Charmes ou ces Ifs qui ôteront la vûë

des murs, donneront un grand agrément à l'Orangerie. A côté de ces Arbres on fera planter des Maronniers d'Inde à la distance de quatorze à quinze pieds les uns des autres. En-dehors de ces murs on plantera aux endroits où les vents soufflent avec le plus de violence, des Arbres de haute-fûtaye qui soient bien feüillus, comme l'Ypreau ou l'Orme à larges feüilles, le Marronnier d'Inde, le Chêne, &c. afin qu'ils garantissent les Arbres de l'Orangerie des desordres que pourroient faire les grands vents. Ces Arbres de haute-fûtaye empêcheront que la grêle qui viendra dans la suite à tomber, ne soit poussée avec tant de force.

CHARME est un Arbre qui jette une grosse tige divisée dés le bas en plusieurs rameaux qui s'étendent beaucoup. Son écorce est raboteuse, rude & blanche. Il a le bois dur, & en tout garni de feüilles assez larges, dentelées en leurs bords, ridées, oblongues, & se terminant en pointes. Cet Arbre produit des fleurs à chatons, composées de plusieurs petites feüilles attachées autour en maniere d'écailles, & au-dessous desquelles on voit plusieurs étamines. Les embryons de ces fleurs naissent sur ces Arbres separément d'elles, entre les feüilles d'un épi, qui devient plus ample & plus beau. Ces embryons deviennent un fruit osseux, souvent à nombril, comprimé & frangé, & même rempli d'un noyau qui est rond. Le Charme est propre comme le Hêtre à former des Allées, dés

Paliſſades & des Bois : mais ſur tout des Paliſſades,
où il eſt employé plus qu'aucun autre plant. Alors il
change de nom, & on l'appelle Charmille, qui n'eſt
autre choſe que de petits Charmes d'environ deux
pieds de haut , & gros comme des brins de paille.
Cet Arbre qui eſt ſujet aux Chenilles & aux Hannetons , veut une terre graſſe & humide, & eſt difficile
à la repriſe. Il ſe multiplie de jettons. Le Charme,
dit Vitruve , à cauſe qu'il a peu de feu & de terre,
& mediocrement d'eau & d'air , ne ſe rompt pas
aiſément , mais eſt fort ployable, & pour cela il
eſt appellé ζυχα par les Grecs, qui en font le
joug de leurs Bêtes , parce qu'ils appellent ces
jougs ζυχα. Le Charme ſert à faire des Eſſieux &
des Formes. Il peut être eshouppé comme l'Orme,
ſans craindre que cette operation puiſſe luy porter
de prejudice, tout au contraire elle luy donne une
nouvelle vigueur. Il n'en eſt pas de même du Hêtre
& du Chêne , car il ne faut jamais les eshoupper.

Le temps de la maturité des Oranges
& des Citrons eſt d'ordinaire à la fin de
Septembre , qui eſt environ quinze à
ſeize mois aprés que ces fruits ont commencé à noüer. Ils ſe confiſent entiers
& par quartiers. Avec les fleurs d'Oranges & de Citrons on fait des Conſerves ;
& avec ces Citrons on fait des Pains &
des Biſcuits. Il y a pluſieurs eſpeces d'O-
ranges. Les meilleures ſont celles de la
Chine , de Portugal & des Indes , quand
elles ſont douces ou aigres-douces. Celles
de la Chine ont une liqueur qui a une

odeur de Vin tres-agreable. Les Medecins difent que l'on peut fans aucun rifque en ufer durant ou aprés le repas,
parce que cette Liqueur étant plus humide que froide, elle tempere, aprés
que l'on a mangé, un Eftomac trop chaud
& trop fec, & par confequent elle favo-
rife la digeftion des viandes. Les Bigarrades (efpeces d'Oranges qui ont fur
la peau plufieurs pointes ou excrefcences)
& les autres Oranges aigres ont un jus
qui donne une pointe merveilleufe aux
ragoûts. Ce jus n'eft gueres propre aprés
le repas, car il empêche par fa froideur
que la digeftion ne fe faffe ; cependant
il eft propre à éteindre le feu du foye,
& à donner de l'appetit, fi auparavant
que de fe mettre à table l'on en prend
le jus avec de l'eau & un peu de Caffon-
nade, & particulierement quand les chaleurs d'Eté ou d'Automne épuifent. L'é-
corce feule des Oranges aigres, exprimée dans le Vin, le rend plus agreable,
& le fait paffer promtement par les urines. Il n'y a gueres de meilleur remede
pour rafraîchir l'Eftomac, pour temperer le foye, pour éteindre la foif, pour
combattre l'ardeur du cœur, & pour provoquer & exciter les urines, que d'ufer
du jus de toutes fortes d'Oranges, &

Hh iiij

pour guerir les maladies qui font accompagnées d'une chaleur & d'une fecherefſe infupportables , & pour s'oppofer aux venins internes. Avec des Oranges vineufes de Portugal & de la Chine coupées en plufieurs morceaux & jettées dans l'eau claire avec leur écorce, on fait une boiſſon tres-rafraîchiſſante & charmante. On en fait auſſi de l'Aigre de Cedre ; (certaine boiſſon faite avec une efpece de Citrons qui font propres à la faire,) on fait auſſi avec les Oranges & les Citrons des Orangeades, Limonades & d'autres boiſſons qui ont une vertu aperitive.

Il faut laiſſer dans la Serre un efpace aſſez grand pour aller de tous côtez , & pour voir les accidens qui furviennent de temps à autre aux Arbres qu'on y a fait tranfporter, afin d'y apporter les remeies neceſſaires & efficaces.

Voici une découverte qui eſt venuë depuis peu d'années à ma connoiſſance, & qui merite bien que les Amateurs des Orangers & Citronniers la mettent en pratique. On fait faire un Moule de plâtre qui ait au dedans la figure qu'on defire donner à une Orange ou à un autre fruit , & que ce Moule foit de deux ou trois pieces , comme on en fait d'ordi-

naire pour jetter des figures en Cire : on
le met durcir tant soit peu au feu, &
ensuite on y fait entrer l'Orange encore
petite. On lie proprement & fortement ce Moule, de crainte qu'il ne s'ouvre, & on le tient ainsi fermé, jusqu'à
ce que ce fruit en ait rempli toute la capacité. Rien n'est plus plaisant que de
voir ou une tête d'Animal ou une autre
figure. Ce jeu agreable réussit tres bien
aux Pêches, Poires, Pommes, & sur
tout à la Courge & à la Coloquinte.

COURGE est une Plante rampante qui est
de la nature de la Citroüille. Elle a les feüilles comme le Lierre, mais fort grandes & un peu blanches. Elle a des verges & sions sarmenteux, par
le moyen desquels elle monte sur les Arbres ou sur
les perches, & s'y accroche & entortille aisément.
Sa fleur est blanche & grosse, ayant presque la
figure d'une Etoile. Il y a des Courges franches
& sauvages. Les premieres qui sont bonnes à manger, sont de trois sortes, longues, rondes & plattes,
quoyque de même proprieté. Mathiole dit que
l'on en peut changer la forme par art, en choisissant les graines ; que celles qui sont le plus proche du col, font venir les longues ; que celles du
milieu produisent les rondes ; & que celles des
côtez donnent la naissance aux plattes & aux
courtes. Que si on veut, ajoûte-t-il avoir des
Courges tres-grosses, il en faut planter la graine
sens dessus dessous. La Courge est une des quatre
semences froides majeures.

Il y a encore d'autres especes d'Ar-

bres , Arbriſſeaux & Arbuſtes dont on
orne en partie les Orangeries , & en partie les Parterres , leſquels ne ſont point
à mépriſer. Ce ſont les Grenadiers , Capriers , Oliviers , Piſtachiers , Jaſmins
d'Eſpagne , Lauriers , Mirthes , Genêts ,
Chevrefeüilles , Roſiers & quelques
autres.

PARTERRE eſt la partie découverte où on
entre en ſortant du Château. C'eſt une maniere de
Jardin tracé & diſtribué par compartimens , qui
eſt bordé le plus ſouvent de Boüis ou de Gazon.
On donne aux Parterres quelle figure on veut. On
y voit des fleurons , des fleurs de Lys. Dans les
Parterres en broderie on voit des Rainſceaux (certaines figures d'un Parterre deſſinées en forme de
branches accompagnées de leurs feüillages.) On
fait auſſi des Parterres Gazonnez , qui contiennent
pluſieurs pieces quarrées , ſoit longues , ovales &
rondes , ſoit d'autres figures , dans leſquelles on met
auſſi des fleurs : on les appelle Découpez. Il y
en a encore un qu'on appelle Boulingrin (ornement
de Jardin qui nous vient d'Italie ou d'Angleterre)
qui ſe fait de Gazon figuré. Ceux qui voudront apprendre la maniere de faire des Parterres , des Boſ-
quets , des Boulingrins , des Labyrinthes , des Salles ,
des Galeries , des Portiques & Cabinets de Treil-
lages , des Terraſſes , des Eſcaliérs , des Fontaines ,
des Caſcades , & d'autres ornemens ſervant à la
décoration & à l'embelliſſement des Jardins , n'auront qu'à prendre la peine de lire la Theorie &
la Pratique du Jardinage ; où l'on traite à fond des
beaux Jardins appellez communément les Jardins
de propreté.

Il n'eſt pas difficile d'élever des Grenadiers à fleur & à fruit, parce qu'ils
viennent bien de Bouture & de Marcote. Je ne diray rien de la maniere de
les élever de Bouture, parce que j'en ay
fait mention dans la premiere Partie.
Pour ce qui eſt de la Marcote, on la fait
de deux façons. La premiere eſt, que
ſuppoſé que les Grenadiers ſoient d'une
belle & bonne eſpece, & au pied deſ-
quels ſoient cruës quelques branches aſſez longues pour être couchées, il faut
prendre telles branches, les émonder autant qu'on le jugera à propos, & de
telle maniere que ce qui doit être cou-
ché dans la terre ſoit entierement net ;
coucher ces branches dans un petit rayon
qui aura été fait, les arrêter avec quelque crochet de bois, les recouvrir de
terre auſſi-tôt, & enſuite les arroſer. On
aura le plaiſir de voir ſix mois aprés, que
ces Marcotes auront aſſez pris racines
pour être détachées du tronc qui les tient,
& être replantées où l'on voudra. La
ſeconde eſt, que comme il n'arrive pas
toûjours que les branches des Grenadiers
qu'on marcote naiſſent de ſon pied, on
eſt auſſi le plus ſouvent obligé, pour en
venir à cette operation, de recourir à celles qui ſont produites à leurs têtes. Dans

ce cas & la hauteur des tiges de ces Arbres, ne permettant pas qu'on en puisse coucher les branches qu'on veut marcoter, il faut choisir celles qui nous plaisent, & les ayant émondées, on met ces branches dans des pots faits exprés, & qui font ouverts d'un côté d'une largeur assez suffisante pour les passer ; cela fait il faut remplir ces pots, d'une terre preparée que l'on pressera un peu avec la main, & que l'on arrosera ensuite. Et comme ces branches marcotées ne font pas assez fortes pour soutenir les pots qui les contiennent, il est pour lors necessaire de les attacher, soit à la tige de ces Grenadiers, soit à quelque appuy. Le temps le plus commode pour faire ces Marcotes, est à la fin de Mars, c'est-à-dire avant que ces Arbres poussent, si bien qu'à la fin de Septembre on peut voir si les branches marcotées ont produit de belles racines pour les placer ensuite où il faudra.

GRENADIER est un Arbre qui produit des Grenades. Il y a des Grenadiers à fleur & des Grenadiers à fruit. Ceux à fleur ne portent point de fruit, mais seulement des fleurs doubles & larges qui font de couleur de feu, mais qui sont si vermeilles & si remplies, qu'elles meritent d'être mises au rang des plus belles Plantes destinées à

orner un Parterre ; elles durent au moins trois
mois. Ceux à fruit en portent de trois sortes, sçavoir de doux, d'aigres & d'aigres-doux. Le fruit
qui est doux a la peau & la couleur plus noirâtre
que celuy qui est aigre, lequel les a plus vermeilles,
plus colorées, & même le fruit est plus gros que
le doux. Les Grenadiers à fruit ne portent que des
fleurs simples qui sont d'un beau rouge, & qui
aboutissent à une espece de Couronne ; ce n'est aussi
que pour les Grenades qu'on les élève & qu'on les
cultive. Le Grenadier n'est ni grand ni haut. Son
bois est jaune & son écorce cendrée. Ses feüilles
sont semblables à celles de l'Olivier, & ont une
parfaite verdeur comme le Mirthe ; elles sont di-
visées par de petites veines rouges entrelassées &
pendües à une queüe de même couleur. Ses branches sont souples & un peu épineuses. Ses fleurs
sont reluisantes & fort vermeilles, & ressemblent à
celles du Poirier sauvage, dont les feüilles sont ouvertes & coupées comme une Etoile, ayant un petit grain pendu au milieu de leur capillature, comme celuy de la Rose. Son fruit est enclos dans
une grosse écorce, & tirant sur le roux par-de-
hors, & jaune par-dedans, plein d'une infinité de
grains anguleux & rouges, separez par de petites
pellicules jaunes qui s'entrelassent l'une dans l'autre. Quoyqu'il ne reste d'ordinaire aucune chose
de la fleur du Poirier avec le fruit, en sorte que ce
fruit n'ait accoûtumé de paroître que quand la
fleur est passée entierement : cependant au Grenadier pour la construction ou composition du
fruit, il reste une partie de la fleur, ou plûtôt une
partie du fruit naît en même temps que la fleur,
& luy sert, pour ainsi dire, de Berceau ou de
Coquille, tant pour la conservation de cette fleur,
que pour servir d'enveloppe à une maniere de li-

queur congelée, & aux grains ou pepins qui font l'effence & la fubftance du fruit. M. Lignon a apporté en France des Graines de Grenadier d'une efpece fort particuliere, que M. Saintard Directeur de la Culture des Plantes du Jardin Royal a élevé aufli belle que dans le Païs ; elle porte fleur & fruit, & ne croît pas plus d'un pied & demi de haut ; c'eft l'efpece que M. Tournefort a nommé *Malus punica indica nana* ; elle demande plus de culture & plus de chaleur que les autres.

Si on veut greffer des Grenadiers, on le pourra faire en fente en Mars, ou en écuffon à œil-dormant en Août. Si on veut que leurs fruits foient d'un goût plus agreable & plus delicieux qu'à l'ordinaire, on prendra une Greffe d'un Grenadier qui produit des Grenades douces, laquelle on appliquera fur un qui en porte d'aigres. On aura fans doute des Grenades qui participeront de la nature des deux efpeces, & qui auront le goût d'aigre-doux.

GRENADE eft un fruit qui eft rempli de pepins rouges & acides, qui eft rond comme une Pomme, & qui a une efpece de Couronne fur la tête. Il y a des Grenades douces, d'aigres, de vineufes & d'aigres-douces. Un Moderne dit que l'on a vû au Perou une Grenade aufli groffe qu'un Baril, que les Efpagnols firent porter par rareté à la Proceffion du faint Sacrement. Les Grenades douces adouciffent les âcretez de la Poitrine, appaifent la Toux, rafraîchiffent & humectent.

Les aigres fortifient le cœur, arrêtent les vomif-
femens & les cours de ventre : on en fait fucer
les grains aux Malades. Il n'y a que la chair qui
eft autour de ces grains qui foit propre au corps
humain, car ces grains fi on les mangeoit, cau-
feroient des indigeftions.

Pour avoir des Grenades bien groffes
& bien colorées, il faut planter l'Arbre
qui les produit auprés d'un mur fitué à
l'expofition du Midi pour l'y efpalier.
On doit le tailler à la fin de Mars, les
fortes gelées étant d'ordinaire paffées
en ce temps. Il y en a qui tondent le
Grenadier comme on fait les Mirthes,
Ifs, Fillarias, Houx, Charmes & Boüis ;
mais j'eftime qu'ils ne font rien qui
vaille. Il faut garantir cet Arbre des gelées d'Hiver, car elles luy font tres- contraires. Pour y parvenir on prendra du
fumier neuf de Cheval ou de Mulet,
lequel on mettra au pied de cet Arbre
deux fois feulement, fçavoir en Novembre & Janvier. Ce fera un grand
bien qu'on luy procurera, puifque cet
amendement chaud ainfi mis, le con-
fervera pendant la froide faifon, & luy
fera produire au Printemps & de gros
bois & de beau fruit. A la fin de Novembre on couvrira avec des Paillaffons
les branches de ce Grenadier. On fera

bien mieux de planter cet Arbre dans
une Caiſſe, pour le tranſporter à la fin
d'Octobre dans la Serre avec les Orangers, Citronniers & autres Arbres ſuſceptibles de gelée.

FILLARIA eſt un Arbre toûjours verd qui
jette des branches & des feüilles dés ſa racine, &
qui eſt propre, à cauſe qu'il vient tres-garni, à
faire des Paliſſades & des Labyrinthes. Il vient de
Graine & de Marcote. La Graine ſe ſeme en Octobre, à l'ombre, dans une terre bien fumée &
bien preparée ; & la Marcote ſe fait en Mars. Les
feüilles du Fillaria ſont aſtringentes, c'eſt-à dire
ont la vertu de reſſerrer le ventre ; on les met en
cataplaſme ſur les tumeurs & ſur les inflammations. Le Fillaria dont on ſe ſert pour faire des
Paliſſades & des Labyrinthes, s'appelle proprement
ment *Alaternus, eò quod folia ſint à latere ;*
mais il y en a pluſieurs autres ſortes. Dioſcoride
dit que le Fillaria eſt un Arbre de la grandeur
du *Troeſne,* ayant des feüilles ſemblables à celles
de l'Olivier, mais plus noires & plus larges. Que
ſon fruit eſt noir, douçâtre & grappu comme un
Raiſin, & qu'il reſſemble à celuy de Lentiſque.

Lorſque Praxenus avoit deſſein de
faire produire à un Grenadier du fruit
doux, il mettoit ſur les racines de cet
Arbre du fumier de Truye, aprés l'avoir
déchauſſé, & remettoit de la terre deſſus ; & de temps en temps l'arroſoit
avec de l'urine d'homme.

Africanus

Africanus difoit que pour fçavoir combien toutes les Grenades d'un Grenadier ont de grains chacune, il ne falloit qu'en prendre une, & en compter les grains, que toutes les Grenades de cet Arbre en auront autant, foit groffes, foit petites. Didimus dit en fes Georgiques, que quand une Ente de Citronnier a eu une heureufe reprife fur un Grenadier, le fruit qui en proviendra participera des deux efpeces d'Arbres.

ENTE, terme de Jardinage, eft un nom qu'on donne à un Arbre greffé & qui eft jeune. Voila, difent les Jardiniers, une belle Ente; ou bien ils difent que l'Ente qu'ils ont faite a fort bien repris. Je croy que fous ce mot d'Ente on doit entendre & le fujet & la greffe; au lieu qu'il y a des Jardiniers qui prennent le mot d'Ente & celuy de Greffe pour termes fynonimes; mais j'eftime qu'ils fe trompent, car le verbe de Greffer fignifie toute autre chofe; & la raifon qu'apporte de cela ceux qui font de cette opinion, c'eft qu'ils difent qu'Enter & Greffer font la même chofe: j'en conviens; mais c'eft qu'il faut que ces Gens faffent reflexion que quoy qu'Enter, qui eft auffi un verbe, s'entende dans le même fens que Greffer verbe; cependant Ente fubftantif avec Greffe auffi fubftantif, ne fe prennent point de la même maniere, puifque le premier ne s'entend que de la Greffe & du fujet mis enfemble, au lieu que le fecond ne peut & ne doit fignifier que des petites branches feulement qu'on a appliquées fur le fujet, fans y comprendre ce fujet. Et pour prou-

ver encore fenfiblement ce que j'avance, c'eſt
que l'on ne dit point couper des Entes deſſus un
Arbre, ainſi que l'on dit couper des Greffes; &
que pareillement auſſi on ne dit point appliquer
une Ente, comme on dit appliquer une Greffe :
par conſequent Ente ne ſignifie point Greffe,
quoyque le mot de Greffer ſignifie la même choſe
que celuy d'Enter ; ainſi je croy que c'eſt mal
parler quand on confond ces deux mots. Ce mot
d'Ente vient du Latin *inſitum*, dérivé d'*inſerere*,
qui veut dire inſerer, mettre parmi ; & comme
pour enter il faut inſerer les Greffes dans un ſujet,
j'eſtime que l'on a eu raiſon de donner à ce mot
le nom d'Ente. Diophanes dit que le Figuier ſe
peut enter ſur le Meurier & ſur le Plane ; que le
Meurier ſe peut auſſi enter ſur le Châtaignier, le
Fouteau, le Pommier, le Terebinthe, l'Orme
& l'Epine blanche ; mais que les Meures deviennent blanches ſur ce dernier : que le Poirier ſe
peut mettre ſur le Grenadier, le Meurier, le Coignaſſier, l'Amandier & le Terebinthe ; mais que
le Poirier greffé ſur le Meurier produit des Poires
dont la chair eſt rouge : que le Pommier ſe peut
enter ſur le Poirier & ſur le Coignaſſier ; que les
Atheniens appellent le fruit qui en provient *Me-
limela*, qui ſignifie Pomme douce : que le Prunier de Damas noir ſe peut mettre ſur le Plane ;
que le fruit qui en provient eſt rouge : que le Grenadier ſe peut enter ſur le Saule ; le Laurier ſur
Pommier ; le Rhodacinum ſur le Prunier de Damas noir & ſur l'Amandier ; ce Prunier de Damas
noir ſur le Coignaſſier & les Poirier & Pommier
ſauvages ; le Ceriſier ſur le Terebinthe & le Pêcher ; le Terebinthe & le Pêcher ſur le Ceriſier ;
le Coignaſſier ſur l'Epine noire dit Oxiacentum ;
le Mirthe ſur le Saule ; le Precoce ſur le Prunier

de Damas ; & qu'enfin le Citronnier se peut mettre sur le Meurier, mais que le fruit qui en provient devient rouge. Pline dit que l'on peut enter le Prunier sur un Noyer, & que le fruit qui en vient participe de l'un & l'autre Arbre. Il dit aussi que l'on peut enter toutes sortes d'Arbres sur le Coignassier & sur le Figuier sauvage.

Le défaut d'arrosement empêche sans doute les fleurs du Grenadier à fruit de noüer & de conserver son fruit. Ainsi s'il ne retient pas à l'Arbre, cela peut provenir de ce que la terre est trop seche. J'estime qu'il faut luy donner une bonne moüillure cinq ou six jours avant qu'il soit en fleur, car le grand arrosement est contraire au Grenadier à fruit quand il est en fleur, & fait couler son fruit au lieu de noüer. Il faudra l'arroser trois fois la semaine lors des chaleurs excessives, s'il est en Caisse, & deux fois s'il est en pleine terre.

Noüer est un terme de Jardinage qui se dit des boutons fleuris des Arbres lorsque leurs feüilles tombent & qu'ils commencent à se convertir en fruit. Quand on dit que les fruits des Plantes ont noüé, c'est-à-dire, que les parties subtiles qui ont concouru à la formation du fruit, se sont de telle maniere ramassées, qu'enfin elles ont operé l'effet à quoy elles étoient déterminées par la Nature. Ce mot de Noüer vient du Latin *nodari*.

Les Grenadiers à fleur, c'est-à-dire qui l'ont double, & qui ne portent point de fruit, s'élevent & se cultivent de même que ceux qui donnent du fruit, à la reserve que ces derniers demandent une terre grasse & seche, & ces premiers une un peu sablonneuse & humide, & l'exposition du Levant ou du Couchant & jamais celle du Midi, parce que leur fleur y passe trop promtement. Une mediocre chaleur est ce qu'il faut pour la faire durer long-temps. Cette fleur est si vermeille & si remplie, qu'elle merite d'être mise au rang des plus belles Plantes. Elle dure d'ordinaire trois mois & demi à l'Arbre. Les Caisses & les Pots conviennent mieux aux Grenadiers à fleur & à fruit que la pleine terre, afin de les mettre dans la Serre avec les Orangers & Citronniers. Les Jardiniers qui les y transporteront devront les placer separément, autrement leur figure dépoüillée depareroit un peu le reste de la décoration.

Il n'y a rien de plus agreable qu'une Palissade de Capriers ; & il n'y a aussi rien de plus aisé que d'élever ces Arbres, puisqu'ils se multiplient de Marcote & & de Crossette. Quand le Caprier aura pris racine dans le Pot, & qu'il en aura

affez pour être tranfplanté, on fera un
trou en terre de quinze à feize poûces
en quarré & de feize à dix-fept de profondeur, auprés d'un mur haut de cinq
pieds & demi, fitué au Midi. Si on y veut
planter plufieurs Capriers, il faut que
les trous foient à la diftance de trois pieds
& demi. Dans chaque trou on plantera
un Caprier, lequel on efpalira dans la
fuite à ce mur. Le Caprier fait une tres-
belle Paliffade, tant par la beauté de fa
feüille, que par la blancheur de fa fleur.
Ceux qui ont des Capriers doivent cueillir le fruit trois ou quatre fois la femaine, & en laiffer en divers endroits
pour joüir du plaifir de voir la fleur.
Comme cet Arbre craint beaucoup les
gelées d'Hiver, il faut au mois de Novembre couper toutes les branches qu'il
aura pouffé l'Eté precedent, & bien boucher avec du fumier neuf de cheval l'endroit où il eft planté. On n'ôtera point
ce fumier que les gelées du Printemps
ne foient tout à-fait paffées. Si on veut
empêcher que le Caprier ne gele point
du tout, il n'y a qu'à le planter dans une
petite Caiffe, afin de le tranfporter en
Novembre dans la Serre.

CAPRIER eft un Arbriffeau qui produit de

petits fruits verds & aigrets qu'on mange en falade, & qu'on met dans les fauffes ; ils excitent l'appetit , nettoyent l'Eftomac , & délivrent les opilations du Foye & de la Ratte ; on les confit ordinairement comme les Cornichons dans le Vinaigre Cet Arbriffeau eft une Plante branchuë & épineufe qui rampe par terre & s'éparpille en rondeur. Il a les épines comme la Ronce , recourbées en forme d'un Hameçon. Son fruit eft comme une une petite Olive , qui produit une petite fleur blanche quand il s'ouvre , laquelle étant tombée , laiffe une petite boule femblable à un Gland , au-dedans de laquelle il y a de petits grains rouges & femblables à ceux de la Grenade. Sa tige & fon fruit fe confifent & fe fervent à table. Il fleurit en Eté & vient en des lieux deferts & incultes , quoy qu'on le cultive en d'autres lieux.

Comme l'Olivier eft un Arbre tres-precieux & tres - utile , il n'eft pas hors de propos que j'enfeigne la maniere de l'élever & cultiver comme il faut. On prend des noyaux d'Olives parfaitement meurs , on les plante dans des pots ou terrines en Novembre ; dix ou douze jours après on les tranfportera dans la Serre , parce qu'ils craignent beaucoup les gelées. On les en fortira quelques jours auparavant les Orangers & Citronniers. Quand les Oliviers auront trois ans , on les greffera en écuffon à œil dormant au mois d'Août , qui eft le temps où leur féve eft en fon declin.

Pour cet effet on cherchera les plus francs Oliviers qu'on pourra recouvrer, sur lesquels on prendra des greffes qu'on appliquera aussi-tôt sur ces petits Oliviers. Les noyaux des Olives prises sur l'Olivier sauvage ne sont point propres à faire de bons Oliviers ; il vaut mieux se servir de noyaux d'Olives qui ayent été cueillies sur une espece d'Olivier qui a la feüille semblable à celle du Boüis, & qui est neanmoins un peu plus longuette. Les Oliviers peuvent aussi s'élever de Marcotes & de Crossettes ; ils viendront plus promtement de cette maniere, que si on plantoit des noyaux. Ces Crossettes seront coupées sur un jeune Olivier qui ait déja produit des Olives, qui soit bien fecond. Comme les Oliviers craignent beaucoup le froid, il faut les planter à l'exposition du Midi. Ils se plaisent bien dans les Vignes, mais il faut que ce soit en des Côteaux fort élevez & situez au Midi. Dans les Climats un peu froids, il faut absolument les planter dans des Caisses, & les transporter dans la Serre au mois de Novembre. La recolte des Olives se fait ainsi. On amassera les Olives quand le temps sera sec & clair, & jamais par un de pluye, quelque douce qu'elle soit. Le

temps venteux eſt auſſi tres - bon pour
faire ſecher les branches de l'Olivier &
ſon fruit. Il faut faire en ſorte que les
Olives ne tombent point ſur la terre,
de crainte qu'elles ne ſe ſaliſſent de boüe.
Si le vent en avoit fait tomber quelques-unes ſur terre, on les lavera auſſi-
tôt avec de l'eau chaude, parce qu'outre
qu'elles en rendront plus d'huile, elle en
ſera plus excellente. Il ne faut cueillir
des Olives chaque jour qu'autant qu'on
en pourra piler le jour & la nuit ſuivante. On les doit cueillir avec la main,
ou bien mettre un grand drap blanc deſſous l'Arbre, lequel on ſecoüera doucement. Quand les Olives ſeront cueillies
ou amaſſées, on les mettra deſſus des
Clayes, & ces Clayes ſeront miſes au
Soleil juſqu'à ce que ces Olives ſoient
ſeches, & on les remuera lentement avec
la main de crainte de les crever. Enſuite
on les mettra ſous la roüe. Quand elles
ſeront moulües, on les portera dans des
vaiſſeaux au Preſſoir, & on mettra un
poids deſſus qui ne ſoit gueres peſant :
car une huile faite d'une legere compreſſion, eſt toûjours la plus excellente
& la plus déliée. Cette premiere huile
ſera miſe ſeparément dans pluſieurs vaiſſeaux bien propres & bien nettoyez.
Aprés

Aprés quoy on preſſera les Olives un peu plus fortement ; & l'huile qui ſortira de cette ſeconde compreſſion ſera pareillement miſe dans un lieu ſeparé ; car elle n'eſt pas ſi excellente que la premiere qui a été legerement comprimée. Pour bien conſerver l'huile d'Olive , il la faut entonner dans des vaiſſeaux , leſquels on mettra en des lieux fort frais. Elle ſe garde auſſi tres-bien dans des vaſes de terre. Les temps trop humides & les groſſes chaleurs la gâtent.

Le Piſtachier dont le fruit eſt tres-excellent , peut ſe greffer ſur le Coignaſſier , ſi on veut avoir des Piſtaches plus groſſes qu'il n'a coûtume d'en produire. On en doit faire l'operation à un demi pied prés de terre ; car il pourroit bien ſe produire à l'Arbre une Marcote, ce qui le rendroit irregulier. Au ſurplus le Piſtachier ſe cultive & ſe taille comme le Poirier.

PISTACHIER eſt un Arbre qui produit des Piſtaches. Ses feüilles ſont jaunâtres , & ſont arangées par ordre & au bout de ſes branches , comme celles du Lentiſque. Les Piſtaches pendent en forme de grappes ; la pellicule de deſſus eſt rouſſe & de bonne odeur ; leur pelure eſt blanche comme celle de la Noix d'Ebene ; le noyau de dedans a une peau rouſſe ; la moëlle en eſt verte , & a preſ-

que le même goût que les Pommes de Pin. Un
Auteur dit qu'il faut planter le Mâle & la Femelle
en même lieu, afin de leur faire produire plus de
bois & de fruit. Pline dit que Lucius Vitellius
Gouverneur de Syrie, fut le premier qui en apporta
à Rome fur la fin de l'Empire de Tibere.

Il y a huit fortes de Jafmins ; fçavoir
le Jafmin commun, le Jafmin d'Efpagne
double, le fimple, le Jafmin de Catalogne, le Jafmin fimple, le Jafmin d'A-
rabie, le Jafmin d'Amerique, & le Jafmin jaune commun. Il y a encore deux
efpeces de Jafmins qui font tres-rares &
qui fe cultivent comme les autres, qu'on
appelle Jafmin des Aſſores & Jafmin
Jonquille : on les multiplie de marcotes
en Avril. Le Jafmin qu'on appelle d'Efpagne, quoy qu'il n'en foit pas toûjours,
puifque la plûpart des Jafmins fe tirent
de Genes & de Provence, à caufe que
ces Climats font plus proches de nous,
s'élevent & fe cultivent dans des pots,
afin de les mettre dans la Serre, pour les
garantir des gelées d'Hiver. Ceux qui
voudront en avoir en pleine terre, les
planteront au Midi & les cultiveront
comme la Vigne. Au mois de Novembre on renverfera doucement contre
terre leurs tiges, lefquelles on couvrira
avec du fumier neuf de Cheval & avec

des Paillaſſons. On fait d'excellentes eſ-
ſences avec des fleurs de Jaſmin.

Les Jaſmins communs ſe multiplient
de bouture & de marcote; c'eſt ſur ces
ſujets qu'on applique des greffes priſes
ſur des Jaſmins d'Eſpagne & ſur d'autres
bonnes eſpeces. La greffe réuſſit mieux
en fente que d'une autre maniere. Voici
comme elle ſe doit faire. Ayez vôtre
ſujet preparé, & prenant garde qu'il
ſoit coupé de niveau, poſez vôtre Serpette deſſus, & au milieu du cœur, &
fendez ce ſujet à deux doigts de profondeur : cela fait, prenez une branche
de Jaſmin d'Eſpagne la mieux nourrie
que vous trouverez, coupez-la à la longueur d'un doigt, taillez-la par le bas,
en forme d'un coin à fendre du bois,
inſerez-la au milieu de vôtre ſujet à la
profondeur d'un poûce, liez vôtre ſujet
avec un peu de filaſſe, pour faire en
ſorte que la greffe y ſoit mieux colée,
couvrez cette greffe d'un petit morceau
de cire ; & aprés cela couvrez le tout
avec un linge que vous lierez proprement avec de l'oſier. Ne manquez pas
d'arroſer ce Jaſmin ainſi greffé, aprés
l'avoir planté dans une terre qui luy eſt
propre, & qui dans les Climats temperez doit être compoſée de deux tiers

d'une bonne terre de Jardin potager bien criblée, & d'un tiers de terreau de couche, au lieu que dans les Climats les plus chauds il faut que cette terre soit d'un temperament humide.

Il faut tailler prés la greffe les Jasmins d'Espagne. C'est assez de laisser à chaque jet un œil pour produire d'autres nouveaux jets, qui donneront à la fin de Juin des fleurs qui auront une odeur plus douce & plus agreable que celles des Orangers & Citronniers ; elles viennent à l'extremité d'en-haut des nouvelles branches en forme de petits Lys de diverses couleurs. Il y en a de blanches & de jaunes : on estime moins celles-ci que celles-là. Un pied de tige au plus suffira à ces Jasmins d'Espagne pour les rendre agreables à la vûë.

Ceux qui souhaiteront apprendre la maniere d'élever les Jasmins de Catalogne, des Indes, d'Arabie, d'Amerique, & les Jasmins jaunes communs, en trouveront la description & la culture dans le Traité pour la culture des fleurs, imprimé à Paris chez Claude Prudhomme, au sixiéme Pilier la grande Salle du Palais vis-à-vis l'Escalier de la Cour des Aides, à la Bonne-Foy couronnée.

Les Jasmins communs ne demandent

pas qu'on prenne tant de precautions pour les élever, parce qu'ils réuffiffent tres-bien en pleine terre & à toutes fortes d'expofitions, & qu'ils n'apprehendent que bien peu les gelées d'Hiver.

Si on greffe, dit M. de Vallemont, le Jafmin d'Efpagne fur un Oranger, il en naîtra des fleurs plus groffes & plus fortes, & dont l'odeur tiendra quelque chofe de tous les deux. Et fi pareillement on greffe deux ou trois fois ce même Jafmin d'Efpagne fur un Genêt d'Efpagne, la fleur du Jafmin deviendra jaune. C'eft une Perfonne qui a donné ce beau fecret à une autre de ma connoiffance, dont il a vû dans fes Jardins plufieurs experiences.

On diftingue les Lauriers, en Lauriers-francs, en Lauriers-Thims, en Lauriers-Rofes, en Lauriers-Cerifes, & en Lauriers d'Alexandrie. Ces Arbres font toûjours verds. On les éleve d'ordinaire dans des Caiffes pour les ferrer pendant l'Hiver, parce qu'ils craignent les gelées fortes; ou bien on les plante auprés d'un mur expofé au Midi. Il faut les cacher avec des Paillaffons depuis le mois de Novembre jufqu'à la fin de Mars pour les garantir des gelées.

LAURIER eft un Arbre toûjours verd qui a

une groffe feüille longue, large par en-bas , &
pointuë par le bout, qui eft folide , odorante &
fort liffée. Il y a des Lauriers mâles & femelles,
qui different en ce que les premiers ont les feüilles
larges , & les derniers les ont bien plus étroites.
La fleur du Laurier eft blanchâtre & petite, pleine
de mouffe, & prefque femblable à celle de l'Olive ;
elle rend des perles premierement vertes , qui deviennent noires étant meures ; elles font garnies
d'un gros noyau comme le fruit de Brufc ; on les
cueille à la fin d'Automne , & on en fait de l'Huile-
Laurain. Il y a une autre efpece de Laurier qu'on
nomme Laurier-Cerife , lequel ne s'éleve pas bien
haut ; mais il eft des plus agreables par rapport à
fon beau feüillage , qui eft d'un verd luifant ; on
en fait des Paliffades ; il donne des fleurs qui fen-
tent un goût aromatique ; il fe plaît à l'ombre , &
vient de marcote. Diofcoride fait mention d'un
Laurier d'Alexandrie qui eft femblable au Mirche
fauvage & qui a des grains rouges. Les feüilles
du Laurier-franc font bonnes pour les Rhumatif-
mes , pour les Fluxions , pour les morfures des
Bêtes venimeufes , pouffent les Urines , & provo-
quent les Mois des Femmes : on s'en feit dans
toutes les Sauffes & dans tous les Ragoûts. Les
feüilles de Lauriers-Rofe mifes en poudre & prifes
par le nez , font éternuer.

On peut aifément élever des Lauriers-
francs dans des Pots avec de la graine.
On les replante dans d'autres pots plus
grands dés la deuxiéme année , & on les
multiplie de marcote. On la fait en fen-
dant le bois qu'on met pour cela en terre

à l'endroit d'un nœud, jufqu'à la moitié de la groffeur de la branche, & à trois poûces de longueur, felon qu'elle eft plus ou moins forte. Il eft conftant qu'au 15. ou 20. de Septembre la branche aura affez pouffé de racines pour la fevrer de l'Arbre, & pour la planter dans un autre endroit.

J'ay ci-devant dit qu'il falloit quelquefois arrofer dans la Serre les Orangers & Citronniers quand ils en avoient befoin. Le Laurier demande un peu plus de precaution pour l'arrofement quand il eft dans la Serre, que ces autres Arbres, car il luy faut moins d'eau, fes racines étant plus fufceptibles de pourriture, & par confequent fujetes à fe gâter. Quoyque le Laurier ne craigne pas beaucoup le froid quand il eft planté auprés d'un mur fitué au Midi, cependant comme ce cruel ennemi des Plantes leur porte beaucoup de prejudice, il faut, s'il vient à geler un peu fortement, ou à tomber des frimas, les couvrir avec des Paillaffons.

Il y a deux efpeces de Mirthes, fçavoir le domeftique & le fauvage. Ils font l'un & l'autre eftimez des Curieux. Ils croiffent affez haut quand on les plante dans une bonne terre & en belle exposition. On les multiplie de semence, de marcote & de bouture en May. Ils craignent beaucoup les gelées d'Hiver. Les feüilles de ces Arbres sont astringentes, & arrêtent toutes sortes de flux. Les branches du Mirthe sont pliantes, souples, obeïssantes & maniables, & on leur fait prendre la figure qu'on veut. Ses feüilles & son écorce toûjours vertes, ressemblent aux feüilles & à l'écorce du Grenadier. Ses fleurs sont blanches & odorantes, dont les Parfumeurs composent une eau qui est fort recherchée. Le Mirthe domestique est si fecond qu'il fleurit pendant huit ou neuf mois, & son fruit ressemble à l'Olive, & est plus gros que celuy du Mirthe sauvage.

Il y a deux sortes de Chevre-feüilles. Le premier est le commun, & le second est le Romain. L'eau distillée de celuy-là guerit les inflammations des yeux : on la fait boire pour les maux de gorge. On ne gouverne jamais mieux une Plante que quand on la traite selon sa nature ; cela supposé, & sçachant que les Chevre-feüilles naissent dans les bois & dans les hayes, cultivez par les seules mains de la Nature, on peut juger de là que la maniere de les élever doit être fort aisée. En effet, il n'est rien de plus facile

que d'en multiplier l'efpece ; & le bois
de ces Arbriffeaux eft tellement difpofé
à donner des racines, que par le moyen
des boutons on s'en fournit auffi abondamment qu'on veut. Ces deux fortes de
Chevre-feüilles fe peuvent auffi marcoter, & fur tout lorfqu'étant plantez contre un mur, en vûë d'en former un efpalier, on a befoin promtement de fes rameaux pour en couvrir un vuide. Le Chevre-feüille commun eft un Arbriffeau
qui de fa racine jette quantité de branches, longues, farmenteufes, s'étendant
de côté & d'autre, fi elles ne font foute-
nuës, & embraffant tout ce qui luy eft
voifin. Aux nœuds qui font fur ces branches, paroiffent attachées des feüilles
oppofées deux à deux de diftance en diftance, mediocrement larges, douces au
toucher, fe terminant en pointes, d'une
couleur verte au-deffus, & blanchâtre
au-deffous. A l'extremité de ces branches
paroiffent des fleurs en maniere de tuyau,
évafées, découpées en deux lévres, dont
la fuperieure eft divifée en plufieurs parties, & celle de deffous eft une maniere
de langue. Le calice de cette fleur devient un fruit mol, ou une baye remplie d'une femence ronde & ferrée. Le
Chevre-feüille Romain ne differe du

commun qu'en ce que ses feüilles sont plus rondes, & s'uniffant la plûpart d'une telle maniere, qu'elles femblent ne former qu'un corps, & qu'en ce qu'elles font creufes & d'un verd pâle.

Arbriffeau eft un Etre de nature parmi les Végétaux, qui a des racines, du bois & des branches, mais beaucoup moins grandes & moins groffes que celles d'un Arbre. Les Arbriffeaux & Arbuftes font plus propres aux Parterres des Jardins fituez en des Climats un peu chauds, comme en Efpagne, Portugal, Italie, Languedoc & Provence, que les Orangers, Citronniers & Grenadiers tant à fleur qu'à fruit, lefquels font du nombre des Arbres.

On plante les Croffettes, & on fait les marcotes de ces deux fortes de Chevre-feüilles au mois de Mars. Ces Arbriffeaux conviennet à bien des chofes dans le Jardinage. On en peut faire des Paliffades, qui étant bien garnies, donnent un grand agrément à un Jardin ou à une Cour. Ils profitent auffi bien à l'ombre qu'au Soleil, & dans quelque terre qu'on les puiffe mettre, pourvû qu'elle ait été bien preparée. On en fait auffi de petits Buiffons que l'on met au milieu des Platte-bandes des Parterres;

ils sont aussi fort propres pour faire des Cabinets.

Il y a deux sortes de Genêts, sçavoir le Genêt d'Espagne à fleurs blanches, & le Genêt commun à fleurs jaunes. Il y a encore un Genêt épineux qui vient dans les lieux incultes & sablonneux. Le Genêt d'Espagne est un Arbrisseau qui de sa racine jette des branches assez petites, hautes de cinq à six pieds, garnies de feüilles oblongues, pointuës, naissantes seules, & étant placées les unes après les autres ; le long de ces branches, & à l'extremité desquelles paroissent des fleurs d'une couleur blanche, & chacune attachée à un pedicule fort court, qui les tenant tout prêt des branches, les y font paroître comme de petites perles, ce qui produit dans cet Arbrisseau un effet fort agreable à la vûë. Chaque fleur est à fleur à papillon, dont le pistile qui s'éleve du calice, devient dans la suite une silique, qui s'ouvre en deux parties remplies de semences plattes en maniere de petit rein, d'une couleur rougeâtre & luisante. Il vient de semence en terre seche & sablonneuse : on le seme en Fevrier, & on doit le replanter dés la premiere année qu'il aura été semé : on aura soin de le tailler tous

les ans. On fait des Cordes de Navire
avec des Genêts d'Afrique & de Murcie.
Le Genêt commun à fleur jaune, vient
auffi de femence en terre feche & fablonneufe. L'infufion des tendrons de
Genêt eft bonne pour faire paffer les
urines & les ferofitez des Hydropiques.
La Conferve & l'extrait des fleurs font
propres pour les maladies de l'Eftomac.

PISTILE, terme de Fleurifte, n'eft autre
chofe, felon M. Tournefort, que la partie qui occupe le milieu d'une fleur, & qui par confequent
y eft toûjours renfermée. Ce mot de Piftile fe dit
en Latin *Piftillus*, qui veut dire un Pilon, à caufe
que la plûpart des Piftiles reffemblent à des Pilons.

Les Capriers, Oliviers, Alaternes,
Grenadiers, Figuiers, Lauriers, Jafmins, Mirthes, Genêts & autres Arbres,
Arbriffeaux & Arbuftes mis en Caiffes
qui font fufceptibles de gelée, feront
tranfportez à la fin d'Octobre dans la
Serre avec les Orangers & Citronniers.
Le temps de les en fortir n'eft point po-
fitivement prefcrit, car c'eft la fin de
l'Hiver qui le détermine, quoyque nous
voyons tres-fouvent les Jardiniers s'em-
preffer à la fin de Mars de les mettre à
l'air, c'eft-à-dire, dans un lieu à couvert
des frimas, aufquels la faifon eft encore

fujete, & où le Soleil ne donne pas.
J'eftime que ces Jardiniers ont raifon
d'en agir ainfi ; car il faut accoûtumer
peu à peu les Plantes qui, pour ainfi dire,
ont été emprifonnées, à devenir fufceptibles du grand air, autrement elles s'en
trouveroient fuffoquées & periroient.

ALATERNE eft un Arbufte qui eft la principale efpece de Fileria qui eft toûjours verd &
qui a les feüilles fort liffées ; c'eft celuy dont on
fait les Paliffades & les Bofquets dans les Jardins.
Il fe multiplie de marcote & de plant enraciné.
Il veut être planté en terre bien cultivée, bonne
d'elle-même, & en belle expofition.

L'Althea-frutex, le Lilas & les Rofiers s'élevent encore plus aifément que
toutes les Plantes dont j'ay fait mention.
Comme ils font de culture aifée je ne
m'y arrêteray pas. Lifez le Traité pour
la Culture des Fleurs, qui enfeigne la
maniere de les cultiver, multiplier, &
les conferver felon leurs efpeces, avec
leurs vertus medecinales & autres proprietez merveilleufes.

ROSIER eft un Arbriffeau qui porte des
Rofes de differente efpece, qui font la plûpart fort
odorantes. Les Rofiers fe multiplient de jettons,
ils viennent aifément en toute terre ; cependant ils
veulent une expofition favorable. On dit que l'on

fait venir des Roſes vertes en les greffant en écuſſon
à œil-dormant ſur des Houx : l'experience n'en
eſt pas difficile. Les Roſes ordinaires ſont pâles ;
elles ſont aſtringentes & propres pour conſolider
les playes ; l'eau diſtillée des fleurs de Roſes eſt
excellente pour le Cœur. Les Roſes de Provins
ſont fort rouges : on employe ces Roſes infuſées
dans du Vin pour fortifier les nerfs. Il y a des
Roſes blanches , des Roſes à cent feüilles, des
Roſes de Tremiere , d'Englantine, de Muſcat, de
Gueldres ; & il y en a qui fleuriſſent tous les mois
de l'année. Les Roſes de Damas qui ſont blanches,
ſurpaſſent en vertu toutes les autres. La moins
feüilluë des Roſes produit cinq feüilles , & de là
elles vont toûjours en augmentant. Les Fleuriſtes
appellent l'ongle de la Roſe , la partie blanche de
ſa feüille qui eſt la plus proche de ſa queuë. On appelle l'hymen de la Roſe , les petites pointes de
ſa fleur qui enveloppent ſon bouton & qui s'ouvrent quand elle s'épanoüit , & le bouton qui reſte
aprés que les feüilles ſont tombées , eſt appellé
par le petit Peuple Grattecu. Il y a des Roſes de
Jerico , qui étant ſeches , ſe conſervent pendant
pluſieurs années , & s'épanoüiſſent , à ce qu'on dit,
quand on trempe leur queuë dans l'eau. On veut
nous aſſurer qu'il y a des Roſes en la Chine qui
changent de couleur deux fois par jour , & qui ſont
tantôt de couleur de pourpre & tantôt blanches.
On fait des Conſerves , des Syrops , des Sachets
& des Teintures avec diverſes preparations de
Roſes.

La matiere dont ce dernier Chapitre
a été traitée, eſt également noble, utile
& curieuſe, puiſque les Orangers, Ci-

tronniers & Grenadiers, de la culture
defquels j'ay parlé affez amplement,
font les principaux ornemens des Jardins
Royaux & diftinguez. L'eftime que l'on
fait de ces precieux Arbres, leur fait
même tenir un rang feparé chez les Rois,
les Princes & les Perfonnes de la premiere qualité, par les Orangeries que
nous y voyons, comme fi les Poiriers,
Pommiers, Pêchers, Abricotiers, Coignaffiers, Pruniers, Cerifiers, Bigarreau-
tiers, Cormiers & quelques autres, n'é-
toient pas dignes de paroître en leur
compagnie. La verité eft que l'on y
mêle tres-fouvent, comme j'ay dit, des
Oliviers, Capriers, Piftachiers, Lauriers, Mirthes, Jafmins d'Efpagne, Rofiers, Aloés & autres Arbriffeaux & Arbuftes, qui aprés ces Orangers, Citronniers & Grenadiers, fervent le plus à la
décoration des Jardins & des Parterres:
mais j'ofe affurer que c'eft moins pour
les faire entrer en comparaifon avec eux,
que pour en relever davantage le merite.

CORMIER eft un grand Arbre qui produit
des Cormes, lequel demande une terre graffe; il fe
multiplie de femence & de marcote. La tige de
cet Arbre eft droite & longue. Ses branches tendent en haut. Sa feuille reffemble à celle du Frêne,

mais elle est un peu plus étroite ; elle est blanchâtre d'un côté, & dentelée en sa circonference. Son écorce est raboteuse, jaune & blanchâtre. Sa racine est grosse, épaisse & profonde. Sa fleur est blanche, & jette ses fruits à la maniere des Raisins, y en ayant plusieurs sur une queuë. Le fruit du Cormier est âpre & rude au goût, & de couleur rousse & pâle ; c'est une espece de petite Poire ou de Nefle, qui n'est bonne qu'en molliffant. Cet Arbre a le bois très-dur & serré, c'est ce qui fait qu'il n'est pas sujet à geler ; cela est si vray, qu'il ne gela pas en Janvier 1709. comme plusieurs autres Arbres. Il y a des Cormiers domestiques & des Cormiers sauvages. Il y en a de mâles & de femelles qui portent des fruits differens. Aldroandus dit qu'un ais de Cormier mis dans un tas de blé, en chasse toutes sortes d'Insectes.

Les Sçavans dans l'Agriculture & le Jardinage pourront critiquer cet Ouvrage, & publier que je n'y ay rien dit que de fort commun ; cela ne me surprendra pas, puisque j'en ay déja prevenu le Lecteur à la fin du premier Chapitre de l'autre Partie. Ce n'est pas aussi pour eux que j'ay travaillé, n'ayant pas assez de temerité pour leur apprendre quelque chose. Ce n'est pas aussi pour les Entêtez, lesquels ne suivent d'ordinaire que leur sentiment & leur caprice, & le plus souvent justifient leur conduite en condamnant celle des autres ; mais seulement pour ceux qui ont de la disposi-

tion

tion & du penchant pour ces Arts, qui
bien loin d'y être verfez, n'en ont aucune teinture, & n'en entendent pas
même les termes ; & pour ceux qui de-
firent fe rendre plus habiles qu'ils ne font
en ce noble exercice. Les Perfonnes qui
ont des heritages à la Campagne doivent
s'appliquer à acquerir des connoiffances
en une Science qui eft fi noble & fi utile,
étant conftant que l'on en étudie bien
d'autres qui ne font pas fi importantes.

Je croy avoir donné à cé Traité toute
la certitude & l'évidence qu'on peut exiger en matiere de Phyfique : où tout fe
decide par le raifonnement & l'experience, qui doivent mutuellement s'appuyer & fe foutenir. Je croy qu'on trouvera que je n'ay point feparé ces deux
chofes, & qu'elles marchent dans cette
alliance qui fait toute la folidité de la
Phyfique. Le raifonnement & l'experience font par tout de concert. Je ne
produis point d'experience que je ne
l'éclairciffe & ne la raffure par le raifonnement : & pareillement lorfque j'employe le raifonnement, je le juftifie auffi-
tôt par l'experience, qui le fuit de fi prés,
que je ne laiffe rien à defirer là-deffus
aux plus difficiles à perfuader. Si je n'ay
pas gardé toute la methode & tout l'or-

dre d'écrire, ce n'eſt que parce que les
raiſonnemens & les experiences ſe ſont
tellement trouvez dépendans les uns des
autres, qu'il a fallu laiſſer naturellement
couler le diſcours ſelon la force de la
ſcience, à laquelle un Philoſophe doit
incomparablement davantage qu'à la
Rethorique & à l'Eloquence : du moins
j'oſe me flater que ceux qui y auront
trouvé quelques défauts, voudront bien
les excuſer & me donner le moyen de les
corriger, n'ayant eu d'autre intention
en faiſant cet Ouvrage, que de faire
quelque plaiſir au Public, & non pas de
me produire. Leur traitement charita-
ble ſera ſans doute un motif pour m'en-
gager à faire en ſorte avec le ſecours du
Tout-puiſſant & le leur, de faire un peu
mieux.

Il eſt conſtant que pour peu que l'on
s'applique à l'Agriculture & au Jardinage, on évitera aiſément d'y commettre
les fautes où un grand nombre de Perſonnes, qui ſe pretendoient fort experi-
mentées, ſont tombées & tombent encore tous les jours, ſans reflexion & ſans
meditation, parce qu'elles ſuivent des
maximes où le déreglement d'eſprit a
eu beaucoup plus de part que le bon ſens.
C'eſt pourquoy j'eſpere que le Lecteur

m'aura quelque obligation d'avoir travaillé pour luy plaire , & d'avoir tâché
de luy changer une obscurité dangereuse
en une lumiere plus agreable & toute
remplie de certitude & d'experience.
J'ose me flater qu'il ne trouvera pas
dans des Auteurs qui ont écrit de la Vie
Rustique , tout ce que j'ay dit dans ces
Observations.

J'ay eu pendant prés de vingt-huit ans
beaucoup de curiosité pour m'instruire
de tout ce qui regarde la culture des
Plantes ; Science qui m'a paru la plus
belle & la plus considerable partie de la
Physique. Dans mes difficultez , & dans
ce que je n'ay pû voir par moy-même ,
j'ay consulté les plus habiles Jardiniers ,
& les écrits de ceux qui ont fait part au
Public de leurs raisonnemens & de leurs
experiences sur cette excellente Science.
Je ne me suis pas seulement appliqué à
prescrire les regles qu'il faut suivre dans
la Culture des Plantes qui nous fournis-
sent une bonne partie de nos alimens ;
mais j'ay tâché aussi de ne rien oublier
de ce qui étoit necessaire pour la beauté
des Parterres & des Jardins de propreté.

L'Agriculture & le Jardinage dont
j'ay assez amplement traité dans ces deux
Parties , donnent beaucoup de satisfac-

tion à ceux qui s'y entendent & qui font
souvent des experiences ; mais ces Arts,
s'ils font entre les mains des Laboureurs,
Jardiniers & Vignerons ignorans ou peu
laborieux ou peu dociles, ont de grands
inconveniens à craindre & de grands
chagrins à donner. Ce font affurément
deux veritez que toutes les Perfonnes
bien fenfées connoiffent, & qu'aucune
n'a jamais entrepris de contefter, étant
conftant que rien au monde ne demande
tant de prevoyance & d'activité que ces
Ouvrages. Les Terres propres à produire le Blé, l'Orge, le Mays, le Sarrafin, l'Avoine, le Millet, le Chanvre,
le Lin, la Vefce & les Pois, & celles des
Jardins fruitiers & potagers, font, pour
ainfi dire, dans un perpetuel mouvement, qui les porte à agir toûjours en
bien ou en mal, felon la bonne ou la
mauvaife conduite de celuy qui les cultive. Auffi ces Arts récompenfent amplement les bons & les vigilans Ou-
vriers ; au contraire ils puniffent avec
bien de la rigueur les Ignorans & les
Faineans.

LIN eft une Plante qui croît & qui porte de la
graine à peu prés comme le Chenevis, & dont l'é-
corce eft pleine de filets qui fervent à faire de la
toile déliée. Cette Plante reffemble au Coton. On

tire de la graine de Lin de l'huile dont on fait un
grand commerce. Il ne faut pas cueillir le Lin que
sa graine ne soit meure ; ce qui se reconnoît quand
elle est noire : & pour lors il faut l'arracher de la
même maniere qu'on fait le Chanvre, observant
seulement que n'y ayant aucune distinction à faire
de mâle ni de femelle, on doit le cueillir tout en
même temps : & pour le reste jusqu'à ce qu'il soit
roüi, c'est toute la même chose. Le Lin ne demande
de rester dans l'eau que trois à quatre jours pour
bien roüir (c'est-à-dire le mettre dans l'eau la plus
claire pendant ce temps pour luy faire prendre une
couleur roussâtre) au lieu que le Chanvre veut y
être huit ou dix : mais après ces trois ou quatre
jours, il faut l'emmonceler tout humide, & le
charger de planches, sur lesquelles on aura mis de
grosses pierres ; afin que pressé ainsi l'un dans l'autre, l'humidité le penetre entierement, & le rende
roüi comme il faut qu'il soit. Voici une methode
particuliere de roüir le Lin ou le Chanvre. Prenez
l'un ou l'autre, exposez-le au serain pendant dix
ou douze nuits ; c'est-à-dire ; les poignées écartées
sur l'herbe & retournées tous les jours de tous côtez:
soignez tous les matins de le lever avant que le
Soleil paroisse ; mettez-le à couvert; emmoncelez le
tout humide, & le laissez ainsi pendant tout le
jour ; reportez-le à l'air tous les soirs pendant tout
ce temps, & vous verrez que ce Lin ou ce Chanvre que vous ferez roüir ainsi, sera tres-beau.

Je finis ce Traité en chantant avec le
Prophete Roy: Il est bon, dit-il, de loüer
le Seigneur, & de chanter à la gloire de
vôtre nom, ô Tres-haut : car vous m'a-
vez rempli de joye, Seigneur, dans la

vûë de vos Creatures : c'eſt pourquoy je la feray éclater en loüant les Ouvrages de vos mains. Que vos penſées ſont impenetrables & profondes ! *Pſalm.* 91. ℣. 1. 4. 5.

S. Jean Apôtre a excellemment dit, Vous êtes digne , Seigneur nôtre Dieu , de recevoir gloire , honneur & puiſſance, parce que vous avez créé toutes choſes ; & que c'eſt par vôtre volonté qu'elles ſubſiſtent & qu'elles ont été créées. *Apocalyp. Chap.* 4. ℣. 11.

Plaiſe au Tout-puiſſant que cet Ouvrage ſoit pour ſa plus grande gloire, & pour le plaiſir & l'utilité du Public, dans lequel je n'ay mis que ce qui eſt le plus intelligible & le plus à la portée des Perſonnes qui voudront bien prendre la peine de le lire , n'ayant uſé que des termes qui conviennent le mieux à l'Agriculture & au Jardinage.

F I N.

TABLE

DES MATIERES
contenuës en ce second
Volume.

A.

B.

Tome II. M m

C.

Mm ij

D.

E.

F.

H.

L.

P.

Nn

S.

Table
207

prietez du fuc de fon fruit.

T.

V.

BIBLIOTHEQUE ROYALE

Fin de la Table des Matieres.